健康Smile

89

健康Smile

89

健康Smile

89

健康Smile

89

鎂的奇蹟

The Magnesium Miracle

未來 10 年最受矚目的不生病營養素

暢銷15年增訂‧新增30%最新研究

卡洛琳‧狄恩 Carolyn Dean——著

張家瑞、游懿萱——譯

健康Smile 89

鎂的奇蹟 暢銷15年增訂，新增30%最新研究
未來10年最受矚目的不生病營養素

原文書名	The Magnesium Miracle
作　　者	卡洛琳‧狄恩 Carolyn Dean
翻　　譯	張家瑞、游懿萱
特約美編	李緹瀅
特約編輯	王舒儀
主　　編	高煜婷
總 編 輯	林許文二

出　　版	柿子文化事業有限公司
地　　址	11677臺北市羅斯福路五段158號2樓
業務專線	（02）89314903#15
讀者專線	（02）89314903#9
傳　　真	（02）29319207
郵撥帳號	19822651柿子文化事業有限公司
投稿信箱	editor@persimmonbooks.com.tw
服務信箱	service@persimmonbooks.com.tw

業務行政	鄭淑娟、陳顯中

初版一刷	2015年11月
二版一刷	2023年01月
定　　價	新臺幣550元
I S B N	978-626-7198-07-0

The Magnesium Miracle (Second Edition) by Carolyn Dean, M.D., N.D.
Copyright: ©2003, 2007, 2014, 2017 by Carolyn Dean, M.D., N.D.
This edition arranged with Ballantine Publishing, a division of Random House Publishing Group through Big Apple Agency, Inc., Labuan, Malaysia.
Traditional Chinese edition copyright: ©2015, 2023 Persimmon Cultural Enterprise Co., Ltd
All right reserved

國家圖書館出版品預行編目(CIP)資料

鎂的奇蹟（暢銷15年增訂，新增30%最新研究）：未來10年最受矚目的不生病營養素／卡洛琳‧狄恩（Carolyn Dean）著；游懿萱、張家瑞譯. -- 二版. -- 臺北市：柿子文化事業有限公司，2023.01
　　面；　公分. -- （健康Smile；89）
譯自：The magnesium miracle, 2nd ed.

ISBN 978-626-7198-07-0(平裝)

1.CST:鎂 2.CST: 營養
399.24　　　　　　　　　　　　　　111015282

重新認識重要的礦物仙丹

＊專家好評＊

鎂是人體不可或缺的礦物質之一，也是我們所必需攝取的營養素當中，最容易被忽略的一個。人體無法製造鎂，必須從食物中攝取，比較可惜的是，由於食物來源、生活習慣和藥物等因素，讓我們比過去更容易缺鎂卻不自知。

　　人體健康需要各種營養素共同發揮作用，《鎂的奇蹟》被譽為「鎂的百科全書」，但本書的用意並不在於告訴大家補鎂治百病，而是過去以來，太多人因為資訊不足而忽視鎂對人體的重要性，所以作者引用許多可信的科學研究，提供鎂對於健康的多方面影響，以及缺鎂可能導致哪些症狀或疾病，提醒我們讓身體適當具備鎂這種營養素，以維持平衡和健康。

　　雖然作者在書中比較推薦她所研發的鎂補充品（ReMag），但我們不必強求，透過飲食和其他口服鎂補充品，有必要時，再搭配鎂鹽泡澡、鎂油等透過皮膚吸收鎂，一樣有助於我們適當的補充鎂，進而擁抱健康的身體並提升生活的品質。

王銘富

日本德島大學醫學部營養學碩士、保健學博士

靜宜大學食品營養學系講座教授

台灣鎂營養素協會常務理事

鎂是人體需要的重要元素，但許多人需要它卻不自知。事實上，許多健康問題都和國人普遍攝取鎂不足有關，根據這幾年的觀察，大家普遍對於鎂的認知不夠，通常侷限於抽筋的預防和維持肌肉骨骼的健康，個人深感需要推廣與介紹！

科學貴在實證與資訊的更新，新版《鎂的奇蹟》，更新了關於「鎂」的科學證據，進一步分享了缺鎂可能造成的健康問題，進一步給讀者們更多且多面向的健康知識，使得這本擁有鎂的百科全書美譽的經典之作，更顯當之無愧！

張鈞程

生技公司總監＆藥師

在四大電解質——鈉、鉀、鈣、鎂——裡面，鉀跟鎂大概是最被忽略的。一般人通常都知道且最常補的是鈣，但其實鈣是最不需要補的，再加因為不曬太陽而導致維生素D不足，使得鈣無法去到該去的地方，而鈣又與鎂拮抗，結果鎂的缺乏就更嚴重了。

鎂參與身體的八百多種生理反應，過多植酸攝取還會導致礦物質缺乏，一旦缺鎂，身體很多機能都會減慢或是關閉。許多人在補足鎂之後，身體的問題都不藥而癒了，《鎂的奇蹟》是國內關於鎂知識當中，數一數二的著作，絕對值得你收藏。

陳世修（Martyn）

健身教練、《生酮哪有那麼難！》作者

＊ 國際好評 ＊

在關於關鍵礦物質鎂及其眾多救命用途的這方面研究，卡洛琳・狄恩博士已經領先時代許多年。

她的這些努力和成果，實為一份給全人類的大禮——我大力推薦《鎂的奇蹟》。

克莉絲汀・諾瑟普（Christiane Northrup）
醫學博士

一本關於鎂的無數好處，全面而絕佳的參考指南。

卡蘿琳・德馬科（Carolyn DeMarco）
醫學博士＆《對自己的身體負責：婦女健康建議》作者

在本書中，卡洛琳・狄恩博士以最清晰的方式為我們提供了關於鎂的最新研究和寶貴建議，幾乎每一個人都能從這本書受益！

保羅・派區福特（Paul Pitchford）
《全食物療癒：亞洲傳統和現代營養學》作者

優秀的研究與極具價值的啟發！

約書亞・羅森塔（Joshua Rosenthal）
綜合營養學校主任、《能量平衡的飲食》作者

我投身整合醫療已經超過三十年了，我相信自己對鎂相當了解——直到我讀到卡洛琳醫生的最新著作。這本書絕對是我所讀過針對鎂這個議題最全面的調查。《鎂的奇蹟》受到醫生和病人的一致好評，它將能為人類帶來極大的幫助，書中不藏私的分享了許多未能被列入醫學課程中的重要鎂知識。

賽拉菲娜・科塞羅（Serafina Corsello）
醫學博士＆《不老的療癒》作者

這是一本極具啟發性的實用書！狄恩博士提供我們強而有力的資訊，提醒我們應該注意鎂這個十分重要卻經常被忽略的「礦物仙丹」。每個人都應該要好好讀一下《鎂的奇蹟》，它能讓我們擁有營養且健康的生活。

尤金·查爾斯（Eugene Charles）

國際應用筋肉學會認證按摩脊椎治療醫生＆《治癒你的病人》作者

透過《鎂的奇蹟》，卡洛琳·狄恩博士為我們提出最棒的證據，指出隱身在疾病背後的鎂缺乏症，其實是造成大多數人的病痛的主因。每個希望提升生活品質的人，都需要好好閱讀這本書。

史帝芬·Ｔ·辛納屈（Stephen T. Sinatra）

醫學博士＆《辛納屈處方：代謝心臟病》作者

醫生和治療師很少注意到的重要元素──鎂，其實和我們的身體健康息息相關，你想知道的證據幾乎都在這本關於鎂的重要著作裡了。我很高興自己已經服用鎂這麼多年！

亞伯拉罕·霍夫（Abram Hoffer）

醫學博士＆《全部都放在一起吧：新分子營養學》作者

鎂的百科全書

狄恩醫生這本包羅萬象卻淺顯易懂的書裡，有這麼一句話：「維持生命所需的物質當然不只有鎂，但是鎂卻不可或缺。」(P398) 這本書早該出版了，因為它能讓一般讀者了解健康飲食中需要鎂這個礦物質，以及日常的書報雜誌沒有強調這一點的原因。

飲食當中對鎂的需求往往是大家較容易忽略的議題，狄恩醫生在書中以細細叮囑的方式不斷強調這個議題。當然，這並不表示說除了鎂以外，我們日常飲食中就不太需要其他營養素，如上所述，她強調的是，一般大眾都沒有接收到足夠的資訊，因此不會在日常飲食中注意到鎂這種礦物質的適當攝取量，也不知道我們的身體有許多需要鎂的理由。

本書在簡單介紹完鎂這種礦物質之後，接下來的部分就像百科全書一樣，讀者可以先挑出自己最有興趣的部分來讀，接著再回頭重讀一整本書，如此一來，你就能了解到：鎂到底有多重要，以及你從報章雜誌等媒體獲得的相關資訊有多稀少。古諺云：「預防勝於治療。」營養均衡亦是如此，讓我們的身體適量地具備鎂這種重要營養素也不例外。至於本書其他有趣的部分，我們認為自己的資格只夠評論與鎂的需求有關的科學基本原理。

貝拉・T・亞圖拉醫生（Bella T. Altura），生理學與藥理學研究教授
柏頓・M・亞圖拉醫生（Burton M. Altura），生理學、藥理學、醫學教授
紐約州立大學下州醫學中心

目錄 Content

第 部

不容忽視的營養新星　44

為你寫的重要健康指南

我很高興地在此宣布,自從2014年《鎂的奇蹟》修訂版出版之後,鎂的相關研究可說是突飛猛進。過去五年來,在PubMed資料庫當中,已經收錄了接近一萬兩千篇有關鎂的論文。在你讀到本書時,又增加了將近三千篇。

看到大家開始關心鎂,真的是一件很棒的事。在商業廣告中,鎂補充品在營養補充品市場可說是有如雨後春筍般紛紛出現,其銷售量和鈣補充品可說是並駕齊驅,甚至還有超越的跡象。統計學家分析了網路上熱門的搜尋詞彙,鎂也躋身其中。

關於透過補充鎂來解決許多問題的證據已經相當充分。我認為,大家都將因補充鎂而獲益良多,無論你是否缺鎂,或者只是想要避免缺鎂,皆然。在《鎂的奇蹟》的最新版本當中,我加入了鎂的最新相關研究,很重要的一點是,你必須讓自己了解鎂的好處,因為儘管目前已有相當多的證據,但針對這個主題,仍需要進行更多的研究,而不是直接推薦大家補充鎂。沒錯,即使許多研究不斷證實缺鎂會造成數十種疾病與症狀,卻很少有醫學機構公開替鎂背書。

心律處理貢獻獎

少數這麼做的機構之一是英國的心律協會。我在2012年的秋天,獲頒心

律處理之傑出醫療貢獻獎。心律不整會造成生命危險，唯一的治療方式就是學習和輕微的心律不整共處，或是使用藥物或手術植入心律調節器來治療中度至重度的心律不整。

我自己缺鎂的症狀是心悸，所以體會得到病人會有多麼不安與慌亂。心臟不正常跳動的感覺實在令人相當沮喪，這時我都會告訴病人：「你的心臟沒問題，不過你有鎂的問題。」你只是需要更多的鎂──如同我過往多次提過的那樣，體內鎂含量最多之處是心臟。

獲頒這個獎項，我的確有些驚喜，因為心律協會是以科學與研究為導向的組織，這個表揚無異是認定鎂在治療心律不整中扮演重要的角色，同時證實了鎂研究已進入主流，並且絕不會再回頭了！

正是這個獎項，以及我收到的許多信件提及透過鎂改善心律不整的問題，讓我動念撰寫《心房顫動：為心臟補充礦物質》一書（心房顫動是臨床上最常見的一種心律不整）。嚴重的心律不整很可能只是源於缺乏鎂這種簡單的礦物質，這件事讓大家更願意接受鎂在改善健康方面的重要性；我會在第七章摘錄一大段該書的內容 P220。接下來，我要與大家分享我收到的一些信件，那些心律不整的患者因為服用了鎂，而使病況大幅改善。

> 親愛的狄恩醫生，幾個月前我寫了一封信給您，告訴您我服用鎂之後，心室早期收縮（心律不整的一種，指心室在未收到正常心臟傳導系統的訊號之前便自行跳動，進而產生的不規則心跳）與心房早期收縮就消失了。至今已有六個月的時間，每天早上醒來後，我都要感謝上帝讓我知道這種礦物質的存在。

另一位三十一歲的病人原本差點輕生，後來寫了一封長信給我，相信會讓很多讀者心有戚戚焉：

> 我真的十分感謝您寫了《鎂的奇蹟》，說它一夜之間改變了

我的生活，一點也不誇張。我現在才三十一歲，但是過去十年來，心房早期收縮、心室早期收縮、心跳過快的問題一直困擾著我。很多醫生都跟我說我沒問題，只要回家多休息就好，別理會心律不整的問題。我不斷回去看醫生，希望能夠解決問題，但是他們所能做的，就只有幫我做更多的檢查，然後開樂復得（Zoloft）給我。

整整一年的時間，我做心臟超音波的次數竟然比理髮的次數還要多！幾個月前，我心悸的情形從原本一陣子發作一次，變成每天發作好幾次。在我拚命瀏覽論壇文章時，發現有幾則貼文在讚美您的書，以及鎂所帶來的奇蹟，於是我去買了一些鎂，並在四天前第一次服用，從那時候開始，我的心室早期收縮就消失了，那真是個奇蹟！

在服用鎂之後的第一天，那是同時感冒頭痛又逢月事來潮的第一天，但是心悸的狀況還是沒發生呢——之前假使遇到這種情況，心室早期收縮的情形一定會非常嚴重，簡直就像一臺爆米花機一樣。

我好想跑到街上手舞足蹈！我已經說服了六個人去看您寫的書，並且試著服用鎂以解決各種健康問題。這種營養品對我來說是一大福音，讓我重新活了過來。我相當高興有您這樣的人願意指出一條明路，讓大家透過自然的方式就能獲得健康。我很榮幸也很驕傲能與您分享我的故事，請您繼續努力，讓這個奇蹟持續發揚光大。

為什麼沒有更多醫生建議心律不整的病人服用鎂呢？

大多是因為他們在醫學院從未學過相關知識，每個醫生都被告知：只要是醫學院沒學到的，那就不重要。此外，由於某些心律不整可能會致命，因此醫生往往把心律不整視為致命的問題來看待，視開立一大堆藥物為合理的

情形。我會在第七章進一步說明更多有關鎂與心律不整的內容 (P218)，尤其是心房顫動 (P220)。

✦ 具有療效的鎂

我和大部分的醫生不同，我要在這裡大力替鎂背書——事實上，這本書就是一大長篇且充滿熱情的推薦文。在這版《鎂的奇蹟》當中，我將針對正反兩方的意見進行探討，在書的一開始我就要先揭露這點。

我是名作家，也是臨床研究人員，公開發表最新的科學與臨床資訊，以說明鎂的療癒特性。我同時也是位企業家，研發型態較佳的鎂，並透過這種形式的鎂幫助數以千計的人，這是其他形式的鎂所辦不到的事。我還是位正在進行實驗的科學家，深知隱瞞已經收集到的數據是件相當不道德的事。

我就像其他非常熟悉研究主題的專家及科學家那樣，指出了大部分健康專業人員所推薦的鎂有何種重大問題，也就是會造成腹瀉，而這種狀況往往在服用者獲得完全的療效之前就已經出現。

我自己曾有缺鎂的症狀，服用鎂時也曾出現腹瀉的問題，因此，我努力研發出能讓人體高度吸收且不會造成腹瀉作用的ReMag。透過這項產品，就能達到鎂所帶來的療效，而且不會造成腹瀉。

在第三章到第十五章，我會說明大家遭遇到的缺鎂問題。我會提供其他的治療計畫給那些不僅有缺鎂問題的人，同時也會列出其他推薦的營養補充品，讓這本書成為寶貴的健康百科全書。

✦ 鎂的重要性

我經常收到許多人的電子郵件，詢問有關鎂的問題、說明自己使用鎂

的故事，以及對於用鎂的意見。我每天都會學到一些新知識，有些來自其他人，有些來自科學文獻；我非常想要告訴你這些重要的資訊。我知道我可以花一整本書的篇幅這麼做，但我現在就想讓你深刻體會鎂究竟有多重要，那就是——<u>鎂在我們的食物中已經蕩然無存了，你需要補充特定的鎂，才能達到療效</u>。我知道現在需要付出許多努力，才能改變大眾、其他作者、醫療專業人士對鎂的錯誤觀念。

現在，鎂成了當紅話題，有許多新書及網路上的數百篇文章都在討論鎂，當然，還有許多有關維他命的書也提到了鎂，很可惜的是，它們都重複了同樣的錯誤資訊：「一旦出現腹瀉的症狀，就代表你所服用的鎂量已經足夠了。」這個資訊的錯誤在於，他們所選擇的鎂補充品是氧化鎂，這種形式的鎂在人體的吸收率只有4%，因此會造成相當嚴重的腹瀉。

這些書也不斷提出警告，說如果你有腎臟病，使用鎂的時候就要當心，還說如果你有腎衰竭的問題，鎂可能會對你造成傷害。現在的大眾非常強調醫學檢驗的重要性，因此只要患者的腎臟功能檢驗報告上出現肌酸酐、尿素氮指數增加或腎絲球過濾率下降的情形，他們就會害怕服用鎂，但事實上這很可能是他們缺鎂所造成的結果。

我發現腎臟病患者——即使是那些需要洗腎的患者——都能夠安全服用皮米大小的穩定離子態鎂產品（ReMag），改善讓他們失能的腿部抽筋及心悸情形。有位女士告訴我，她每次洗腎之後，鎂值就下降了，因為用來洗腎的溶液其含鎂量微乎其微，那表示每次她接受治療之後，就處在可能因為缺鎂而引發致命心臟病的危險當中——請參閱本書第十一章裡的「透析治療病人的真實案例」以了解她的故事 P311。

✦ 關於鎂的十大事實

正如我先前提到的，我希望能在一開始就讓你們領略鎂的重要性，我將

用「關於鎂的十大事實」來達到這個目的，至於更詳細的討論，你將會在本書其他內容中看到。

❶ 鎂是人體中七百至八百種酶系統要發揮正常功能時所需的物質，那就是鎂與數十種症狀及健康狀況有關的原因。我會在第二章當中的「鎂元素的多重角色」 (P104) 提到一些酶系統。

❷ <u>70～80％的人都缺鎂</u>，所以這本書正是為你所寫。

❸ 鈣會讓人體內的鎂消耗殆盡，許多人攝取了太多的鈣，原因包括服用了鈣補充品、攝取添加鈣的食物或從乳製品攝取鈣。我會在第二章當中的「鎂與鈣的微妙平衡」 (P090) 提到這個問題。

❹ 土壤及食物都相當缺鎂，這點我會在第二章詳述 (P108)，因此我們必須攝取鎂補充品。

❺ 那些攝取鎂之後會出現腹瀉問題的人，其攝取的鎂尚未達到產生療效及改善症狀的劑量。幸好，他們可以改服用ReMag這種不會造成腹瀉的鎂，以便攝取足以產生療效的劑量 (P414)。

❻ 粒線體問題不再是個謎。三磷酸腺苷（adenosine triphosphate，ATP）能量分子會透過克氏循環（Kreb cycle，即三羧酸循環）在粒線體中生成，而這個循環的八個步驟裡，有六個需要鎂 (P385)。

❼ 為了幫助你了解自己對鎂的需求，請務必閱讀表格「與缺鎂有關的一百項因素」 (P069)。

❽ 能夠讓你確切了解體內鎂值的檢驗，也就是血中鎂離子檢驗 (P387)，並非大眾皆可接受的檢驗。另一個沒那麼精確、但也相當有幫助的檢驗，則是紅血球鎂濃度檢驗 (P384)，這種方式必須搭配你的臨床症狀共同判讀。另外，血清鎂檢驗 (P388) 相當不準確，不過它仍是醫療院所及多數臨床實驗中使用的標準檢驗方式，然而，這個檢驗甚至沒有被列入電解質化驗的項目當中。更多有關鎂檢驗的內容請參考第十六章。

❾ 缺鎂是許多慢性疾病的重要因素，例如糖尿病、心臟病、高血壓、高膽

固醇、偏頭痛、腸躁症、胃食道逆流等，用來治療這些症狀的藥物都會消耗鎂，往往會讓症狀變得更嚴重。我將在第一章當中的「吃這些藥時需要補充鎂」列出許多這類不安全的藥物 (P071)。

⑩ 端粒是染色體的成分，也是造成老化與否的關鍵因素，而鎂能預防端粒退化。我會在第十五章的「鎂能治療端粒」提到最新的研究結果 (P365)。

✦ 現代人長期缺鎂

　　缺鎂不是什麼新鮮事，但是大眾卻不清楚這項資訊，因此無法採取行動來捍衛自身的利益。關於這點的證據，早在八十多年前就已經出現了，記錄在下方有關土壤缺乏礦物質的內容裡，也就是1936年美國國會第七十四次會期第二次會議，參議院第兩百六十四號文：

　　　　你是否知道，現今大部分的人每天因為某些食物嚴重缺乏養分而飽受病痛之苦，甚至到了無藥可治的地步？除非我們食物的來源——貧瘠的土壤——能夠再度擁有均衡的礦物質，否則實在難以力挽狂瀾。令人憂慮的事實是，生長在好幾百萬英畝土地上的食物，包括水果、蔬菜與穀物，已不再含有足夠的礦物質，這導致無論我們吃進多少食物，還是無法避免營養不良——事實上，我們所吃的食物在價值上的差異性很大，有一些根本不值得作為食物來吃。

　　　　我們身體的健康，直接仰賴攝取進入身體組織的礦物質元素，至於熱量高低，或是維他命、澱粉、蛋白質、醣類的組成比例，相較之下就沒那麼重要了。

　　　　實驗室的檢驗結果證明：今天我們所吃的水果、蔬菜、穀物、蛋，甚至是牛奶與肉類，已和幾個世代前不同，而且沒有人

能夠透過吃進巨量的蔬果來提供礦物質，以維持完美健康的身體系統，因為人的胃並沒有大到足以容納如此大量的蔬菜與水果。

農耕土壤缺乏礦物質的問題，顯然已在當時浮現，卻沒有人採取補救措施，讓目前的情形更是每況愈下。

✦ <u>為何我們沒有聽過鎂？</u>

現在大家對鎂的認知，遠超過十六年前（本原文書新版於2017年出版）我展開鎂的十字軍東征之際，因此我感到相當欣慰。然而，大部分的學童在學校依舊沒有學到相關的營養知識。至於醫生，也就是那些應該了解人體生化作用的人又如何呢？很可惜的是，在醫院，醫生通常不會學習營養學或營養補充品，因為<u>他們研究的是疾病，不是健康</u>。

我要來說說我在醫學院曾經上過的兩百小時生化課，在課堂上，我學到了營養素的輔因子是每種生化反應都必備的要素。然而，我卻似乎是唯一注意到這很重要的人，因為我在就讀醫學院之前，曾經深入研究過營養學。

你去看醫生時，心裡可能想著你要從何改善健康或預防疾病，但醫生卻沒什麼時間來教育病人應該如何維持健康。他們心裡想著的，就是為症狀做出診斷，並且根據診斷開立對應的藥物。而患者通常不會自己改變生活型態，或是改善自己的營養攝取方式，他們認為如果某種飲食法或營養補充品真的那麼重要，那麼醫生應該要告訴他們才對。

營養學甚至不屬於醫學的專科，早在我於1970年代讀醫學院時不是，至今依舊不是！那也就是你不會從你的醫生那邊聽到任何關於本書所述內容的原因——那並不是他的專業領域。

基本上，醫生只知道他們所知道的事，如果你問了他們不知道的健康與疾病問題，他們只會跟你說那不重要。不重要的原因是，醫學院應該什麼都

教才對，因此，**醫學院裡沒聽過的事就代表那不重要**。你知道這個臨床邏輯有多麼危險嗎？

如果你只有鐵鎚

我在醫學院的前兩年，學習所有關於疾病的知識，接下來的兩年，則是學習如何使用藥物來治療那些疾病。我們根本沒有花時間來研究營養素缺乏的問題。你是否聽過「如果你只有鐵鎚，那麼所有的東西都會看起來像釘子」這樣的說法？醫生與藥物治療就像這麼一回事。糟糕的是，用藥手冊中的藥物種類多達數千種，醫生不可能隨時了解最新的藥物，更不可能預防藥物所帶來的副作用或造成的嚴重不良反應。此外，更嚴重的情形是，今日多半採用複方藥物治療，醫生開立了多種藥物，但直到它們進入你的身體為止，其實都沒有研究過這些藥物在一起會造成什麼結果。

研究顯示，**大部分的醫生都無法了解藥物的副作用**，這往往會讓他們增加開立的藥物劑量，而非減少用藥量。雖然傳統醫學聲稱自己是科學，但大部分的患者經常同時服用超過一種藥物，卻始終沒有研究能證實服用這些藥物組合的安全性。我再重複一次，**沒有科學研究證實每次服用超過一種藥物的安全性與有效程度**。大部分的研究是一次僅使用一種藥物，因此，在服用十多種藥物時，我們無從得知會發生什麼事。有一些研究使用了所謂的「混合藥物」，即採用數種藥物的組合來預防心臟病、糖尿病、高血壓，但在我讀過的所有報告裡，其副作用的嚴重程度總是超過其帶來的好處。

鎂專家米芮德・西立格（Mildred Seelig）醫生指出，雖然印度、英國、法國及一些其他國家已經進行了許多有關鎂的研究，但美國的醫生依舊推託說因為國內尚無足夠的相關研究，因此無法開立鎂。西立格醫生將這種說法稱為「非本地發明症候群」。

不過，貝拉・亞圖拉及柏頓・亞圖拉醫生等研究先驅，仍不斷持續在美國進行有關鎂的創新研究。過去四十多年來，他們每年平均產出十多篇有關鎂及離子鎂檢驗的論文，刊登在同儕審查的期刊上。那些頑固的懷疑者只要

願意花時間讀他們的研究，一定能夠被說服、了解鎂補充品及精確檢驗方式的必要性。

藥商贊助藥物研究，而非礦物質研究

醫學這種科學一次只研究單一症狀，通常也只試圖找出該症狀的肇因，以及一種治療那個症狀的藥物。它傾向於找出一種可申請專利的藥物，這樣才能讓研發藥物並推出上市的龐大開銷回本。要讓身體健康、預防疾病，並且讓各個生命過程順利運作，都非有鎂不可，這一點雖然大家都同意，但卻都選擇忽視——因為販售普通營養品的利潤並不高。鎂無法申請專利，所以藥廠不願意從事鎂的研究，也不會撥預算來打鎂的廣告，卻會花上億元來推廣處方藥。難怪鎂根本不會引起媒體的注意！

更糟糕的是，過去二十多年以來，許多大學的贊助都來自製藥產業，而且主要是贊助藥品的研究，此外，也沒有任何資金資助大型的鎂檢驗臨床實驗，因為這類實驗並不能讓他們回收投注的金錢。不過，醫生似乎期待有人進行這樣的試驗，即對2萬名服用鎂的患者進行終身追蹤。在完美的情況下，那樣的研究早該在數十年前就開始著手，卻到現在才期盼有人能進行，這樣我們來得及等到結果出現的那一天嗎？當然不可能。我們現在對鎂的了解夠多，可以推薦患者使用各種鎂補充品了嗎？當然可以。

幾年之前，醫生可能聽說過鎂能改善心臟病，但他們沒有閱讀任何新的研究，所以認為可能還沒有適當的治療方式。替本書寫前言的柏頓與貝拉・亞圖拉醫生發表了超過一千篇有關鎂的論文。每過一年，他們的研究便慢慢成為歷史，相當容易遭到忽略。

一份分析了七個重要臨床實驗的報告顯示，<u>**在急性心臟病發作之後，透過靜脈注射鎂能夠減少55％的死亡風險**</u>，這些研究結果發表在知名的《英國醫學雜誌》及《藥物》期刊上。有如此正面的科學研究成果，以及醫生宣稱他們執行的是「科學的醫學」，為何給予靜脈注射鎂不能成為常規作法、並適用於每個因心臟病發而被送進急診室的患者身上？

　　四十多年來，亞圖拉醫生夫婦不斷進行有關鎂與其臨床應用的研究：麻州瓦特罕諾瓦生醫公司在亞圖拉醫生的敦促下，研發了鎂離子電極來診斷鎂缺乏症，讓醫生不必再憑空論斷，而這種方式亦經過紐約大學當斯代醫學中心的認證，是一種可靠的診斷方式。透過這項檢驗方式，在數百項臨床實驗中，亞圖拉醫生夫婦和其他研究小組人員已證實有數十種健康問題無疑與缺鎂有關，其中有許多列在第一章的「缺乏鎂的六十五種症狀」（P055）中。

　　亞歷山大・毛斯卡普（Alexander Mauskop）醫生和亞圖拉醫生夫婦合作，證明了缺鎂和偏頭痛之間的關聯，並且在紐約頭痛中心用鎂來治療偏頭痛。西立格醫生則是在美國營養學院的紐約醫學院中對鎂做了全面的評論，此外，北卡羅萊那大學的營養系也做了同樣的事。擔任國際鎂研究學會主席的尚・杜拉赫（Jean Durlach）博士身兼《鎂研究》期刊主編，同時也是巴黎聖文森的保羅醫院的教授，對目前鎂研究的趨勢做了完整的說明。

　　以上這些鎂的專家都同意我們不該再靜觀其變，或是姑息批評鎂有益的評論，我們現在就該起而行，將關於鎂的知識付諸行動。

✛ 錯將鎂視為藥物

　　過去幾年來，許多醫學網站紛紛把維他命和礦物質視為藥品。這些營養補充品不是藥品，作用也和藥品不同，只要是藥品都有副作用，這些資訊不

Mg⁺ 你可以不必盡信我，但你要……

　　多年來，我一直都說你要為自己的健康負責。要做到這點的其中一種方式，就是去研究所有我提供的有關鎂的資訊，並且找出自己是否有缺鎂的情形，了解自己該如何修正問題。

完整的網站讓人誤以為補充品具有副作用、可能造成危險，其實會混淆消費者的視聽，與事實不符。

我在2003年發表了〈藥物致死〉這篇論文，後來也出版了《現代藥物致死：尋求安全的解決之道》，我在當中列舉了許多藥物與營養補充品的醫源性疾病（因為治療而引起的疾病）。與沒有任何補充品造成死亡病例相比，每年有9萬至16萬人死於使用美國食品藥物管理局（FDA）核可的藥物，讓藥品成為排名第四的死因，而且這個數字並不包括醫療與手術疏失，也不包括吸菸、高血壓、過重等因素所造成的可預防性死亡。在《美國醫學會期刊》發表這個研究的芭芭拉・史妲菲爾（Barbara Starfield）博士在2011年便是「醫源性死亡」，令人鼻酸。

少數產生鎂「毒」的案例都是靜脈注射鎂的住院病人，但這些錯誤報導卻不斷出現在媒體上。這些少數有問題的案例，其實都是健康狀況極差的病人，不僅醫生會特別注意，也是醫生警告不該用鎂的對象。不該用鎂療法的人有四種：腎衰竭、重症肌無力、心跳過慢、腸阻塞的患者 (P423)。

其他有些網站提到鎂有造成腹瀉的副作用，這是因為他們不知道此為身體預防累積過多鎂的機制，一次服用大量的鎂、多到超過身體的負荷時，也會導致腹瀉，請參見稍後將介紹的「鎂的安全機制」(P037)。當然，就算你像我一樣有腸躁症，也會出現腹瀉問題，仍舊可以選擇不會造成腹瀉的鎂產品，也就是ReMag。

馬里蘭大學在網站上發表了〈和鎂的可能互動〉這篇文章，似乎是要讓你對鎂感到恐懼似的，它告訴大家：正在服用制酸劑、通便劑、氟諾酮抗生素、鈣離子通道阻斷劑、糖尿病藥物的人，千萬不要服用鎂劑。然而，**這種警告完全不合理**，因為鎂就是天然的鈣離子通道阻斷劑；氟喹諾酮類抗生素中的氟離子會和鎂結合，讓鎂無法發揮作用；鎂缺乏症則是糖尿病的病徵。事實上，我反倒會提醒病人盡量避免服用上述藥物，如果非服用不可，鎂的攝取量就要加倍，甚至變成三倍，才能抵銷這些藥物所耗去的鎂。

我認為，政府與這些醫生之所以會將中性的營養補充品歸為藥物，並捏

造一些相當罕見、甚至前所未聞的副作用，全都是來自於一個名為國際食品法典委員會的組織。它由隸屬於聯合國的世界衛生組織與聯合國糧食暨農業組織（FAO）共同管理，主要制定世界各地食品與營養補充品的標準，若世衛組織和糧農組織之間發生爭論，則由世界貿易組織進行裁決。

我在歐洲參加過國際食品法典委員會的會議，所以知道藥商都對這個組織十分感興趣，其目的在於確保營養補充品的營養成分含量不至於高到產生療效，以免「干擾」處方藥，而他們的最終訴求是：營養品必須和藥品一樣，只有經由醫生處方才能購買——很多服用鎂劑的人都能因此減少藥量，甚至完全不需要服藥，這一點讓藥商相當不滿。英國聲譽卓著的「自然健康聯盟」已經承認國際食品法典委員會可能帶來的危險，並且讓你知道，當他們所制定、適用於全世界的規定生效後，我們可能必須面對的問題。

我參加美國國家衛生院另類醫療中心所舉辦的研討會時，國衛院的發言人表示，國衛院要求營養補充品標註每日建議攝取量的目的，在於預防營養不良性疾病，例如要攝取多少維他命C才能預防壞血病。她還表示，國衛院對於研究預防或治療疾病的營養補充品沒有興趣；這種態度可能源自於醫學院缺乏營養方面的教育。當醫生只知道學過的東西，就會害怕他們未知的事物，這使得他們更容易將鎂歸類為藥品。

✦ 更多鎂的錯誤資訊

我們的身體利用鎂的方式有好幾百種，以至於科學家無法從中指認出哪一種最為重要。尋找補充品單一關鍵功能的方法，立基於「單一症狀、單一診斷、單一藥物」的醫學模式，並利用這種一次分析一個變因的方法來進行科學實驗。他們似乎沒有意識到，以這種方法來限制諸如鎂這樣的食物營養素，是不合理也不可能的，因為鎂涉及多達八百種酵素系統，會影響身體80％的生化作用，還會與其他數十種營養素相互作用。

世界各地有許多論文說明了鎂的價值。不過，包含柏頓與貝拉・亞圖拉醫生的上千篇研究報告在內，都未能讓大眾明白鎂的重要性。研究人員只會尋求資金去重複進行相同的研究，醫生也會繼續無視這些研究的存在，因為他們在醫學院並未學到鎂的臨床應用。

不過，我們無法等到有機會進行數十億美元的臨床實驗之後才「證明」鎂是身體需要的營養素；目前已有足夠的研究證實鎂的治療價值、安全性和有效性。此外，大家也能根據紅血球鎂濃度檢驗 (P384) 來進行自身的實驗，在服用鎂後看著自己的症狀慢慢消失。請參考第十六章以了解更多鎂檢驗法、第十八章以了解我所推薦的鎂補充品。

鎂相當安全，大家也都缺鎂，在我收到的郵件當中，往往有一百封的正面回應，只有一封是負面回應。鎂基本上不會帶來任何不良反應，你可以閱讀簡介中稍後將會提到的「鎂何時會讓我變得更糟？」(P038)，以了解一開始服用鎂或短時間內服用太多鎂時，可能會出現的過渡期症狀。

✛ 鎂的研究與回顧

《鎂的奇蹟》自2003年出版以來，一直都是暢銷書。在亞馬遜網路書店上，它有時會進入百大暢銷書排行榜，而且經常是「維他命與補充品」類的冠軍，同時也有將近一千則讀者對於產品的評論。《鎂的奇蹟》不僅是本好書，也幫助了成千上萬的人改善健康，拯救了無數人的性命。每次有新的科學論文與臨床研究問世時，我都很難想像為何醫生不願意推薦患者使用鎂，這種安全有效的物質能解決數十種問題。

目前有關鎂的研究當中，讓我印象最深刻的，就是許多研究者將這種礦物質已知的功效加以整理，撰寫了大量的評論文章與整合分析。十年前，科學界基本上不太會想到鎂，但今日那些論文卻承認了鎂對人體既深且廣的功效。即便如此，這樣的資訊卻仍未傳遞到醫生的診間，或是進入患者的治療

計畫當中。正如我之前所提過的，大部分的這些評論都可以在網路上免費閱讀，你除了可以閱讀那些評論的本文，還可以看看他們所引用的論文，以了解鎂帶來的好處有多廣，這是無可否認的事實。你甚至可以把那些文章印出來，用來教育醫生，並且讓醫生支持你接受鎂的療法。

我必須努力克制自己想要引用所有最新論文的衝動，以免這本書變得既冗長又無趣。在你讀到大量引用文獻的部分時，例如接下來的這個部分，可以不需要逐字閱讀，迅速略讀並且了解如何獲得鎂的相關研究即可。

將鎂加入淡化海水當中

我想，這十年來最重要的一篇研究，應該就是〈2002～2013年以色列急性冠心症調查報告中淡化海水的供應與急性心肌梗塞患者住院之全因死亡率〉了。麥可‧謝克特（Michael Shechter）是這篇論文的共同作者之一，他多年來不斷遊說應在以色列的供水系統中添加鎂補充品——以色列四分之三的水源來自淡化的海水，因此當中缺乏各種礦物質。

謝克特醫生在2016年7月寫了一封信給我與其他十一位鎂方面的專家，說明那篇研究「研究了以色列罹患急性心肌梗塞的病人……我們將病人分為兩區：一區的患者住在使用淡化海水的地方（幾乎沒有鎂），另一區的患者住在使用正常自來水的地方（含有正常的鎂量）」，而研究結果相當令人震驚，「那些住在使用淡化海水區域的患者，一年內的死亡率比住在使用自來水地區的人高出許多，這點也反應在他們的血清鎂值上。」

這個研究結果似乎也讓以色列大眾感到相當害怕，並掀起了一股媒體報導的旋風。謝克特醫生表示：「在我們發表初步的結果之後，所有的以色列媒體都競相播報相關的討論，接連兩天，我都在以色列國家電視臺的新聞黃金時段接受訪問。結果就是——我們的總理納坦雅胡（Netanyahu）先生決定要在淡化海水中加入鎂！」

我由衷地感謝謝克特醫生，並且告訴他：「我知道幾年前政府不願意聽從你的請求——在淡化海水中添加鎂，這使你更加全心全意地投入這項研

究。如今，你完全證實他們的看法大錯特錯，他們已經改變心意，願意在淡化海水中添加鎂了！」

　　這份研究報告被廣泛使用在世界各地，因為某些地區的飲用水經過嚴格過濾、蒸餾、逆滲透等處理後，很可能同時讓好的礦物質與壞的礦物質一併減少，甚至一同消失殆盡。大部分的瓶裝水，除非有在標籤上列出各種礦物質含量，否則都是蒸餾水，或是經過逆滲透處理。<u>我們應該透過水獲得鎂與其他礦物質，但現在我們已經無福享用了。</u>

　　謝克特醫生已經排除疑慮，證實缺乏足夠鎂值的飲用水可能會造成<u>心臟病發</u>！不過，自2017年2月起，這個在以色列亞實基倫地區淡化海水中添加鎂的實驗計畫，由於官方在資金方面的爭論而暫緩實施。為了教育以色列民眾，告訴他們每年約有4000名以色列人因為缺鎂而死亡，謝克特醫生在2017年2月舉行了「鎂意識週」——他希望這個活動能夠進一步促使政府採取行動來拯救更多人的性命。

有關鎂的論文

　　2001年，也就是我正在撰寫《鎂的奇蹟》初版的時候，查斯特・福斯（Chester Fox）教授與同事發表了一篇傑出的論文，當中引用了六十七筆參考資料。在那篇論文中，研究人員表示，有三種生理機制或許能夠說明<u>鎂如何有助於治療高血壓、糖尿病、高血脂</u>。

❶ 缺鎂會造成鈉鎂交換的異常，導致細胞內的鈉過高，因而造成高血壓。
❷ 鎂值較低會造成細胞內的鈣與鎂不平衡，導致動脈平滑肌痙攣的情形增加，因此會讓血壓升高。
❸ 缺鎂會造成胰島素阻抗，最終致使胰島素濃度過高，導致高血壓、糖尿病、高血脂的情形發生。

　　福斯教授與同事引用了許多研究報告，證實鎂對許多慢性疾病來說，具

有重大的影響力。他們也在報告中指出，在氣喘急性發作、多型性心室心搏過速、子癲前症等危急的情況發生時，使用靜脈注射鎂來進行治療的情形。不過，他們唯一的結論是，希望能夠獲得更多資金挹注來進行更多的研究，以了解鎂補充品對高血壓、糖尿病、高血脂症是否具有改善的作用。他們這麼表示：「替代療法的臨床實驗結果顯示，如果成功的話，就能夠大幅改善眾人的健康。」我個人則認為，沒有讓民眾知道這樣的重要資訊，可說是近乎嚴重失職的行為。

有篇在2015年發表的論文，重複提及福斯教授論文當中的內容，只不過它多增加了一些其他的參考資料；這篇論文總共引用了一百四十九篇論文。葛洛伯（Grober）及其研究團隊表示，**一百年前，我們的食物中含有的鎂量約為500毫克／日，今日則驟降到175～250毫克／日**。我知道這件事已經好幾年了，但提起的人並不多。

他們也提出了研究證據，證實缺鎂可能造成**數量多到驚人**的疾病及病徵。我們有一長串慢性病清單，而且也是無法用藥物治癒的流行病清單：注意力缺乏過動症、阿茲海默症、心律不整、氣喘、第二型糖尿病、心臟病、心臟衰竭、高血壓、新陳代謝症候群、偏頭痛、心肌梗塞、子癲前症、子癲症、中風等。研究人員認為透過鎂可改善，但仍需進一步研究的症狀有：焦慮、憂鬱、經痛、疲勞、纖維肌痛症、聽力喪失、腎結石、經前症候群、骨質疏鬆症、耳鳴。

葛洛伯洋洋灑灑寫了長達一萬兩千字的論文，透過引用論文說明鎂的重要性之後，他和研究團隊有什麼建議呢？我看到他們只花了七十個字來描述如何治療嚴重缺鎂的疾病。至於用量方面，他們只複述了最低的建議用量，也就是4～6毫克／公斤／日（體重為54公斤的人，每日建議的服用量為220～325毫克）。他們最先推薦的產品是非常容易造成腹瀉的氧化鎂，最後一個則是天門冬胺酸鎂——這種鎂被神經外科醫生羅素・布雷拉克（Russell Blaylock）認為具有毒性（我會在第四章當中的「對鎂療法的不同見解」討論布雷拉克擔心的問題 (P153)）。

另外兩篇由伏爾佩（Volpe）分別在2013及2015年發表的論文，則是〈鎂在疾病中的角色〉及〈整體健康與鎂和運動員〉。這兩篇論文相當接近先前發表的論文，但當中僅引用論文發表前十年內的文獻，彷彿先前所進行的研究到了現在似乎有些不可信一樣。這些論文也沒有列入任何推薦的鎂補充品。

　　柏頓與貝拉・亞圖拉醫生夫婦是才華橫溢、具同理心且十分勤奮的科學家，他們共同發表了超過一千篇有關鎂的論文。他們與一群研究人員合作，發表了一篇最新的論文，主要針對老化這個主題現有的文獻進行了精湛的回顧，並且涵蓋了全身運作的機制。我會在第十五章當中的「亞圖拉夫婦的端粒研究」詳細說明這篇論文的內容 (P366)。

　　1999年時，我向鎂專家西立格博士提議，希望能由亞圖拉醫生夫婦替《鎂的奇蹟》撰稿，她說他們兩位是非常傑出的科學家、不可能替大眾出版品寫作——結果是我們雙方合作無間！

　　事實上，亞圖拉醫生夫婦早先覺得很沮喪，因為他們發表了那麼多論文、寫出了所有的證據，證明鎂補充品是治療數十種病況的必要物質，而且相當有效，無奈的是，他們想要傳達的訊息卻離不開大學的象牙塔，無法讓民眾知道——他們發表的每一篇論文，都在教育大眾鎂具有無限的可能，能夠預防與治療慢性疾病。

　　隆恩（Long）與羅曼尼（Romani）寫了一篇論文，目的在於「宣導測量血清與細胞鎂值的方式有其必要性，這些方式既簡單且可重複操作，目的在於減輕與缺鎂相關的病況」，他們的研究承認血清鎂檢驗是「預測細胞中的鎂含量與可用鎂值的差勁指標」。

　　有篇發表於2016年的評論，也提到我們無法運用適當的技巧來測量鎂值，目前似乎「在取得精確且可重複驗證的鎂值數據」方面面臨了相當大的挑戰。研究人員認為鎂是陽離子（帶正電的離子），在人體生理機能中扮演了重要的角色。

　　鎂會以兩種狀態存在：一種是與其他物質結合的形式，另一種則是自

由離子的形式。至於鎂會以哪種形式存在，則取決於溫度、酸鹼值、離子強度、競爭離子的強度。參與人體中數百種生化反應的是自由的離子態鎂；在離子鎂檢驗中，透過離子選擇性電極測量的也正是這種鎂。這篇評論的研究人員表示：「有太多鎂的研究，採用的是整體血清鎂值檢驗，而不是具有生物活性的自由鎂離子，因此測得的數值無法和疾病的狀態產生連結。」正如作者所言，自由的離子態鎂才能參與人體的生化反應。

〈人體當中的鎂：健康與疾病間的關聯〉這篇論文則發表於2015年，總結包含了過去幾十年來的鎂相關研究，內容廣泛且全面，重點在於——小腸、腎臟、骨骼當中鎂平衡的調節。作者提到鎂「參與了超過六百種酶反應，包含能量的新陳代謝與蛋白質的合成」，內心相當高興（我經常引用鎂專家安德莉亞·羅薩諾夫〔Andrea Rosanoff〕所說的內容，她表示這類反應可能多達七百至八百種之間。然而不管怎麼說，至少從1968年最初有報告提到鎂參與了三百二十五種人體的酶反應開始，至今已有相當大的突破）。

研究人員提到缺鎂的原因，在於藥物及可能致使人體缺鎂的基因突變。這是我在這方面最早讀到的文章之一，全面地探討輸送鎂的蛋白質突變，並且說明了十多種可能造成鎂值過低的基因，每一種又可再細分為十多種基因突變的情形。

不過，找出這些基因不見得是好事。近年來人類基因檢測相當發達，而我擔心的是，當對抗療法醫學（1810年順勢療法的創始人塞繆爾·哈內曼〔Samuel Hahnemann〕所提出，指的是現代主流醫學所使用的理論和治療方法）「發現」缺鎂時，最終會從人類基因組的觀點切入，並將缺鎂歸咎於基因。但是，醫學界對於基因所造成的低血鎂症並沒有專門的治療方式，他們完全不了解該如何治療低血鎂症，因此建議的療法經常是給予劑量高得誇張的靜脈注射鎂，或是給予劑量高到會造成腹瀉的氧化鎂。

雖然研究人員忙著研究缺鎂的原因，但我發現——ReMag並不需要透過輸送鎂的蛋白就能進入細胞。即使基因改變了你對鎂的需求，那也無妨，ReMag中穩定的鎂離子能讓細胞完全消化與吸收。

〈人體當中的鎂：健康與疾病間的關聯〉還提到，鎂能夠進行無數的功能，負責生產、修復、穩定去氧核糖核酸（DNA）與核糖核酸（RNA）。我依此進一步提出假設：如果鎂具有穩定基因的能力，而且能夠預防突變的基因段被打開呢？如果不會造成腹瀉並且能夠達到療效劑量的鎂，可以關閉輕度的低血鎂症基因呢？

使用鎂補充品，能夠治療真正的基因缺陷嗎？

一篇發表在《基因》期刊上的論文這麼寫道：「有證據指出，鎂具有抗氧化、抗細胞死亡、抗細胞凋亡的功效，能夠保護心臟與神經系統。」論文的結論提到：「由於在鈣離子濃度很高的粒線體通透性轉變孔（PTP）、粒線體肌酸激酶（MtCK）、與粒線體結合的己醣激酶（MtHK）中，鈣離子與鎂離子會互相形成拮抗作用，因此，鎂補充品或許能夠在某些退化性疾病中提供保護作用，並且替因細胞內鈣鎂離子比很高而造成細胞病變的部位帶來保護——無論細胞病變是基因、發育、藥物誘導、缺血問題、免疫系統問題、中毒或感染所造成的。」

〈鎂的基本原理〉這篇論文發表於2012年，當中提到的數篇研究，說明了離子態的鎂是所有形式的礦物質中生物活性最高的，因為它最容易進入細胞。可惜的是，醫生主要推薦的還是氧化鎂，儘管實際上這種形式的鎂只有4%能夠進入血液，而且也沒有任何研究報告能證實它被細胞吸收的程度。這篇論文引用了多達五百九十五篇論文，你可以把這篇論文印出來轉交給醫生，讓他們也能了解鎂的重要性。

另一篇由羅薩諾夫與同事於2012年所發表的論文，則是〈美國國人的鎂狀態堪慮：對健康造成的後果遭到低估了嗎？〉。這個問題的答案，當然是肯定的啊！

羅薩諾夫的團隊指出，「鎂的攝取量過低，以及血液中的含鎂量不足，都與下列的問題有關，包括第二型糖尿病、新陳代謝症候群、C反應蛋白過高、高血壓、動脈硬化、心因性猝死、骨質疏鬆症、偏頭痛、氣喘、大腸癌。」他們推測細胞裡的鎂過少與鈣過多有關，由於這會啟動因損傷或感染

所引發的一連串**發炎反應**，所以他們呼籲有必要進行更多研究，以確定鈣鎂比的升高如何影響研究中所提及的發炎狀況。

在2015年的論文〈鎂與透析治療：被忽略的陽離子〉中，證實了在治療腎臟病與洗腎患者時，必須重新評估鎂的必要性。2012年2月，《臨床腎臟雜誌》刊登了〈鎂在疾病中的角色〉這篇廣泛的論文。我會在第十一章進一步說明鎂與腎臟病之間的關係，並引述相關的參考資料 P306 。

若要增加有關鎂的知識，可參考阿德雷德大學出版的免費線上書籍《中樞神經系統的鎂》，裡頭提供了許多非常寶貴的資料。我建議你把整本書印出來，或者至少印出幾個章節，然後提供給你的醫生做參考，說服他們在你與摯愛的家人就醫時，開立鎂給你們。

《中樞神經系統中的鎂》中的每個章節，都是由鎂研究學者或專家撰寫而成，當中探討了許多有關**中樞神經系統**的重要議題。各章節的標題本身，就能夠讓你了解鎂研究的許多不同面向。我會在本書的第五章列出《中樞神經系統的鎂》的章節標題 P173 。

有關鎂的參考資料

在《鎂的奇蹟》最新的版本中，我除了更新部分引用的科學論文，也多閱讀了幾百篇新的參考資料，總體來說，我為本書所參考的論文超過六百篇，這些資料都證實了鎂療法對於下列疾病的功效：注意力不足過動症、焦慮、關節炎、氣喘、癌症、腦性麻痺、憂鬱症、糖尿病、經痛、子癲症、基因疾病、腦部損傷、心臟病、高膽固醇、高血壓、不孕、失眠、腎臟病、更年期、肥胖、骨質疏鬆症、疼痛、多囊性卵巢症候群、子癲前症、懷孕、中風、代謝症候群等。

為了使《鎂的奇蹟》在出版很長一段時間之後，依然能夠銜接上最新的研究資訊，你可以在有需要的時候造訪非營利的「營養鎂協會」（www.nutritionalmagnesium.org，我是協會裡醫療諮詢委員會的成員之一），上面有所有你與醫生需要的最新參考資料，可以證實鎂療法的安全性與效果。

✦ 我該服用哪一種鎂？

過去十年來，想要攻下市場的含鎂營養補給品不斷增加。

市面上的鎂產品愈來愈多，我推薦的卻愈來愈少。過去幾年來，我在市場上推出一種型態相當特殊的鎂，現在成為我推薦的首選，這種鎂產品叫做ReMag（P414），它是皮米大小的穩定鎂離子。至於我第二推薦的，則是檸檬酸鎂粉，叫做Natural Calm（P419）。我會在第十八章進一步詳述這兩種鎂產品及鎂鹽（P420）。

✦ 我應該服用多少鎂？

有些服用鎂劑的人說，應該服用到會讓你腹瀉的量，然後再減一點，但若根據這個建議，會有數百萬名和我一樣的人將無法服用任何鎂產品，因此這個準則根本不適用。

你不一定需要接受鎂的血液檢驗才能判斷自己是否缺鎂。請參閱第一章的「缺鎂的原因」（P053）及「與缺鎂有關的一百項因素」（P069），或許就能找出許多和這些相符的症狀。

如果你真的想接受檢驗，向醫生或你的家人證明自己確實缺鎂，那麼我會建議你接受紅血球鎂濃度檢驗（P384）。你或許每三到六個月必須重複檢查一次，讓自己的鎂值維持在最佳的6.0～6.5毫克／分升範圍內。請參閱第十六章，進一步了解有關鎂的檢驗，以及如何在沒有醫生處方的狀況下接受鎂值檢驗。

要讓身體的肌肉和骨骼增加含鎂量，很可能需要一整年的時間，不過，通常只需要經過幾天或幾個星期，你就會感受到自己的健康情形有所改善，知道自己正朝著正確的方向邁進。你的目的不僅是要追求症狀的改善，更重要的是，你也應該多儲存一些鎂在體內，因為有時候你會壓力特別大、需要

更多的鎂，當你把鎂存滿之後，就不會缺鎂了。不過假使你服用超過細胞所需的量，那麼就算是不會促進排泄的ReMag也會造成腹瀉。請見下方的「鎂的安全機制」來了解人體如何預防過多的鎂累積在體內。

　　話雖如此，我還是必須公開聲明，如果有人未遵守以下服用鎂的建議事項，後果我概不負責：

❶ 剛開始服用鎂時請<u>慢慢增加</u>。如果你體內有大量的毒素累積、罹患慢性病或正在服用多種藥品時，更必須遵守這點。

❷ 請不要在沒有接受適當檢驗的情況下服用大量的鎂。

❸ 若你有第十八章中「不適用鎂療法的情形」所述的四種矛盾情形 (P423)，服用鎂時必須格外小心。在那些情況下，請務必先仔細研究你服用鎂是否安全無虞。

❹ 在服用鎂時，也請服用多種礦物質的補充品，例如ReMyte，並同時遵照我的指示，在飲用水中加入海鹽。以上這些都是維持礦物質平衡的必要措施。

❺ 請在每天的飲食中攝取足夠的鈣（每日600毫克），或是額外補充人體容易吸收的鈣補充品，例如ReCalcia。

✛ 鎂的安全機制

　　我們的身體具有安全機制，能讓我們不會攝取過量的鎂，如果我們自飲食或營養補充品中攝取過量的鎂，身體就會以腹瀉的方式由腸道排出過多的鎂。由於身體原本就有這種安全機制，因此<u>我認為鎂是最安全的營養補充品</u>，你大可安心服用。

　　這種安全機制其實是人類的祖先靠海中食物維生多年演化而成的結果。海水所含的鎂是鈣的三倍，在原始的飲食當中，富含鎂的食物（海藻、魚

類、貝類）其含鈣量都不高，所以，透過腸道排出過多的鎂，並且透過維他命D盡可能留住鈣，都是人體相當重要的機制。

在現代社會中，我們攝取許多富含鈣及添加鈣的食物，服用的鈣補充品數量也遠超過鎂補充品。同時，我們也服用了大量的維他命D，這會抓住鈣，同時也可能會對人體造成傷害——請參考第一章的「高劑量的維他命D會耗盡鎂」 P080 。

鎂何時會讓我變得更糟？

我相信，你服用鎂就是期望鎂能改善健康狀況。請讀者想一想，你們都知道服藥的結果並非保證能改善健康，也似乎都能接受藥物的副作用，那麼營養補充品呢？有愈來愈多人讀了我的書，也了解到關於鎂的資訊，卻在沒有進行仔細研究的情況下服用鎂。有十多種原因可能導致你在服用鎂後覺得健康狀況變差了——這點確實讓許多人感到驚訝，卻不代表鎂對你有害，而是你服用鎂的整體環境會對你造成影響。

接下來，我將進一步告訴你，為什麼服用鎂之後所產生的反應會讓人誤以為是副作用。

你服用的劑量不足

如果你在服用鎂之後感覺健康狀況變差了，那一定是因為需要鎂才能運作的酵素系統開始運作了，它正在從功能低下的狀態中甦醒過來。在這個百廢待舉的情況下，身體需要更多的鎂。我部落格的讀者蘿拉這麼說：「我身上的缺鎂症狀如抽筋、肌肉疼痛、頭痛反而變得更為嚴重，唯一減輕的症狀是焦慮。這樣正常嗎？我使用的是鎂油和檸檬酸鎂，但是身體能夠承受的量約200毫克，超過的話就會腹瀉。」

蘿拉已經喚醒了體內需要鎂的酵素，而這些酵素需要的鎂量超過200毫克。這就好像你踩了油門，但油箱裡的油卻不夠一樣，此時每種酵素正在開始運作，很快就用光蘿拉提供的少量鎂，這些酵素還需要更多的鎂，這讓她

以為自己還在缺鎂的狀態。不幸的是，蘿拉如果只攝取200毫克的鎂就會腹瀉，那麼她一定無法攝取到身體所需的量，所以她可能需要改服ReMag，以避免在達到需要的量之前就腹瀉。

不過，這並非表示得不斷增加鎂的用量！在你體內的鎂量達到飽和之後，就可以減少鎂的攝取量了。ReMag具有安全機制，如果你的身體含鎂量已經達到飽和，腹瀉的情形將會出現，此時你就可以減少攝取量。

你以為自己服用了足夠的鎂，但鎂其實已經迅速消耗殆盡

鎂的消耗速率會變快，很可能是因為你承受的壓力變大、腎上腺素突然大量分泌（恐慌症發作）、接受手術、服用藥物、酵母過度增生、出現經前症候群。此外，有些人天生就是「浪費鎂的人」，他們的身體無法留住鎂，因此必須持續補充鎂——吉特曼症候群（Gitelman syndrome）和巴特氏症候群（Bartter Syndrome）患者就是身體「浪費鎂」較為嚴重之族群。

你服用的劑量過多

因為慢性缺鎂而疲勞或虛弱的人，特別容易出現這種情形。我建議這類人在服用新的營養補充品或藥品時一定要慢慢來，一開始就服用大量的鎂，就好像平常你的肌肉每天只會走五分鐘，你卻突然給它足以跑馬拉松的能量，體內幾百種酵素系統競相覺醒，這會讓你覺得疲累不堪，甚至感到有些焦慮，因為你不知道發生了什麼事。

如果你有慢性疲勞或腎上腺素的問題，一開始請先服用建議劑量的四分之一，好讓你的身體能夠充分暖機與調適。以ReMag來說，有時候甚至連¼茶匙（30滴）都嫌太多，建議一開始先在1公升的水中加入10滴，並分散在一天的不同時間飲用。每滴ReMag含有2.5毫克的鎂。

鎂引發了排毒反應

你可能因為下列其中一種或多種原因而「中毒」：飲食不良、處方藥

物、重金屬、造成壓力的化學物質、酵母過度增生或環境中的化學物質。鎂進入你的細胞後會觸發解毒機制，讓你的細胞透過淋巴系統排出化學物質，而這些物質最後會透過皮膚、腎臟、大腸排出體外，因此，毒素跑到皮膚後會刺激皮膚，造成皮膚敏感發炎、出現蕁麻疹或起紅疹。

這些並非對鎂「過敏」的反應，而是簡單的排毒反應，因為現在身體的排毒功能更好了。

對鎂過敏的反應其實只有幾種，其中我研究過的都是對硫酸鎂靜脈注射過敏，這實際上是因為硫想要通過阻塞的硫通道，也可能是因為注射液中的鋁；不過問題很有可能是出在硫身上，因為靜脈注射的氯化鎂也含鋁，但我沒聽過有人對這種鎂過敏。我不建議長期施打這種鎂，因為當中含有鋁的成分，根據幾份個案報告來看，用ReMag代替鎂的靜脈注射劑是不錯的選擇，第十八章達納的故事就是個案例 (P418)。

你因為長期缺鎂而血壓偏低且有腎上腺疲勞的問題

你可能聽說過鎂會降血壓，如果你原本的血壓就很低，可能會對此感到關心。事實上，這是你必須從建議劑量的四分之一開始服用後、再慢慢增加劑量的另一種情況，並且需要同時補充其他礦物質。ReMyte含有的電解質補充劑能夠協助腎上腺與甲狀腺，同時你也可以利用未精煉的海鹽，例如喜馬拉雅山玫瑰鹽（pink Himalayan salt），或是凱爾特海鹽（Celtic Sea Salt，約945毫升的水兌¼茶匙的鹽）來增加鈉，這麼做可以平衡你的血壓，同時也能幫助腎上腺；海鹽含有七十二種微量礦物質，這些礦物質全都對人體很重要。我建議你每天喝相當於你體重數字一半的盎司水量（1磅約0.454公斤，1盎司近30毫升），例如你的體重是150磅（約68公斤），你每天就該喝75盎司（約2200毫升）的水。

你正在服用心臟病的藥

如果你正在服用心臟病的藥，你的健康狀況因為服用鎂而有所改善，

那麼這些藥物反而會變成「毒物」。這是因為你很可能不再需要這些藥物，而不是鎂對你不好。例如，鎂能夠降低血壓，如果你一直服用等量的降血壓藥，你的血壓可能會太低——這並非是鎂的副作用，而是你在不需要藥品時服藥所導致的不適。請你和醫生討論，讓醫生協助你慢慢停藥。

你正開始服用碘劑、甲狀腺低下或亢進的藥品

高劑量的碘或甲狀腺藥物可能讓你的甲狀腺荷爾蒙增加，造成輕微的甲狀腺功能亢進，以促進新陳代謝，加速身體的運作。如果你有心悸的病史，很可能因為新陳代謝的速度變快而使情況變得更嚴重。要判斷是否有這方面的問題，請注意兩項關鍵的甲狀腺功能：你的脈搏是否加快，以及用來控制心悸的鎂是否失效。鎂本身就能改善甲狀腺的功能，這表示你得減少甲狀腺藥物的用量。如果你服用的是ReMyte，發生這種情形的機率可能更高，因為ReMyte含有的十二種礦物質中，有九種能支援甲狀腺功能。

你服了過多的維他命D

你原本對服用鎂的結果感到很滿意，但在服用劑量更高的鎂時，卻發現自己出現缺鎂的症狀，這是因為鎂必須將維他命D從儲存的形式轉化為活化的形式，才能夠進行其他維他命D的新陳代謝。如果你發現自己有這種情況，表示你可能服用了對抗療法醫生所開立的高劑量維他命D，因此陷入了鎂缺乏症的危機而不自覺。因此，我建議你每日服用的維他命D_3劑量不要超過1000～2000國際單位（IU），也絕對不要在沒有補充鎂的狀況下服用維他命D，這點對整體的鎂含量有相當大的影響，因此我另闢一章說明，請見第一章的「高劑量的維他命D會耗盡鎂」(P080)。

服用過多的鈣，就會排出體內的鎂

請見第二章「鈣的問題」(P091) 以了解鈣與鎂之間的競爭。過多的鈣會造成心臟病，男性與女性鈣化症狀的問題也與此礦物質有關。

你服用了劑量相當高的鎂，卻缺乏微量元素或水喝得不夠多

微量元素能夠幫助身體保留水分，如果沒有這些元素，細胞就會脫水，組織就會留住水分，並且很可能出現腳踝水腫等症狀。請參考前面「你因為長期缺鎂而血壓偏低且有腎上腺疲勞的問題」（P040）這一點，了解可能會造成哪些症狀。

你服用的維他命B量不足

維他命B_6和B_2是幫助細胞吸收鎂的重要維他命。有些論文提到鎂和維他命B_6可以用來治療經前症候群與腎結石，最近也有一些論文提到用鎂和維他命B_6來治療自閉症與注意力不足過動症，不過，我並不建議大家服用高劑量的合成維他命B_6，因為有些人可能會出現周圍神經病變的副作用。

這種副作用很可能是缺鎂造成的，因此我建議大家服用天然綜合維他命B，例如我研發的產品ReAline，或是Grown by Nature這個牌子就有每錠含2毫克維他命B_6的產品。這裡要請讀者注意的是，由於身體很容易就能吸收ReMag，如果你選擇的是這種產品，那麼，不需要透過維他命B、功能良好的腸道或攜帶鎂的蛋白質，也能將鎂直接送到細胞。

你有汞中毒的問題

在第十三章當中的「鎂能預防重金屬中毒」（P346），我提到「汞會使腎臟大量排出鎂和鈣，這很有可能就是汞中毒傷害腎臟的原因」。排除體內的汞雖然很重要，卻不是本書討論的主題，只要服用足量的鎂，就能夠解除這種危險重金屬的毒性。

你服用的藥物含有氟化物

請參考第一章「氟化物導致缺鎂大災難」（P076），以進一步了解：為什麼處方藥物、牙醫生的塗氟治療、含氟化物的牙膏或含氟的飲用水可能會使你缺鎂。

你有酵母過度增生的問題

　　你缺鎂的症狀可能嚴重到讓你忽略自己可能有酵母過度增生的問題。在你缺鎂的症狀漸漸消失後，你可能會發現自己有酵母過度增生的症狀，或者你體內的鎂有助於身體排除酵母的毒素或酵母本身，而你正在經歷酵母逐漸死去的階段。這種情形往往會出現的症狀有紅疹、陰道炎、鼻竇炎、耳朵搔癢、腦霧。

　　要治療這些症狀，可攝取不含酵母菌的飲食、服用益生菌，以及採用天然的抗真菌療法。

第 1 部

不容忽視的營養新星

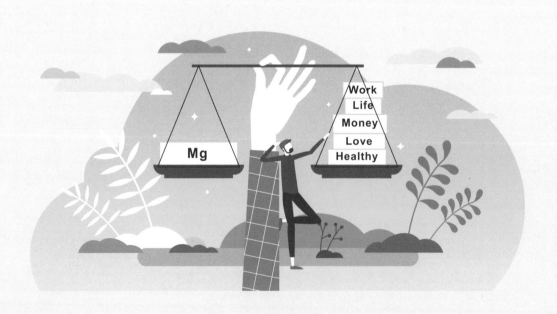

談到長高、預防骨質疏鬆，一般人總立刻聯想到要補充鈣，而這樣的聯想正如補鐵之於疲勞、缺血一般，因此，市面上隨處可見額外添加鈣、鐵的食品。然而，鎂身為影響體內上百種生理活動的礦物質，其缺乏所產生之症狀也千變萬化，從肌肉痙攣、心血管疾病、腦部損傷、腸胃問題、憂鬱症到經前症候群都有。

正因為鎂的缺乏沒有特定的對應症狀，所以才讓一般人對如此重要的礦物質一無所知，也忽視了缺乏鎂對健康所帶來的巨大危害。

簡單來說，鎂的主要功能可分為以下幾個方向：

❶ 鎂是一種輔因子，能協助酵素發動體內的各種化學反應，包括體溫的調節。
❷ 鎂能產生與運送能量。
❸ 鎂是蛋白質合成的必要成分。
❹ 鎂能幫助神經訊號的傳導。
❺ 鎂能使肌肉放鬆。

在得知了鎂的重要性之後，你可能會想知道自己是否有缺鎂的情形。綜觀現代人的飲食和農耕方式，我們可以下一個大膽的結論：幾乎所有現代人都活在缺鎂的危機當中。除草劑、農藥、

酸雨等皆會造成鎂的流失，而過度耕作的農耕方式，也讓土壤中的鎂變得非常稀少。

使這種情形火上加油的，正是飲食精緻化及食品加工，根據研究，小麥在精製成白麵粉的過程中，會流失80％的鎂，而白糖的鎂流失更是高達99％。

如果你對自己是否缺鎂還存有疑慮，可以透過「與缺鎂有關的一百項因素」的表格（P069），來初步確認自己是否有缺乏鎂的現象。

第 1 章

為什麼
你要認識鎂？

我 會先用三個故事來開頭，這三個人都成功克服了缺鎂的問題，我將透過這些故事來說明我對鎂的看法。

半夜抽筋的瑪莉

瑪麗打趣地說，她覺得自己好像被緩慢行駛的公車碾壓，半夜會因為腿抽筋而痛醒，這讓她徹夜難眠，也讓她每天都心悸。醫生還發現她血糖過高，雖說並未嚴重到得施打胰島素的程度，但仍然開了刺激胰島素分泌的藥給她。後來，她常無來由地感到恐慌，這讓原本精力充沛、個性風趣的她開始變得害怕出門。

為了舒緩腿部抽筋的問題，瑪麗開始在晚上服用鈣片，因為報導說攝取鈣能減少抽筋、有助於睡眠。一開始，鈣片似乎有效，但一、兩週後，疼痛的情形卻變得更加嚴重，只要她在床上打呵欠或伸懶腰，小腿肌肉就會立刻緊繃，痛得她跌到地板上，只能躺著不斷按

摩讓肌肉放鬆。隔天走路時，她會覺得小腿痠軟無力，有種痠腫的感覺，導致她走路一瘸一拐的，而且一整天都是如此。

瑪麗戒掉了一天喝三杯咖啡的習慣後，心悸的情形雖然有所改善，但幾個星期之後又再復發，一天之內心悸了好幾次，而且伴隨著輕微咳嗽，讓她幾乎快喘不過氣來。醫生說她的心臟壓力測試結果沒有異常，也不需要做進一步的血管造影檢查，但她仍感到十分恐懼。

瑪麗的父母都有第二型糖尿病，她知道自己得注意飲食，卻依舊讓體重超標，並且強烈渴望攝取難以抗拒的甜食和高碳水化合物的美食。直到恐慌症和其他症狀紛紛出現後，她才驚覺自己需要尋求協助，於是來到我的辦公室見我。

瑪麗今年才五十三歲，還很年輕，不該活得那麼痛苦，也不該那樣擔心自己的健康狀況。

山姆的心臟動脈阻塞

山姆才四十九歲，卻已有胸痛的問題。剛開始，他以為那只是消化不良，但有時卻會在半夜感到疼痛。他憂心忡忡的去看心臟科，醫生發現他的兩條動脈有些輕微阻塞，但還沒嚴重到得做繞道手術。山姆的膽固醇和血壓都偏高，他認為這是因為自己的工作壓力大，再加上過去半年因為背痛而沒有規律運動。

心臟科醫生警告山姆，說他心臟動脈阻塞的情形必定會日益嚴重，最後免不了要開刀。醫生開了些降膽固醇與降血壓的藥給他，囑咐他別吃奶油和雞蛋，還給了他硝酸甘油舌下片，讓他在胸痛發作時服用，並告訴他如果症狀加劇，會再開更多的藥。山姆實在不願意一輩子服藥，並且眼睜睜看著胸痛惡化、坐以待斃；他知道一定有不用挨刀的治療方式，所以就來找我，請我給些建議。

每個月都要痛苦一次的珍

珍才三十五歲，卻期待自己能夠早點停經，因為每個月的經前症候群總是讓她苦不堪言。經前症狀雖會隨著月經來潮而減輕，但她緊接著卻得面對經期的劇痛。此外，她也有偏頭痛的問題，以往都是在月經來前才會痛，但現在每週都會發作一、兩次，讓她痛苦不堪，甚至考慮接受子宮切除術，將分泌荷爾蒙的子宮摘除──問題是，她根本不確定偏頭痛的肇因是不是荷爾蒙，因為她整個月都會偏頭痛。

✦ 缺乏鎂的症狀千變萬化

瑪麗、山姆、珍的症狀皆不相同，卻都是缺乏鎂所致。雖說男性和女性都可能缺鎂，但相較之下，女性體內的含鎂量比較低，這是因為女性體內循環的紅血球數量較少，能攜帶的鎂也較少，或許正是因為如此，所以能夠利用的鎂也比較少。不過相較於男性，女性更能妥善運用鎂。

男女之間還有其他不同之處。由於鎂與荷爾蒙調節機制間的相互作用，女性較容易因為缺鎂而出現一些症狀，像是懷孕和哺乳期間，女性其實很容易缺鎂，而經前症候群和經痛也可能是缺鎂所致。

此外，罹患骨質疏鬆症的女性也多於男性，這也是體內鎂鈣不平衡、鎂含量過低的結果。好發於女性的甲狀腺亢進會促使新陳代謝加速，消耗三磷酸腺苷（它是身體細胞內的能量來源，缺乏鎂便無法生成）。然而，女性體內運用鎂的效率很高，因此在停經前並不容易罹患心臟病。接下來，我們來看看瑪麗、山姆、珍的狀況，以了解他們如何克服鎂缺乏症。

腿部抽筋

瑪麗來訪時，我採用自然醫學的慣用程序，詳細記錄她過去至今的健康

狀況。我發現她有好幾種缺鎂造成的症狀，補充過多的鈣則讓她的症狀更為惡化，因此光是服用鎂補充品並不夠，還得徹底地調整飲食與作息。

我為她解釋說明，鈣在一開始時之所以看似能夠減輕腿部抽筋的症狀，是因為過多的鈣會迫使身體釋出儲存的鎂，但那個人如果缺鎂，過多的鈣最終一定會造成問題。

我列出富含鎂的食物，包括堅果、豆類、葵瓜籽、南瓜籽等，並要求瑪麗將這些食物加入日常飲食當中。她因而發現，這些富含鎂的食物是她過往都不碰的——她認為堅果會害她變胖，豆子會讓她放屁，超市的綠色蔬菜看起來不夠新鮮，更別說瓜籽類的東西，她想都沒想過。

在大量攝取富含鎂的食物一週後，瑪麗覺得好多了。為了能夠固定買到有機的綠色蔬菜，她找到當地社區支持型農業（CSA）合作社，並且認購了附近有機農場的股份（為了以更優惠的價格購買農場的有機蔬菜），也學會要先浸泡再烹煮豆子，以減少放屁的情況；同時，她也開始吃富含鎂與健康油脂的堅果，例如杏仁、核桃、胡桃、葵瓜籽、南瓜籽等。

瑪麗第二次來找我時，我建議她開始服用鎂的營養補充品，起初每天先服用75毫克，每兩天再增加75毫克，慢慢增加到600毫克。我也事先提醒她，要消除缺鎂的症狀需要好幾個月，並非所有症狀都會立刻得到改善。

瑪麗的健康狀況因為吃了富含鎂的食物而獲得許多改善，因此十分興奮也很迫不及待，問我是否可以透過靜脈注射鎂來快速補足體內的鎂。我跟她說注射鎂劑的確可以達到這種效果，但<u>更有效又較便宜的方式</u>是補充皮米大小的鎂，並在泡澡或足浴時加入鎂鹽。

不到一個月，瑪麗就不斷地稱讚鎂的好處，她心悸和突發性恐慌的問題消失了，想吃甜食的欲望也降低許多，不但光靠飲食就能控制血糖，連血糖的測試值也一切正常。此外，腿部抽筋與失眠的問題也消失了。三個月後，我請她再加入富含鈣的食物，同時也服用鎂補充劑，藉以讓鈣和鎂的比例維持在1：1。看到瑪麗的健康狀況大幅改善後，她的內科醫生請她再接再厲，繼續維持同樣的飲食習慣並攝取同樣的營養補充品。

心臟症候群

山姆的求知欲十分強烈，因此我請他閱讀心臟病和鎂的相關資料，他發現30％的心絞痛（胸痛）病人其實並沒有嚴重的動脈阻塞，多半是因為缺乏礦物質（尤其是鎂）而造成電解質不平衡。更驚人的是，因為心臟病而猝死的病人中，有40～60％都沒有動脈阻塞、血栓或心律異常的病史，最有可能的情況其實是動脈痙攣，而鎂就是天然的抗痙攣劑。此外，他也發現缺鎂與心因性死亡有關。

山姆並不想坐以待斃，下定決心找出自己的病因所在。他閱讀的資料愈多，對鎂就愈感興趣。他還看到缺鎂也與肌肉疼痛有關——尤其是背痛，這更加引起他的注意，因為早在他出現胸痛之前，就已經背痛四、五個月了。

在獲得許多有關鎂的知識後，山姆回去看他的心臟科醫生。經過三十分鐘的漫長等候，一位護理師幫山姆量了血壓，他在家裡自己量時大都只比正常值高一點，但這次量卻高出許多（病人常會因為看醫生這件事感到緊張，進而導致血壓升高，這種情形通常稱為「白袍症候群」）。

在聽到山姆的血壓值後，醫生迅速進入山姆所在的診間，開始跟他說明高血壓的用藥，但山姆卻搬出鎂的那一套來回應。這時，醫生的態度有了一百八十度的轉變，他用冷冷的口氣跟山姆說，鎂往往用來治療孕婦的高血壓，因為用鎂不會產生副作用，但是對其他人而言，仍有許多有效的藥物可供選擇。當山姆堅持他寧可選擇沒有副作用的治療方式時，醫生立刻收起了他的病歷，表示等到山姆願意吃藥時再來看心臟病。

山姆之後來找我時，對於那次心臟病看診的不愉快經驗仍耿耿於懷，醫生不願意和他討論可能存在的缺鎂問題，讓他十分不以為然。山姆和我都認為，現在用鎂開始治療是個好主意，因為他實在不願意服藥。於是，山姆開始多吃一些富含鎂的食物，一個星期後，他覺得心情平靜多了，但仍然有胸痛和背痛的問題，所以又再補充了一些鎂劑。三個月後，他覺得自己差不多恢復正常了。

在山姆閱讀的報告中，有一篇是A型人格和鎂缺乏症的關聯。山姆從報

告中得知自己正是這種人：因為個性過於積極主動，致使腎上腺素隨時待命，進而承受著各種時間壓力與緊張的情緒。**這種行為會消耗體內的鎂**，也會造成各種疾病，例如心臟病、肌肉痙攣、過度敏感、易怒等。

長期承受心理壓力會使腎上腺素上升，這種壓力荷爾蒙會耗盡鎂。山姆壓力大時，胸痛和背痛就會發作，所以他正努力讓自己減輕壓力，如果沒辦法避免，那就補充更多鎂。如果當天他有運動，就會多服用150～300毫克的鎂，因為激烈運動（如騎單車或慢跑）和在炎熱的天氣中活動時，**汗水會帶走鎂，造成鎂的流失**，光喝白開水並不能補足流失的礦物質。

藉由時時注意影響身體健康的因素，山姆讓自己的膽固醇與壓力都降低了，同時減少了心臟病發或需要動心臟手術的機率，也讓動脈通暢許多。

經前症候群與經痛

珍聽說做瑜伽能減輕經前症候群與經痛，也覺得自己有必要學習自我放鬆，所以報名了當地的健康俱樂部。正好那位老師會定期開些排毒與烹飪的課程，珍在意識到「吃素其實不必放棄一切」之後，決定參加這些課程。

排毒的第一課，就是要正常排便，但珍一星期能排便一次就該偷笑了。沒有每天清空腸內廢棄物，毒素就會被大腸再度吸收、累積在體內；腸裡的廢棄物累積愈久，水分就會愈少，糞便會因而硬化，變得更難排出體外。經前症候群與子宮內膜異位會造成經期疼痛，有些自然療法專家認為這個問題肇因於便祕及其累積的毒素。

在上烹飪課的過程中，珍發現原來自己熱愛垃圾食物；體內的上百種酵素如果要正常運作，就非得有鎂不可，然而包裝食物及速食中幾乎都不含這種營養素。珍班上年紀較大的女士或多或少都有健康問題，有人得了癌症，有人得了心臟病，有人則是骨質疏鬆，如果她現在不好好注意自己的健康，十年或二十年後又會如何呢？在知道自己原來缺乏這麼多營養素後，珍對自己至今沒生什麼重病感到十分訝異。

如今，她的飲食包含了綠色蔬菜、豆類、堅果、種籽等，不只幫助她改

善宿便問題，也讓她的經前症候群與經痛幾乎消失。她聽從瑜伽老師的建議來找我時，身體顯然已步上正軌，健康情形也正在改善中。我建議她開始服用天然的鎂劑及綜合維他命，同時再增加飲食中的含鈣量，在做了這些改變文字接續後，她覺得自己彷彿重獲新生。

✦✦ 缺鎂的原因

　　看到鎂燃燒與耗盡的各種方式，真是令人相當震驚。我之後會分別在本書的各章節詳細說明這些造成缺鎂的因素。我在本章稍後的部分也列出了「與缺鎂有關的一百項因素」（P069），但我要先歸納出二十六個缺鎂的主因，這些稍後還會再重複提到，讓你真正了解我們在消耗鎂的世界裡會面臨哪些問題。

❶ 運動時出汗會造成鎂的流失。

❷ 酒精有利尿的效果，因此會消耗鎂。

❸ 用來抑制胃酸的制酸劑會降低鎂的吸收率。

❹ 酸雨中含有大量的硝酸，會讓土壤釋出鎂與鈣以中和酸性，導致土壤的這些礦物質流失。

❺ 咖啡因具有利尿的效果，因此會消耗鎂，同時也會刺激腎上腺大量分泌腎上腺素，這會造成鎂的流失。

❻ 大部分的藥物都會消耗鎂，含有氟原子的藥物更是如此。

❼ 食物的加工與烹飪會讓鎂的含量減少。

❽ 水、牙科治療、牙膏、藥物中的氟化物和氟會與鎂結合，讓鎂無法為身體所用，當然也無法發揮應有的功效。氟化鎂這種礦物質又名氟鎂石，完全不溶於水，而且會取代骨骼與軟骨等硬組織中的鎂，致使骨骼容易脆裂，進而導致骨折。

❾ 肥料無法取代必要的礦物質，卻含有大量的磷、鉀、氮。過多的鉀與磷會被植物優先吸收，因此抑制了鎂的吸收。

❿ 「年年春」等除草劑會與鎂結合，讓植物長達幾十年都無法吸收鎂。

⓫ 殺蟲劑會殺死蠕蟲與細菌，因此這些生物處理土壤和分解礦物質的功能就會喪失，這意味著植物能夠吸收的礦物質會變少。

⓬ 腸躁症、腸漏症、麩質與乳蛋白過敏等腸道疾病，以及真菌、殺蟲劑等，都會阻礙鎂的吸收。

⓭ 垃圾食物會消耗鎂，特別是含糖食品。肝臟需要二十八個鎂原子才能處理一個葡萄糖分子；處理果糖會消耗五十六個鎂原子。

⓮ 動物如果攝取了缺鎂的食物，其肉的含鎂量也不高。

⓯ 大黃、菠菜、甜菜等當中的草酸，以及穀物、大豆等當中的植酸，都會阻礙鎂的吸收。

⓰ 低血鉀會增加尿液中的含鎂量。

⓱ 高蛋白質的飲食方式會減少人體對鎂的吸收，並且需要更多的鎂來進行消化與吸收。

⓲ 白米與小麥等精製穀類會減少鎂的吸收。

⓳ 為了減重、排毒、維持健康等目的所進行的桑拿浴，很有可能會因為人體排汗而造成相當多的礦物流失，使人出現缺鎂的症狀。

⓴ 農地土壤的缺鎂情形相當嚴重。

㉑ 土壤侵蝕使豪雨或灌溉時更容易沖走土壤，進而導致礦物質流失，鎂也不例外。

㉒ 身體、心理、情緒、環境等各種類型的壓力或創傷會造成缺鎂。

㉓ 壓力會造成胃酸過少，也會減少鎂的吸收。

㉔ 茶裡的單寧酸會與礦物質結合，並且排出體外，鎂也包含其中。

㉕ 反式脂肪酸與缺乏礦物質都會損害細胞壁的完整性，進而導致細胞壁缺乏彈性、影響受器位置的功能，讓營養素無法順利進入或離開細胞。

㉖ 硬水軟化的處理程序會降低水中的含鎂量。

✦ 鎂缺乏症的臨床影響

　　希臘附近的鎂格尼西亞城（Magnesia）是古人最早發現鎂的地方，他們將鎂鹽（硫酸鎂）作為瀉藥，直至今日用途依然相同。

　　在1697年時，有份標題為「瀉鹽與其他水體含有的苦瀉鹽類之本質與應用」的醫學文獻說鎂可用來治療各種健康問題，如皮膚潰瘍、憂鬱、暈眩、火燒心、蚊蟲咬傷、腎結石、黃疸、痛風等。今日，這些症狀多半還是用鎂來治療，而最新的研究報告也證明了鎂的功效，指出鎂能有效解決下列疾病的早期症狀。

缺乏鎂的六十五種症狀

　　在本書原版的簡介裡，我曾經列出與缺乏鎂元素有直接臨床關聯性的二十一種症狀，並針對鎂療法做出回應。然而，近來醫學界發表了更多與鎂元素相關的研究與臨床經驗，因此本版據此擴增為六十五種症狀（包含細項在內才有六十五種）。

| 1 | 胃酸逆流 | 下食道括約肌與胃的交界處出現痙攣，可能導致括約肌放鬆，引起胃酸逆流，這就是所謂的胃食道逆流，俗稱火燒心，而鎂能緩解食道痙攣。 |
| 2 | 阿茲海默症 | 鎂能防止鈣與其他重金屬在腦細胞中產生異常的沉澱，避免腦內神經發炎。早在出現發炎情形之前，鎂就已經發揮功能，守住細胞的離子通道，不讓重金屬進入細胞，而皮米大小的穩定鎂離子（ReMag）很容易就能進入細胞，不僅能幫助人體排出重金屬，還能溶解鈣。 |

3	腎上腺疲勞	• 長期承受壓力、感到焦慮或恐慌時，往往會出現腎上腺疲勞的情況，而這種狀況在近年來有增加的趨勢。長期承受壓力時，腎上腺素、正腎上腺素、可體松的分泌都會增加，進而大量消耗體內的鎂。 • 壓力會讓人排出過多的鎂至尿液中，最後引發鎂缺乏症。 • 雖然「壓力」這個字已經被濫用，但我們每天確實承受著各種身體、情緒與心理的壓力，一點一滴的消耗體內的鎂。
4	心絞痛	• <u>**心絞痛的肇因是心肌發生嚴重痙攣，痙攣的原因則是缺鎂。**</u> • 在人體中，心室是鎂含量最高的器官，這也就是為何鎂對心臟輸送血液的功能影響甚鉅。
5	焦慮感與恐慌感	• 如果沒有充足的鎂保護腎上腺，控制「戰或逃反應」的荷爾蒙——腎上腺素與正腎上腺素便更容易激增。當這兩種荷爾蒙不規律地遽增時，會導致心跳加快、血壓升高和心悸；缺鎂缺得愈嚴重，腎上腺素就會分泌得愈多。 • 鎂能夠安定神經、讓肌肉放鬆、心跳速度變慢，有助於減少焦慮感和恐慌感。
6	關節炎	• 鎂有助於溶解累積在關節中的鈣。 • 治療關節炎造成的疼痛與發炎症狀時，鎂能安全地取代止痛藥。
7	氣喘	組織胺的分泌量增加，以及支氣管平滑肌的痙攣頻率變高，都是缺鎂造成的結果。
8	腦部功能障礙	你可以在網路上免費下載《中樞神經系統的鎂》，閱讀其中提及鎂對大腦有哪些好處的廣泛概論（我在第五章有提及該書的相關章節 P173 ）。

9	血栓	鎂並非血液稀釋劑，但它能防止引發血栓的鈣積聚；鎂能平衡血液中的凝血因子。
10	動脈硬化與鈣沉澱	鎂有助於溶解鈣，讓鈣能順利溶於血液，並且和維他命K_2共同將鈣導引到骨骼中——那才是鈣應該沉澱的地方。
11	腸道疾病	缺鎂會讓腸道蠕動變慢，造成便祕問題，不僅會讓毒素累積在體內，還會導致結腸炎、顯微鏡性結腸炎（僅在顯微鏡下可見的腸炎症）、腸躁症、憩室炎、克隆氏症。
12	磨牙症	80%的磨牙情形都出現在睡眠時，因此牙醫師很可能是最早發現你的牙齒逐漸磨損的人。磨牙症與白天下顎肌肉緊繃有關，通常也與壓力及焦慮有所關聯，任何肌肉緊繃的情形都可能是缺鎂造成的結果。
13	膽固醇	• 1970年代中期我讀醫學院時，正常膽固醇值約為245毫克／分升；《鎂的奇蹟》第一版出版時，我提到對抗療法醫學認為「正常」的膽固醇值約在180～220毫克／分升；時至今日，醫生建議的膽固醇正常值降到了200毫克／分升（5.2毫莫耳／公升〔mmol/L〕）以下。 • 醫生似乎不清楚，與三磷酸腺苷結合的鎂離子（Mg^{2+}-ATP）控制了限制膽固醇生物合成速率的酵素，這個作用正是史他汀類（statins）藥物所訂立的目標。因此，當膽固醇含量足夠時，鎂會自然地減緩羥甲基戊二酸單醯輔酶A還原酶（HMG-CoA還原酶）的活性，但若是使用史他汀類藥物，在摧毀這種酵素的同時還會造成缺鎂。
14	腎結石	請見第十一章，以了解鎂如何預防及治療腎結石，還有如何和維他命B_6（吡哆醇）合作以提升療效 P300。

15	腎臟疾病	• 缺鎂會導致動脈粥狀硬化性的腎衰竭，因為鈣會累積在腎動脈；缺鎂也會造成腎臟移植病患的血脂異常和血糖控制惡化。
		• 對腎臟病患者來說，補充皮米大小的穩定離子鎂（ReMag）是很重要的事，因為它可以直接被細胞吸收，而不會累積在血液裡，以免導致電解質不平衡和心律不整。
16	解毒	• 要清除細胞內的有毒物質與汞、鋁、鉛等重金屬，鎂扮演了不可或缺的角色。
		• 鎂也是生成穀胱甘肽（glutathione）時的共同因子之一，亦是促成肝臟解毒系統運作的因子。
17	慢性疲勞症候群	• 第十二章會進一步提到慢性疲勞症候群 (P327)；鎂對於增加體力及讓生活步上正軌的功效相當顯著。
		• 我們仍然不知道造成慢性疲勞症候群的原因，但在提及鈣與鎂的互動時，我在想：過多的鈣與缺鎂是否可能是造成粒線體功能不良的潛在原因？許多自然療法醫生認為這點可能引發慢性疲勞症候群與其他慢性疾病。
18	膀胱炎	• 缺鎂造成的膀胱痙攣可能導致頻尿，這點經常被誤認為膀胱感染。
		• 缺鎂也可能導致鈣累積在膀胱內壁與尿道中，造成敏感與類似膀胱炎的情形。我們經常聽到年長的婦女終於能夠擺脫尿布的消息，因為鎂顯然能溶解膀胱組織鈣化的部分，解決小便失禁的問題。
19	帕金森氏症	• 缺乏多巴胺會造成帕金森氏症，而鎂是人體生成多巴胺時所需的輔因子。
		• 鎂能夠阻止因大腦中的鈣沉澱所造成的神經發炎。

20	憂鬱	• 血清素是能讓人維持愉快心情的神經傳導物質，無論在大腦還是小腸中，血清素的生成與發揮功效皆須仰賴鎂。 • 多巴胺是控制大腦激勵與愉悅的中心，會在生化通道的幾個步驟中利用鎂。 • 大腦一旦缺鎂，就比較容易受到過敏原與外物的影響，這些物質有時候甚至會造成心理疾病。
21	疲勞	缺鎂的患者通常會感到疲勞，這是因為數百種酵素系統都功能不彰，而製造能量最重要的因子──三磷酸腺苷（ATP），必須和鎂離子結合才能夠發揮效果。克氏循環會產生「與三磷酸腺苷結合的鎂離子（Mg^{2+}-ATP）」，該循環中的八個步驟裡，有六個都需要鎂（克氏循環從使用糖解循環中的丙酮酸開始，並且僅在粒線體中起作用）。
22	糖尿病	以下因素皆意味著鎂有助於解決胰島素阻抗的問題： • 鎂是胰島素分泌的必要成分，能夠促進碳水化合物的代謝，讓胰島素將葡萄糖運送到細胞，否則葡萄糖和胰島素會累積在血液裡，造成組織的各種損害。 • 讓胰島素進入細胞的酪胺酸激酶（Tyrosine kinase）不能缺少鎂。 • 代謝葡萄糖的糖解過程需要十種酵素，其中七種也和鎂息息相關。
23	心臟病	• 心臟的左心室是全身鎂含量最高的部位，**罷患心臟病的人往往都有缺鎂的問題**，因此服用鎂能夠降低發作的風險；若在心臟病發作的當下給予靜脈注射鎂，能夠預防心肌損傷及心律不整的發生。 • 大部分治療心臟疾病的藥物都會讓身體流失鎂。

24	高血壓	• 血管內壁的平滑肌若鈣過多且缺乏鎂，可能會發生痙攣，並且造成高血壓。 • 膽固醇升高也有可能是缺鎂所導致的，而膽固醇會與鈣結合，進一步使動脈粥狀硬化和高血壓惡化。
25	頭痛	局部使用或口服的鎂療法，能有效舒緩頭頸部肌肉緊繃和痙攣。
26	失眠	• 鎂能夠讓肌肉放鬆，這樣睡覺時就不會輾轉難眠。 • 缺鎂也會干擾調節睡眠的褪黑激素生成。 • 鎂能夠有效助眠，若服用鎂之後，睡眠情形依舊沒有獲得改善，我會建議：「再攝取更多的鎂吧。」有些人可能必須服用ReMag，才能在達到療效的同時不會出現腹瀉的情形。
27	偏頭痛	• 血清素必須仰賴鎂才能達成平衡，如果缺鎂就會造成偏頭痛和憂鬱。 • 偏頭痛有一部分是因為血栓阻塞了腦中的微血管，而鎂可防止鈣造成過多的血栓。 • 皮下注射及口服鎂都能有效治療與預防偏頭痛。
28	發炎	• 現在大部分的藥商都接受「心臟的肇因是發炎，而非膽固醇」的觀點。他們無法確認造成發炎的原因為何，但那並不能阻止他們研發抑制發炎的新藥物；他們並不願意承認**鈣很容易導致發炎，鎂則能消炎**這個事實。 • 在缺鎂的情況下，一連串的發炎情形（包括物質P、白細胞介素、腫瘤壞死因子、趨化因子、細胞因子）會升級加重。追根究柢，這些發炎的情形都是因為鎂過少、鈣過多所造成的。

29	腸躁症	我在另一本著作《腸躁症入門》中，提到需要鎂才能治療腸躁症的疼痛與痙攣。
30	骨質疏鬆症	當體內的鈣含量升高，只要缺乏適量的鎂，就會引起一連串導致骨質流失的事件——不論維他命D充不充足都一樣。
31	低血糖症	鎂能調節胰島素的產生，避免它被不恰當地大量釋放到血液中，造成血糖突然下降，進而導致低血糖症狀的出現。
32	消化不良	讓胃內食物酸化的胃質子幫浦，需要鎂的存在才能維持良好的生理運作。
33	肌肉與骨骼的問題	鎂不足與鈣過多，皆會造成身體各處肌肉的持續收縮，以下各種肌肉與骨骼方面的問題都可以透過鎂療法來改善： • 肌肉痙攣。 • 纖維組織炎。 • 纖維肌痛症。 • 腸胃痙攣（無法診斷出原因的慢性疼痛，可能導致醫生進行不適當的探查手術）。 • 緊張造成的頭痛。 • 身體任何部位的肌肉痙攣與收縮。 • 慢性頸部與背部疼痛。 • 下顎緊繃。
34	雷諾氏症候群	鎂能夠使麻痺的血管鬆弛，舒緩指尖的麻木與疼痛。
35	顳顎關節症候群（TMJ）	顳顎關節是連接顎骨與顳骨的關節。這個關節很可能因為關節炎、過度咀嚼口香糖、牙齒或下顎損傷、牙齒或下顎排列不齊、姿勢不良、壓力、磨牙等而導致敏感或發炎。如果缺鎂，會導致以上這些因素惡化。
36	蛀牙	缺鎂會使唾液中的磷與鈣失衡，進而損害牙齒健康。

37	婦科問題	鎂能夠預防及治療下列問題： • 經前症候群。 • 痛經（月經期間抽搐疼痛）。 • 女性不孕症（減輕輸卵管痙攣）。 • 早產收縮（可能由缺鎂肌肉痙攣引起）。 • 懷孕期的子癲前症及子癲症（鎂能治療水腫、高血壓、休克）。 • 腦性麻痺。 • 嬰兒猝死症（SIDS）。 • 男性不孕症（健康精液有許多鎂和鋅）。
38	神經問題：神經痛、神經炎、神經病變	體內的鎂過少但鈣過多時，會導致身體各處的神經細胞產生過度興奮的情形。而鎂能夠舒緩全身各處的神經問題： • 灼熱感。 • 肌肉無力。 • 麻木感。 • 麻痺。 • 針刺感。 • 休克與抽搐。 • 皮膚敏感。 • 刺痛。 • 抽動。 • 暈眩。 • 認知功能混亂。
39	運動傷害	疼痛、發炎、肌肉痙攣、肌肉緊繃、疤痕都能夠透過鎂來治療。
40	運動後的恢復	鎂能夠減少乳酸堆積，補充因為流汗而流失的鎂，避免運動後的痠痛。
41	咬傷舌頭	如果缺鎂，舌頭及口腔內部的肌肉很可能會在進食時產生痙攣，造成牙齒突然不經意地咬到舌頭或口腔內壁。

　　如果你服用了鎂劑，卻依然出現缺鎂的症狀，這多半是因為服用的劑量不足，或是沒有服用適當形式的鎂。我建議你可以做紅血球鎂濃度檢驗，來檢視自己是否吸收了鎂——第十六章有更多鎂的檢驗方式。如果你無法吸收鎂，那麼解決方式之一，就是改攝取皮米大小的穩定離子態ReMag，這種鎂能夠被細胞完全吸收。

　　如果你和你的醫生不知道我所列的六十五種症狀其實能用鎂來治療，那麼醫生多半會開藥給你，例如止痛藥、利尿劑、抗生素、可體松等藥物，但這只會消耗更多的鎂與其他礦物質，讓病症完全失控。

　　梅約醫院有份研究報告讓媒體競相報導，標題十分聳動——「研究報告顯示70％的美國人都服用處方藥」。梅約的研究報告調查了14萬7377位病人的處方，當中約有70％的人至少服用一種處方藥，超過50％的人服用了兩種，20％的人服用了五種以上；年齡在五十至六十四歲之間的女性，每4人中就有1人服用抗憂鬱藥物，而2009年花費在處方藥上的金額高達兩千五百億美元，占每人健康支出的12％。

　　美國疾病與預防中心指出，在2007年到2010年之間，最近一個月內至少服用一種處方藥的比例增加了將近50％。此外，研究人員也預測，這種情形將會不斷持續下去，未來花費在處方藥的金額只會增加，不會減少。雖然梅約診所的研究報告指出，處方藥的支出在2009年時為兩千五百億美元，占個人健康照護支出的12％，但在2015年時，醫療健康信息學院（IMS Institute for Healthcare Informatics）發現美國每年在藥物方面的支出高達三千一百億美元，短短六年間就增加了24％。

鎂讓珍大幅改善了十項症狀

　　有位女士，年紀五十出頭，姑且就叫她珍吧！她在我的診所填完了症狀調查表，這份調查表共有七十個問題，每個問題的分數為0分到10分。健康的人得分應該很低，大約介於0到30分之間。不過，珍卻得了令人難以置信的275分！

在接受鎂療法三個月之後，珍列出了一張單子給我，上面寫著十項大幅改善的症狀。

❶ 膝蓋疼痛程度降低

膝蓋承受了我們的體重，但本身的構造卻十分簡單，是由大小腿骨肌肉固定的鏈狀關節。如果肌肉緊繃或痙攣，可能會造成關節的輕微錯位，長期下來很有可能會形成醫學上所說的「膝關節炎」。

不過，如果用鎂來治療，就不用服止痛藥，也用不著透過手術來「清理膝關節」了。

❷ 對碳水化合物／糖的渴望降低

若以0到10的數字來表示，珍發現自己對這兩種東西的渴望從9降到0.5。鎂是碳水化合物代謝的必要輔因子，能幫助胰島素正常運作，讓糖分進入細胞，不要留在血管內，以免引發想吃甜食的欲望。

❸ 臉上皺紋與龜裂減少

關於鎂的這種益處，是我之前從未聽過的，但是珍觀察得非常仔細，因此我很肯定其他人應該也獲益不少，只是我沒記下來罷了。

這種結果與細胞組織的結合、水合作用、健康有關，都是鎂讓各種作用平衡的好處。

❹ 偏頭痛的發作次數神奇地減少了

偏頭痛所引起的疼痛程度是最嚴重的一種，會讓人身體衰弱，而且很難治癒，唯一的方法似乎就是終身服用醫生開立的止痛藥，但珍和其他多位本書讀者的偏頭痛情形，卻在服用鎂之後減少了。

如果光服用鎂仍不能完全解決偏頭痛問題，那麼可再加上ReAline中的甲基化維他命B（B_2、B_6、B_{12}、葉酸）。

❺ 經血的顏色由暗紅轉為鮮紅，大量血塊也變成只有微量血塊

鎂能夠透過幾種不同的方式，讓經血流量不會過度集中，同時還能增加血中的氧氣含量，去除血液中的毒素，讓含有毒素的深色經血變成鮮紅色，也能自然稀釋經血，避免血塊出現。

❻ 多年來首次能進行激烈運動

在此之前，珍不管做什麼運動，結束之後總會累個三天。在珍的案例裡，那代表了幾件事：首先，她體內的鎂很可能不足，無法中和累積的乳酸，所以才會覺得痠痛不已；此外，鎂缺乏症的主要症狀之一就是感到疲勞。三磷酸腺苷（ATP）是在鎂的幫助下所形成的能量分子，如果你缺乏ATP，那麼也會缺乏運動所需的精力。

❼ 睡眠品質改善，原本只能小睡片刻、睡眠品質不佳、徹夜難眠

如果你的身體缺鎂，體內的細胞和神經都會十分緊繃，收縮到隨時會斷裂的地步。在這種狀況下就寢，不只身體無法放鬆，就連心情也無法放鬆，如此一來，必定會輾轉難眠。只要服用適量的鎂，就能夠紓解壓力，幫助肌肉放鬆，也能讓你一夜好眠。

❽ 在晚上六點半後仍有體力做事

如果體內的鎂不足，身體從ATP獲得的能量就會愈來愈少，整個人也會無精打采。

❾ 不會對聲音敏感／過度敏感

對飛行員的研究指出，他們如果缺鎂，就會對聲音愈來愈敏感。某次我在電臺接受call in時，有一位女士來電詢問她兒子的情形，說他是位搖滾樂手。我曾提過身體某部分痙攣或抽筋可能是缺鎂的症狀，而這位女士說她兒子的一眼下方不時會跳動，並問我他是不是缺鎂，我說絕對有這個可能。

⑩ 別人說話時，能夠更專心聆聽

　　珍發現自己過去無法集中注意力，當背景噪音十分吵雜時，這種情形更是嚴重。雖然注意力不集中並非缺鎂的典型症狀之一，但你的身體如果緊繃且易怒，也對聲音敏感，那麼你可能很難集中注意力，這是說得通的。

牙醫生補鎂後改善二十項症狀──尤其是眼瞼抽搐

　　一位來自墨西哥的牙醫生寫信給我，告訴我服用鎂之後，有二十項症狀獲得明顯的改善，其中最重要的就是「難以根除」的眨眼習慣。

　　　哈囉，狄恩醫生，我是一位墨西哥的牙醫，今年四十二歲。從2006年6月開始，我便覺得眼中似乎有「沙粒」，眼科醫生說我有過敏性結膜炎，並開給我一些藥膏和藥水，但是都沒效，所以我又去看了其他四位眼科醫生，他們認為我有角膜炎。

　　　從那時候開始，我就有眨眼的習慣，而且愈來愈嚴重，最後嚴重到讓我睜不開眼睛；同時我也開始有手足強直（肌肉痙攣）的問題，從看第一位醫生到現在，已經過了兩個月了。

　　　不用說，我當然非常絕望與沮喪。我完全沒辦法工作、開車，甚至連走路都不行！於是我去看了眼神經科醫生，他診斷的結果是我罹患了眼瞼抽搐症，這表示他們不知道病因，當然也沒辦法治療，同時還告訴我這是麥傑症候群（Meige syndrome，特發性眼瞼痙攣），給了我三個選擇：

❶ 終身服用神經方面的藥物（鎮定劑），但每三個月就得換藥一次，否則藥物會失效。

❷ 注射肉毒桿菌，但有眼瞼下垂的風險。

❸ 進行臉部運動神經阻斷術，這種治療方式很可怕，會在額頭與眼瞼注射酒精類的物質，注射的深度直達骨頭。

　　他建議我先接受第三種治療，於是我聽從了他的意見。當時是2002年8月，那種經驗真是恐怖極了，我的臉腫成五倍大，當然醫生並沒有做錯什麼，因為目的就是要讓左側的神經麻痺，結果我的右眼閉不起來，左眼張不開，顯然對注射反應不佳。後來醫生開了可體松給我，叫我稍安勿躁，看看之後會如何──真的只有「慘」字能形容。

　　然後奇蹟發生了。我請工人到家中廚房修東西，那人正好隨身帶著這本介紹鎂的書，引起了我的注意，於是我開始服用鎂與鈣──因為有人告訴我那有助於消除壓力。那時我正好沒辦法看書，因為我點的藥水會讓瞳孔放大，他發現我對書很感興趣，顯然也需要鎂，因此隔天就帶這本書的影印本給我。那時候我什麼事也做不了，盡了我最大的努力才有辦法一行一行地讀這本書。愈讀愈多之後，我發現書中所提到的狀況，正是我自己的問題所在，因此就開始服用鎂了。

　　我在2002年11月開始服用氯化鎂的口服液後，健康狀況便有了起色，四週之後，麻痺的情形消失了，眼瞼抽搐的情況也減輕許多。除了眼瞼抽搐和麻痺之外，下列問題也日益減輕：

❶ 慢性疲勞症候群。

❷ 經前症候群。

❸ 情緒壓力過大。

❹ 關節疼痛。

❺ 頸背疼痛。

❻ 便祕。

❼ 焦慮。

❽ 緊張。

❾ 心律不整。

⑩ 膀胱炎。

⑪ 結腸炎。

⑫ 血液循環不良。

⑬ 手腳冰冷。

⑭ 空間感、時間感的錯亂。

⑮ 無來由地感到憂鬱，並且無法處理日常事務。

⑯ 腸胃脹氣。

⑰ 心情起伏不定。

⑱ 荷爾蒙不平衡。

　　我的症狀並非百分之百消失，但已經微乎其微了，「難以根治」的眼瞼抽搐也好得差不多了，我覺得再一段時間應該會完全消失。現在我每天服用800毫克的鎂（早上400毫克，睡前400毫克），同時還服用亞麻籽油和女性綜合維他命。我之所以和大家分享我的故事，是因為如果有人和我有同樣的問題，我希望他們知道只要服用神奇的鎂，就有根治的希望。非常感謝您！

✦ 什麼人會缺乏鎂？

　　我經常被問到下面這幾個問題：「我怎麼知道自己需要補充鎂？」「我應該服用鎂的營養補充品嗎？」結論是，額外補充鎂對大家都有好處。你可以透過辨認自己是否有缺鎂的症狀，及／或進行血液檢驗，藉此得知自己是不是缺鎂。我會在第十六章說明三種鎂的血液檢驗，不過，無論是進行血液檢驗再加上找出自己的臨床症狀或單憑臨床症狀，都能讓你得知答案。

　　事實上，我可以列出一長串缺鎂可能造成的症狀與行為，讓你知道自己是否需要鎂。以下六十八類中的一百項因素能夠幫助你了解自己是否缺鎂。

目前我們無法確認有多少因素與缺鎂有關，但是，如果你發現自己勾選了十多項，建議你在服用鎂之後要特別留意自己的症狀是否有所改善。

與缺鎂有關的一百項因素

1	酒類攝取量每週超過7杯	2	憤怒
3	心絞痛	4	焦慮
5	冷漠	6	心律不整
7	氣喘	8	腦部創傷
9	腸胃問題 • 糞便當中有未消化的脂肪 • 便祕 • 腹瀉 • 便祕與腹瀉交替 • 腸躁症 • 克隆氏症 • 結腸炎，顯微鏡性結腸炎	10	血液檢驗 • 含鈣量過低 • 含鉀量過低 • 含鎂量過低
11	慢性支氣管炎	12	纖維肌痛症
13	慢性疲勞症候群	14	四肢冰冷
15	注意力不集中	16	困惑
17	抽搐	18	情緒低落
19	進食的欲望 • 碳水化合物 • 巧克力 • 高鹽分食物 • 垃圾食物	20	食物攝取不均衡 • 綠色葉菜、堅果、新鮮水果攝取量不足 • 高蛋白質飲食

21	糖尿病 ・第一型 ・第二型 ・妊娠糖尿病	22	每日攝取咖啡因超過3份（咖啡、茶、巧克力）
23	吃東西嗆到	24	頭痛
25	心臟病	26	心跳過快
27	高血壓	28	過動
29	高胱胺酸尿症	30	過度換氣
31	不孕	32	失眠
33	易怒	34	腎結石
35	生理期疼痛與痙攣	36	牙齒內有汞合金填充物
37	偏頭痛	38	記憶力喪失
39	二尖瓣脱垂	40	肌肉抽筋或痙攣
41	肌肉跳痛或顫動	42	肌肉無力
43	手腳麻木	44	骨質疏鬆
45	妄想症	46	副甲狀腺亢進
47	經前症候群	48	多囊性卵巢症候群
49	水中含有下列物質 ・氟 ・氯 ・鈣	50	懷孕 ・懷孕中 ・過去一年內曾懷孕 ・有子癲前症與子癲症病史 ・產後憂鬱症 ・產下腦性麻痺兒
51	器官移植 ・腎臟 ・肝臟	52	手抖

53	用藥 • 毛地黃 • 利尿劑 • 抗生素 • 類固醇 • 口服避孕藥 • 因多美沙信（止痛藥） • 順鉑（化療藥物） • 兩性黴素B • 膽苯烯胺（降膽固醇藥） • 合成異黃酮	54	營養補充品 • 服用鈣而未補充鎂 • 服用鋅而未補充鎂 • 吸收不良的鎂補充品會阻礙鐵質的吸收；吸收良好的鎂補充品有助於鐵質的吸收
55	雷諾氏症	56	焦躁不安
57	性冷感	58	呼吸短促
59	抽菸	60	容易被聲音驚擾
61	生活或環境中的壓力大	62	中風
63	每日攝取大量糖分	64	染色體脆弱症
65	甲狀腺亢進	66	手腳有針刺感
67	最近接受放射治療	68	哮喘

✦ 吃這些藥時需要補充鎂

　　藥物往往是造成缺鎂的重要因素。很可惜，這種藥物造成的副作用卻沒有被診斷出來，甚至經常遭到誤診，然後再用更多的藥物來治療這個問題；當你意識到自己缺鎂的情形可能因為正在服用的藥物而惡化時，你將會變得更加焦慮。或許你試圖用鎂來緩解的不適，正是來自於你服用藥物後感覺到

的不舒服。因此，**當你因為覺得不舒服而決定服用鎂時，請特別留意，務必要在增加鎂的攝取量時，繼續服用原本的藥物**。接著，直到你覺得開始好轉、健康狀況有所改善之後，才能在醫生的指示下慢慢停藥。

知名的鎂元素專家西立格醫生在1960年代開始投入研究，但一開始卻是替藥廠工作，這實在是件相當諷刺的事。她在藥廠中首次發現到，許多藥物的副作用其實是鎂缺乏症，在她看來，有許多藥物會增加人體對鎂的需求和消耗——例如因為藥物增加了身體的酸性，所以細胞必須將鎂釋出以中和酸性，以降低毒害身體的影響。她表示，有些藥物似乎會消耗掉體內的鎂，或者反過來說，這些藥物將鎂從體內的儲存之處拉出來，因而使血液中的含鎂量增加，結果展現出正面的藥效。

然而，當西立格醫生向老闆提到這種異常的情形時，藥廠並沒有興趣做進一步的研究。後來她終於明白，這種因為攝取藥物造成血液中的鎂暫時增加的情形，很有可能就是服藥前幾週看似很有效的原因。在藥廠駁回這個觀點之後，西立格醫生便辭職了，最終變成了知名的鎂專家，生涯中發表過有關鎂的論文多達數十篇。

鎂和任何藥物搭配都相當安全，只要不是拿來當作瀉藥都無妨。然而，正如我之前所提過的，藥物往往會消耗鎂，所以你可以說「服用藥物並不安全」，因為藥物會消耗鎂。2015年經過同儕審查的論文〈人體當中的鎂：健康與疾病間的關聯〉，就說明了藥物消耗鎂的機制。這篇論文中提到，利尿劑、表皮生長因子受器抑制劑、鈣調神經磷酸酶抑制劑、質子幫浦抑制劑等等，都是會大量消耗鎂的藥物。《醫生桌上參考指南》多年來指出下列常見的用藥（見右頁表格）都會偷走鎂，但其實還不僅如此，我會在接下來的部分說明詳細內容。

儘管醫界不斷提出警告，說明濫用抗生素的危險，但抗生素仍是醫生最常開立的藥物；儘管抗憂鬱藥物能發揮效果的機率只有40％，卻是醫生第二常開的藥；儘管鴉片類止痛藥的成癮性很高，卻位居常見用藥的第三名；儘管史他汀類藥物不會讓你更長壽，卻躋身常見用藥的第四名。

導致缺鎂的藥物

避孕藥	支氣管擴張劑，如茶鹼（氣喘患者用）
古柯鹼	四環黴素與其他抗生素
胰島素	皮質類固醇（氣喘患者使用）
利尿劑（高血壓患者用）P074	質子幫浦抑制劑（胃食道逆流患者用）（見下方）
尼古丁	含氟的藥物 P077
毛地黃（心臟病患者用）	史他汀（膽固醇過高患者用）

制酸劑會抑制鎂

用於抑制胃酸的質子幫浦抑制劑（PPI），其造成缺鎂的情形由來已久，最終會導致心臟病的發生。參閱相關文獻後，我們發現同樣的情況似乎也適用在史他汀類藥物、止痛藥、氣喘用藥上。然而，由於醫學界並不注重鎂對身體的影響，因此醫生也就忽略了這些重要因素，導致這些藥物副作用造成的致病率和致死率不斷攀升。

這些類別的藥物目前在仿單上都已加註警語，說明會消耗鎂的問題。最早發現質子幫浦抑制劑會造成低血鎂的併發症是在2006年的時候，其中最常見的耐適恩（Nexium）則是在2011年的3月加註警語。在2013年發表的論文〈質子幫浦抑制劑與電解質干擾造成心律不整〉中，研究人員得到這樣的結論：「質子幫浦抑制劑的使用、鎂值、心血管疾病的發生率，這三者在統計上有顯著的相關。」論文結論提到服用質子幫浦抑制劑的患者應該密切追蹤

缺鎂的問題，尤其是那些發生急性心血管問題的患者更是如此，因為服用這種藥物可能會讓心律不整惡化，造成其他併發症。研究人員到2015年時已經追蹤了夠多的患者，最後寫了一篇論文——〈長期質子幫浦抑制劑治療所引發的低血鎂〉。

休士頓衛理公會醫院與史丹佛大學的研究人員共同合作，在2015年時發表一篇研究報告提到，服用質子幫浦抑制劑治療火燒心與其他腸胃疾病的患者出現心臟病突發的比例，比沒有服用的患者高出16～21％。

研究人員表示，他們並不清楚為何質子幫浦抑制劑與心臟病突發有關，而他們只是公布統計所得的數字而已。然而，如果你用缺鎂的角度來看待這些研究，長期服用質子幫浦抑制劑顯然會讓缺鎂的情形惡化，並且造成心臟病突發。由於醫生完全不承認鎂的作用，因此他們也無法接受缺鎂會造成心臟病的說法。

利尿劑會消耗鎂

三十多年前的一篇論文指出：長期以來，醫學界都知道常見的利尿劑會讓人體排出鎂與鉀，而這可能會造成心律不整的問題，但是，醫學界卻只承認缺鉀的問題，因此經常叮嚀服用利尿劑的患者多喝柳橙汁。今日大部分的柳橙汁都添加了鈣，導致「為了要補充鉀而去喝柳橙汁」的這個行為很可能成為不智之舉——

因為會消耗更多的鎂。

這篇論文的目的，在於研究接受高血壓治療的患者為何猝死的機率反而升高。研究人員認為，尿液中排出鉀的情形增加，是眾所皆知的利尿劑副作用。他們提到低血鉀（血液中的鉀過少）與低血鎂（血液中的鎂過少）很可能是同樣機轉所造成的結果，兩者在臨床上通常息息相關。他們同時也提到低血鎂的案例其實比低血鉀多，血漿中鎂與鉀的濃度其實有顯著的交互關係，也有證據顯示缺鎂是造成心律不整的重要因素。

這篇文章呼籲大家，使用利尿劑治療時，應該定期檢測鎂值，但直到今

日，這點仍然沒有付諸實踐。如果你正在服用利尿劑，你的醫生也沒有幫你檢驗鎂值，那麼我強烈建議你定期上網預約進行紅血球鎂濃度檢驗 (P384)，作為你補充鎂的參考。你可以參閱第十六章以了解其他的鎂檢驗，不過，臨床上的缺鎂症狀正如上述所言，比血液檢驗本身的結果更重要，如果你採用的是血清鎂檢驗法更是如此。

藥物與鎂的其他交互作用

其他藥物會以特定方式與鎂產生交互作用。舉例來說鎂是一種肌肉鬆弛劑，所以能增強下列處方藥的肌肉鬆弛效果，諸如手術用的筒箭毒鹼、巴比妥類藥物、安眠藥、麻醉藥等。如果你正在服用鎂劑，可以在醫生的監督下減少這些藥物的用量。換句話說，由於鎂是天然的肌肉鬆弛劑，因此你不需要服用那麼多肌肉鬆弛劑。此外，如果你正在服用鎂劑，請務必在手術前告知麻醉師。

鎂能夠保護腎臟，所以在使用含胺基酸甘醣體的抗生素治療時（如慶大黴素），或是在服用免疫抑制劑時（如新體睦或順鉑），應額外補充鎂，因為以上藥物會造成鎂的流失。你可以在醫生開立這類藥物時向他提及這點；我之所以說要和醫生討論，那是因為我不能在書中提供醫療建議，但我也很清楚，大部分的醫生並不清楚鎂療法，只會告訴你不要服用鎂，並且繼續服用原本的藥物。

有關藥物交互作用的研究指出，鎂會抑制鐵質、四環黴素、速博新、萬古黴素、異菸鹼醯醯、氯普麻、甲氧苄啶、喃妥因、氟化鈉的吸收；目前已知速博新發生交互作用的機轉是會和鎂競爭「受點」，因此必須在服用鎂劑之前或之後兩、三個小時再服藥。

除此之外，醫生會用氟化鈉來治療骨質疏鬆症，但其實服用鎂會是個比較明智的選擇，因為氟化物（我稍後會進一步說明）會與鎂結合，造成身體沒有辦法好好地利用鎂，請參閱第十一章以了解更多有關骨質疏鬆症的資訊 (P286)。

基本上我不贊成大家為了補充鎂而停藥。我之所以說你可以在服藥的同時補充鎂，那是因為攝取鎂就像我們進食一樣，只不過現在的食物已經無法提供足夠的鎂來滿足我們的需求。在你缺鎂的症狀有所改善、身體不再需要透過藥物治療的時候，你就可以和醫生討論慢慢停藥了。如果你攝取的是ReMag，那麼這個過程會很順利，因為你攝取的鎂能夠達到發揮療效的劑量，卻不會因此造成腹瀉。

氟化物導致缺鎂大災難

氟元素在化學元素表的序號是九號。氟化物是氟的負離子，氟離子與其他元素結合後，就會形成氟化物。

醫療危機

氟化水、牙科用品和藥物中的氟化物會釋出有毒的氟離子，開始傷害細胞與組織。除了傷害細胞與組織之外，氟離子也會與鎂結合，讓人體無法利用鎂。在80%的人口都缺鎂的狀況下，這可說是醫療危機。

許多憂心忡忡的科學家與社會人士表示，自來水加氟可說是場災難，讓大家無法擺脫慢性疾病，包含關節炎與癌症。若想要進一步了解，你可以到「氟化物行動網」（Fluoride Action Network），網站上有許多最新的研究，說明了與攝取氟化物有關的十五種疾病。大部分歐洲與美國半數的地區，已經完全不在飲用水中投氟了。然而，美國另外一半的地區及世界上的許多國家依舊這麼做。

　　「含氟的牙膏及牙醫替患者的牙齒塗氟應該有助於預防蛀牙」這個錯誤的推測，來自於針對一群孩童所做的研究，這群孩童年齡差異不大，該研究認為飲用水中的天然氟化物能夠預防蛀牙。

　　維基百科有關氟的條目告訴我們，約30%的農用除草劑含有氟化物，除黴劑也是含有氟離子的氟化物，許多殺蟲劑也含有氟化鈉。或許最濫用氟化物的是製藥業，許多藥物的化學配方都含有氟化物，卻沒有人討論這可能會造成問題。製藥公司發現氟化物（由氟元素衍生的物質）具有特殊的性質，能夠延長藥物在體內停留的時間（半衰期），因而在<u>大部分市面上的知名藥物裡都加入了氟化物</u>。

可怕的含氟藥物

　　氟是元素表中電負度最高的元素，可取代藥品化合物中的氫，讓化合物的效力更強、更穩定、更具酸性、更能與脂肪結合，這些特性能增加藥物的生體利用率，也提高藥物穿過由脂肪形成之細胞膜並附著在細胞受器和酵素之結合位點上的能力。

　　雖然製藥公司認為氟能夠加強藥品的功效，但它同時也會讓藥品的副作用變多與變嚴重。

　　<u>氟離子會找到鎂，與鎂結合，讓身體無法利用鎂，也會讓鎂無法發揮作用</u>。氟鎂石（氟化鎂）這種物質幾乎不溶於水，會取代骨骼與軟骨中的鎂，造成骨頭容易碎裂與發生骨折。氟化鎂會與骨骼緊密結合，造成鎂流失的不可逆反應，並且會干擾體內數千種的生化反應，降低酵素活性。切記，鎂能讓體內多達八百種的酵素系統發揮作用，其中的部分或全部功能都可能因此受到損害。

　　在「氟化物毒性研究合作」（Fluoride Toxicity Research Collaborative）這個網站，你可以點擊十四種常見的含氟藥物類別的連結，以查看特定的藥物清單。網站上並沒有列出治療心律不整的藥物，但我個人最不喜歡的一種就是氟卡尼（flecainide），當中含有六個氟原子。

這點真的是很諷刺，原本應該要治療心律不整的藥物，卻會摧毀你體內的鎂，讓你的心律不整問題更加嚴重。氟卡尼的副作用看起來就像缺鎂症狀的海報一樣：

- **心臟**：心跳或脈搏快速、不規則、大力搏動或加速
- **肺**：呼吸短促、胸部緊繃、哮喘
- **神經**：灼熱、有蟲爬行感、搔癢、麻木、刺痛、針刺感、戳刺感、胸痛

「氟化物毒性研究合作」網站保守地說：「目前還不清楚網站上列出的含氟藥物會讓身體增加多少無機氟化物的負擔。」或許研究人員會說，在試管實驗中，這些含氟藥物似乎不會釋出氟化物，但任何熟悉「人類微生物組計畫」的人都知道，腸道中的上兆微生物會將進入腸道的藥物完全分解成個別的化合物——我是在和毒物學家與腸胃科醫生進行個人交流時得知此點，這種腸道生物叢的活動，有助於說明為何環丙沙星（Cipro）等氟化物藥物的毒性會增加，這點我會在下方進一步說明。

除了和鎂的交互作用之外，氟化物也會對身體造成其他有害的影響。我在2005年9月於廣播節目中訪問「氟化物行動網」的保羅·卡內特（Paul Connett）博士，當時他指出哈佛畢業生伊莉絲·巴辛（Elise Bassin）在博士論文中提到，在水中加氟與骨肉瘤有強烈的正相關。骨肉瘤是一種骨癌，如果年輕男性在六至八歲時接觸含氟的水，其罹患骨肉瘤的比例將是一般人的七倍；美國衛生與公共服務部也指出：「有一部分的人特別容易受到氟化物及氟化物的化合物毒害，這些人包括年長者、缺鎂的人，以及有心血管疾病、腎臟病的人。」

「第二次觀察」（Second Look）是個非營利組織，長期以來負責檢視水質氟化與氟化藥物的公共政策，該機構的醫學主任羅素·布雷拉克醫生證實了我的看法，表示服用含氟藥物的人常會有缺鎂的問題，也會產生嚴重的副作用，我也問他含氟藥物的比例有多少，聽到的回答從20～55％皆有。

布雷拉克醫生指出，真正的危險在於常見藥物含有氟化物——

- 百憂解（Prozac）
- 克憂果（Paxil）
- 賽普洛（Cipro）
- 氟可那挫（Diflucan）
- 希樂葆（Celebrex）
- 蘭索拉唑（Prevacid）
- 西沙必利（Propulsid）
- 立普妥（Lipitor）
- 使肺泰（Advair）
- 類固醇

你日復一日的服用上述這些藥物，就會奪去身體的鎂，在不知不覺中出現焦慮與憂鬱等缺鎂的症狀，也就是說，<u>你不僅因為食物中缺鎂而無法補充鎂，更會因為藥物中的氟化物破壞原有的鎂。</u>

你因為健康問題而服藥，結果卻因為服藥讓健康狀況變得更糟，這是多麼可怕的一件事！

氟喹諾酮會奪走鎂

常用抗生素環丙沙星等氟喹諾酮類藥物，可能會造成肌腱斷裂，這是2008年時美國食品藥物管理局所提出的警告。到了2016年5月時，美國食品藥物管理局加強了這些藥物的黑盒警示，表示藥物的副作用影響超過治療鼻竇炎、支氣管炎、無併發症的泌尿道感染的好處。我認為有關當局應該直接讓這些藥物下架——<u>這種肌腱脆弱的情形，很可能是因為氟化鎂破壞了軟骨，並在一些肌肉疼痛、關節痠痛、肌肉痙攣等副作用慢慢出現後，最後造成肌腱斷裂。</u>

此外，環丙沙星很可能是造成纖維肌痛症的原因。環丙沙星的危險在於藥效會逐漸累積，因此可能在一開始服用時沒有對你造成影響，但後來服用時卻使你出現一些症狀。達到療效劑量的鎂能有效治療環丙沙星的副作用，特別是服藥幾個月後出現的問題更是如此。然而，許多人受到環丙沙星毒性積年累月造成的影響，因此需要很長一段時間才會恢復，同時很可能因為其他不平衡、症狀、中毒的問題而不容易復原。

✦ 高劑量的維他命D會耗盡鎂

市面上販售的補充品中，近年來最吸引人的非維他命D莫屬，但你卻不知道維他命D要有鎂才能轉換為活化的形式。維他命D和鎂的關係相當重要，許多醫生和媒體卻忽略了這一點。

在服用維他命D之前，你必須先確定自己服用了足夠的鎂，想要做到這一點，你可以參考自己的紅血球鎂濃度檢驗結果 (P384)，並讓自己的鎂值維持在最佳的6.0～6.5毫克／分升之間，你可以參閱第十六章以了解更多鎂檢驗的方式。

補D別忘了補鎂

最佳的維他命值是正常值的低標（約在40奈克／毫升〔ng/mL〕），而非高標。25-羥基維他命D的正常值在30.0～74.0奈克／毫升之間。《BMC醫學期刊》中的文章〈鎂、維他命D狀態與死亡率〉，列出了詳細的維他命D代謝流程圖，顯示其中有八個步驟都必須有鎂的幫助。這一點相當重要，每個開立維他命D的醫生和服用維他命D的人都應該知道這個資訊，並且採取因應措施。

研究人員表示：「我們初步的研究結果顯示：不論是只攝取鎂，或是同時攝取鎂和維他命D的相互作用，都能夠提升體內的維他命D。」他們原

本認為血清當中的25-羥基維他命D過低與死亡率增加有關，後來已經修正成與鎂的攝取量有關，但還需要進行更多的研究，然而，光是這樣的訊息，就足以讓我建議你**在服用維他命D時要同時補充鎂**。我建議每天只要服用1000～2000國際單位的維他命D，如果可以的話，每天都曬點太陽，同時也要補充鎂。

我們從現有的文獻當中得知，體內維他命D過少會導致死亡或罹病的機率增加，鎂則是在維他命D代謝的過程中扮演了重要的角色。研究人員將這兩項事實放在一起檢視，在2015年時研究了攝取鎂是否會改變體內25-羥基維他命D的濃度，以及與中年以上的男性死亡率是否有關。這項研究的對象為1892位四十二到六十四歲的男性，在研究之初沒有罹患心血管疾病或癌症，結果顯示──

只有鎂的攝取量較低的人，在血漿當中25-羥基維他命D過低時，死亡的風險才會增加。

我還觀察到一種常見的情形。在你服用了鎂、覺得身體狀況不錯時，一旦服用了高劑量的維他命D（從5000國際單位至5萬國際單位不等），就會發現自己的身體狀況變得很糟，鎂缺乏症似乎又復發了，以為鎂不再有效了，或是不知道為什麼就是很不舒服。我所收到的電子郵件中，連只服了1000國際單位維他命D的人都會覺得身體變差，但是，維他命D應該要讓你覺得狀況變好才對呀。

在沒有補充鎂的狀況下服用高劑量的維他命D，當然會出現各種缺鎂的症狀。我再次重申，許多維他命D新陳代謝的通道都必須仰賴鎂，例如將維他命D的儲存形式（也就是營養補充品的形式）轉化為活化的形式。如果你聽從對抗療法醫生的建議，服用了高劑量的維他命D（5萬國際單位），就會立刻缺鎂並讓你感到莫名其妙。

更糟糕的是，維他命D無時無刻都會緊抓著鈣不放，在你服用高劑量的維他命D後，體內累積的鈣就會多到壓過鎂，並將鎂排出體外。簡言之，過多的維他命D會消耗過多的鎂，阻礙鎂的吸收，清除鎂的同時又累積鈣（造

成鈣化），讓人陷入缺鎂的困境。我在簡介中的「鎂的安全機制」（P037）提過鈣與鎂的動態平衡情形。

鎂專家安德莉亞・羅薩諾夫博士是少數了解維他命D、鎂、鈣三者交互作用情形的人。她針對這點在2016年撰寫一篇論文——〈重要的營養素交互作用：鎂量過低或不足是否會與維他命D及／或鈣的狀態產生交互作用？〉，安德莉亞列出了定義這項交互作用時所遭遇的困難，但至少她開啟了一場不同於「對抗療法醫學及其偏好用單一藥物或單一療法解決問題之傾向」的對話。安德莉亞的論文顯示鎂、鈣、維他命D之間複雜的互動，以及多種影響彼此的方式。

維他命D更具爭議的一點，在於維他命D本身就是一種荷爾蒙，而荷爾蒙是經由生化反饋系統來調節的。舉例來說，維他命D的主要功用之一，就是從飲食中抓住鈣，並將鈣運送到血液當中；而當你擁有足夠的鈣之後，維他命D的值就會下降——沒有新的鈣，維他命D也就毫無用武之地。然而，如果你只把維他命D視為維他命，就會以為維他命值過低不好、應該要多多補充。

現在我們的飲食與營養補充品中往往含鈣過多、含鎂過少，也因為如此，我們補充的高劑量維他命D或許是身體不需要的。

在有人跟我說他們在服用維他命D出現不良反應之後，我便著手進行了研究，這些不良反應包括休克、腎結石、偏頭痛長達一個月、心悸、心絞痛、焦慮等等。那些原本服用鎂後感到很滿意的人，會說他們缺鎂的症狀又再次出現了，而且在停止服用維他命D並增加鎂的劑量後才又重新得到控制或停止。

以下摘錄幾段我收到的來信，信中提到他們服用高劑量維他命D所遇到的問題。

• 我只服了500國際單位的維他命D，就出現了高血壓和心跳加快的問題，實在很難想像如果服用了5萬國際單位會變成怎樣。

- 我從2010年10月開始服用omega-3及5000國際單位的維他命D，我覺得很棒，走起路來也不再一跛一跛的，膝蓋和腳也不痛了。但是在2012年突然出現令我害怕的心絞痛，也就是那時候，我開始服用更多的鎂，現在我相信是當時的自己服用了太多維他命D，因此導致心絞痛。

- 我曾經服用維他命D六個月左右，在那段期間，我會感到心悸，但一直到我收聽了狄恩醫生的「東岸到西岸」廣播節目並研究了一陣子後，我才發現兩者間的關聯，之後就開始服用鎂了。現在，心悸的情形已經減輕了許多，很顯然的，維他命D的確影響了我體內的鎂值。

- 每天服用1000國際單位的維他命D之後，我就出現手肘痛、膝蓋痛、下背又痛又僵的症狀，也有了憤怒的念頭。在服用了鎂之後，我覺得很放鬆也很平靜。

- 我服用鎂很長一段時間了，但每次我服了維他命D之後，反應都非常糟，現在我服用600毫克的鎂和1000國際單位的維他命D，也在身上噴鎂油。

- 在我知道會出現心絞痛的問題是因為服了高劑量的維他命D之後，我就減少劑量並增加鎂的劑量。您一定不知道住院時醫生治療我的情形，那真的真的讓我非常有挫折感，他們完全沒解決我心絞痛的問題，他們唯一能提出的解釋就是「這和壓力有關」，然後開了心絞痛的藥物給我。在住院的那兩個禮拜期間，我擔心著自己的性命安危，也發現了您的網站。您一定不相信現在的我有多麼相信鎂，也很感謝您與您的作品，再怎麼感謝您都不夠。

　　如上所言，我只建議大家每天服用1000～2000國際單位的維他命D，而且記得同時要補充鎂。

我確實聽到有人能夠服用高劑量的維他命D，成效也非常好，但是我很想知道：這些人是否也服用足夠的鎂？那是否只是短期的效果？他們是否沒有發現自己逐漸出現一些缺鎂的症狀？

在經過早期研究報告的蜜月期，看到大力讚美高劑量維他命D帶來的好處之後，最新的研究報告才有清醒的趨勢。可惜的是，大部分的研究人員仍然沒有體認到服用維他命D的同時，也必須補充鎂。

至於服用維他命D時應服用的鎂量，則視個人情況而定，有些人需要的鎂可能比其他人多。我建議你先去接受紅血球鎂濃度 (P384) 檢驗，然後可以的話，請選擇服用ReMag，這種鎂能夠讓你攝取足夠的鎂來中和維他命D，也不會產生腹瀉、造成鎂的流失。

搭配維生素K₂

為了讓維他命D發揮應有的作用，我建議你可以服用維他命K₂。普萊斯基金會及其網站的創辦人偉斯頓‧A‧普萊斯（Weston A. Price，營養學界達爾文，著有《史上最震撼的飲食大真相》）發現了X因子，這其實就是維他命K₂，這種維他命能夠引導鈣進入目的地——也就是骨骼當中，才不會發生血管與其他軟組織鈣化的問題。

透過消化道，人體本來應該可以將綠色葉菜裡的維他命K₁轉換成維他命K₂，但大部分的人卻缺乏維他命K₂。

那麼，要怎麼攝取到足夠的維他命K₂呢？

- 由於維他命K₂和維他命A、維他命D一樣都是脂溶性，因此必須與橄欖油、椰子油等好脂肪結合，人體才能較好吸收到維他命K₂。
- 其他能獲得維他命K₂的管道是動物性產品，例如蛋黃和奶油，前提是這些動物必須放養在青草地上。
- 唯一植物性來源的維他命K₂是納豆，那是一種日本人以大豆發酵製成的食物，但由於口味特殊，很多人並不能接受。

- 根據親身經驗，我推薦藍冰皇家品牌（Blue Ice Royal，發酵的魚肝油和奶油），這種油能夠與上述三種脂溶性維他命結合。

　　我在這裡想特別澄清一下，我並非什麼都知道，你也不用完全相信我，但你也別完全相信別人，而是應該傾聽自己的聲音並判斷什麼對你和你的身體有益。

　　對抗療法醫學就好像使用槍和大砲亂轟一樣，就此而言，維他命D儼然已經成了一種新的鈣，醫界現在大力推廣這種維他命，但要等到幾十年後才會看出不良影響——

　　我這麼寫後，你就可以開始質疑醫界，我不希望你等到十幾、二十幾年後才發現自己犯了錯，服用了過多的維他命D。

✦ 鎂和各種營養素的關係

　　所有的維他命和礦物質很可能都會發生交互作用，只是我們所做的研究不夠多，尚未發現它們之間的關聯而已，不過目前我們已知鎂與其他營養素之間的關係。

- 要讓礦物質發揮各種適當的功能，都非得有鈣和鎂不可。
- 要將儲存形式的維他命D轉換為活動形式的維他命D，非得有鎂不可。
- 在維他命B_1（硫胺素）及維他命B_6的協助下，鎂就能進入細胞當中。
- 硒能夠協助鎂，讓鎂待在細胞中——也就是鎂應該停留的地方。
- 鋅有助於鎂的吸收。
- 維他命D、A、K、鋅、硼和鎂維持均衡，就能維持骨骼的健康。
- 硼對鎂與鈣的新陳代謝相當重要。
- 缺鎂會讓缺鉀的問題更嚴重。

• 鎂與碘、硒、鋅、鉬、硼、銅、鉻、錳都能補充甲狀腺荷爾蒙所需的礦物質元素，強化甲狀腺功能。我的ReMyte當中含有十二種礦物質，其中九種能夠強化甲狀腺。

第2章

現代人都缺鎂

科羅拉多大學的傑瑞・艾卡瓦（Jerry Aikawa）博士，用了一種比較具詩意的方式說明鎂在進化中所扮演的重要角色。他表示，鎂是最早被發現的礦物質，不論是對人類或其他生物來說，鎂都是最重要的礦物質。

✦ 鎂是生命之火

我將鎂稱為「生命之火」。對單細胞生物來說，鎂是促成新陳代謝的重要物質，也是<u>人類細胞裡第二多的礦物質</u>。

沒有鎂，就沒有生命

鎂在生命剛形成時就已存在，參與各種細胞的製造與成長；在植物進化到能從太陽獲得能量時，鎂已是生成葉綠素的重要成分。因此，無論在動物或植物體內，鎂都是相當重要的礦物質，會影響數百種的酵素運作，對生命體的各方面都有影響。

目前公認對人體相當重要的礦物質共有十九種，如果我們花時間深入研究，就會發現這些礦物質皆與生命息息相關，都是不可或缺的。人體內99％的礦物質是由下列九種巨量元素組成——鈉、鉀、鈣、磷、鎂、錳、硫、鈷、氯，剩下的1％包含了另外十種微量礦物質。

和其他礦物質一樣，鎂在自然的狀況下會與其他元素結合，例如和硫結合後就變成鎂鹽（硫酸鎂），和碳酸結合變成碳酸鎂，和鈣結合變成白雲石。鎂也會和矽結合，在滑石粉與石棉中都能找到這種成分。鎂和鈣同屬鹼性的礦物質，能夠中和酸性物質，有些鎂的化合物甚至能抑制胃酸，用來治療火燒心（胸口有灼熱疼痛感，胃食道逆流常有的症狀之一）。

我是在中學化學課上第一次見到鎂的。每位學生都拿到一小條鎂帶，老師叫大家小心點燃其中一端。

在那之前的課堂中，我們學到鎂是世界上第八多的元素，約占地殼的2％、海水0.13％（1272ppm）。相較之下，鈣的含量雖然占地殼的3％，卻僅占海水的0.04％（440ppm）。美國國家衛生院的食物補充品辦公室網站指出：「人體中含有25公克的鎂，其中50～60％在骨骼當中，其他的則在軟組織裡。」

光了解這些資訊，仍無法讓我們了解鎂帶在燃燒過程中的情形。點燃鎂的瞬間會立刻閃現一道光芒，一閃而逝，這種像照明彈一樣的特質，提醒我們鎂就像生命的火花，時時刻刻發動全身的新陳代謝。

控管身體的電流

身體所有活動的動力均來自電位轉移，這些微量的電流會透過神經傳遞。1966年，首次有科學家測得這種電流，並且很快就發現體內電流的導體是鈣，鎂則能維持血液與細胞中鈣的濃度。

近年來的研究顯示，<u>鈣透過由鎂看守的鈣通道進入細胞</u>。細胞中鎂的濃度為鈣的一萬倍，鎂只會讓一定量的鈣進入細胞，以產生必要的電流傳輸與牽動肌肉，在完成任務之後，會立刻將鈣排出細胞之外。

為什麼要這麼做呢？

因為當鈣累積在細胞中時，會導致細胞出現過度興奮的現象（會導致細胞敏感化），最終導致鈣化，進而擾亂細胞的功能。當過多的鈣進入細胞，會造成心臟病的症狀（如心絞痛、高血壓、心律不整）、氣喘、頭痛，但體內如果有足夠的鎂，就能作為天然的鈣離子通道阻斷劑。

人體內約有60～65％的鎂都儲存在骨骼與牙齒當中，其餘35～40％則儲存在體內各處，包括肌肉與組織的細胞中，以及體液當中，我們血液中的鎂含量僅占全身鎂含量的1％──這就是為什麼血漿濃度並不是測量體內含鎂量的良好工具；鎂濃度最高的地方位於心臟與腦部，缺鎂產生的症狀大都反應在心臟與腦部，這兩個器官也是電流活動最多之處，可由心電圖與腦波圖測得。

鎂多半在我們的組織細胞中發揮作用，它會與三磷酸腺苷（ATP）結合，形成Mg^{2+}-ATP（鎂離子的活性形式），產生能量包，成為身體活力的來源。鎂在粒線體中激發了三羧酸循環（克氏循環）八個步驟當中的六個之後，就會觸發這個過程。鎂產生能量的功能再怎麼強調都不為過！

鎂與ATP的結合能夠透過發動RNA的訊息傳遞，觸發身體生產蛋白質，這種蛋白質的合成也是基因碼DNA生成的要件。RNA和DNA都是組成生命的要件，兩者都有賴ATP／鎂來維持基因的穩定。在製造DNA聚合酶時，也需要鎂作為輔因子。

DNA聚合酶會藉由組合DNA構成要素的核苷酸來製造DNA分子。這些酶在「DNA複製」時扮演了一個重要的角色，除了能穩定DNA與染色體結構，在形成DNA的過程中，ATP／鎂也幾乎是所有酵素系統的輔因子。研究報告顯示，如果沒有足夠的鎂，DNA的合成將會停滯不前。

由於鎂扮演了這些角色，所以我深信具有療效的鎂能夠防止基因突變與單一核苷酸多型性所造成的健康問題。我會在第十五章的「鎂能治療端粒」（P365）與第三部分簡介的「鎂蛋白編碼基因（Magnesome）」（P321）當中提到更多鎂對基因造成的作用。

✦ 鎂與鈣的微妙平衡

從先前的討論，我們可以得知：在人體中，鈣與鎂同樣重要。想要完全了解鎂，就必須知道鈣會在何時發揮作用。

若用牛頓的運動定律來比喻，鎂與鈣之間，就如同作用力和反作用力，當其中一種作用時，必定會引發反作用力。鈣或鎂其中之一發揮作用時，必定會引發另一種反應。鎂和鈣在吸收、再吸收、細胞循環調節、發炎等其他生化活動方面，都是對立的。就生化學來說，鎂和鈣是對立的，許多需要仰賴足量的鎂才能運作的酵素，只要細胞內的鈣微量增加就會大受影響。細胞的生長、分裂、中間代謝物質都必須有足夠的鎂才能進行，如果細胞內的鈣過多，上述活動就會大打折扣。

如果失去了鎂的保護……

若想了解鈣／鎂不平衡是什麼情形，可以在廚房進行以下實驗：將一顆鈣膠囊打開，倒進約30毫升的水中，看看溶解了多少，接著再打開一顆鎂膠囊，加入同一杯水中慢慢地攪拌，就會發現加入鎂之後，原本沉澱的鈣就溶解了，讓鈣變得更容易溶於水中。在你的血管、心臟、腦部、腎臟與身體的其他組織中也是同樣的情形，唯一不會發生這種情形的只有骨骼。

如果你體內的鎂量不足，就無法幫助鈣溶解，因而造成肌肉抽筋、纖維肌痛症、血管硬化、蛀牙、鈣沉積（如乳房組織鈣化）。在腎臟與膀胱內則是另一種情形：如果腎臟與腎動脈中的鈣過多，卻沒有鎂的協助，無法溶解的鈣就會形成腎結石；如果鈣累積在膀胱中，就會使膀胱硬化，容量變小，最後造成頻尿。2015年的一份研究報告，證實鎂扮演了重要的角色，能夠溶解鈣化動脈中的鈣結晶，而我們都知道冠狀動脈硬化會造成心臟病、頸動脈鈣化會造成中風；另外，也別忘了，腎動脈硬化很可能會引發腎衰竭。

包含心臟與血管內壁平滑肌在內的肌肉，含鎂量都大於含鈣量。如果缺鎂，鈣會遍布在血管的平滑肌細胞中，造成血管痙攣收縮，致使血壓增高、

動脈痙攣，產生心絞痛與心臟病。如果鈣與鎂達到平衡，就能避免以上的情形發生。

過多的鈣會刺激顳動脈（位於太陽穴上方）的肌肉層，造成偏頭痛，也會使肺部小氣道的平滑肌收縮，造成呼吸短促與氣喘。最後，<u>如果沒有鎂的保護，過多的鈣會刺激脆弱的腦神經細胞</u>，讓這些細胞不斷放電，消耗細胞內儲存的能量，造成細胞死亡。

轉移焦點的鈣

上述關於鎂與鈣的故事，主要是想告訴大家，如果沒有鎂，鈣就不能發揮應有的功效，而且會有過多的鈣進入軟組織當中。<u>我們目前的飲食習慣往往會攝入過多的鈣，但要攝取足夠的鎂卻近乎不可能。</u>

研究報告顯示，在古老的低碳水化合物飲食中，鈣鎂比為1：1，相較之下，今日的飲食則為5：1到15：1——我們目前的飲食中，含鈣量平均約為含鎂量的十倍，難怪在現代社會中鎂缺乏症屢見不鮮。

強調補充鈣讓我們忽略了其他的礦物質，然而，要維持身體機能的正常運作，所有的礦物質都相當重要。可惜的是在我們的社會當中，大家往往只會注意「最好的」、「最重要的」、「明星」，因而忘了所有事物都有賴團隊合作才能完成，身體的運作也不例外。鈣是體內最豐富的礦物質，這讓它儼然成了「明星」，然而，關於鎂的研究在過去四十年雖然已累積了不少，卻很少獲得關注與討論。

✦ 鈣的問題

上述關於「鎂與鈣的微妙平衡」的討論，實際上比較像是兩種礦物質的「舞蹈競賽」。

最近的研究報告證實，服用鈣片會增加心臟病的風險，但研究人員只是

一味的歸咎於鈣，卻不知道其實是因為鈣與鎂不平衡才造成問題。僅停止服用鈣片並不能完全解決問題，還必須補充鎂才有效，同時還需要從食物中攝取鈣，或是補充ReCalcia等能夠讓身體完全吸收的鈣補充品。

黛安‧費斯坎尼區（Diane Feskanich）也發現，過多的鈣會造成某些關節炎、腎結石、骨質疏鬆症、動脈鈣化（會造成心臟病發作及其他心血管疾病）。這份報告發表在《美國臨床營養期刊》中，指出牛奶與高鈣的飲食似乎都無法降低髖部骨折的風險。

隨後在2008～2015年期間，馬克‧柏蘭德（Mark Bolland）博士在幾本知名期刊上發表了五篇研究報告，證實過度補充鈣會提高女性罹患心臟病的風險。為了讓你了解這篇報告的重要性，以及明白其他醫生仍不清楚的結論，你一定要上網閱讀柏蘭德博士的第四篇論文——〈鈣片與心血管疾病的風險：五年以後〉，這篇論文提到：鈣補充品的使用相當普遍，常被推薦用於預防骨折，但過去十年來，這項建議卻有所變動，因為補充鈣與罹患心臟病風險增加有關，而且我們得到的一個結論是：「無論在服用鈣片時是否同時補充維他命D，均會微幅降低整體的骨折病歷，但對大多數人而言，它無法預防髖骨骨折的發生。」

柏蘭德在2015年發表的論文〈鈣的攝取與骨折風險：系統性檢視〉中提到，**透過飲食或服用補充品來增加鈣的攝取量，在臨床上並沒有顯著降低骨折風險的功效**；事實上，鈣不僅沒有提供幫助，實際上還會造成傷害。柏蘭德發現鈣補充品會造成腎結石與急性腸胃問題（便祕、腹痛、需要住院的腹部疼痛問題），也會增加心肌梗塞與中風的風險。

柏蘭德於是歸納出一個結論，鈣補充品在預防骨折方面帶來的好處，遠遠不及它造成心臟病風險的增加。柏蘭德博士和他的團隊表示，雖然目前沒什麼證據能夠證明飲食中的鈣攝取量與心血管疾病的風險有關，但也沒什麼證據顯示鈣與骨折的風險有關，因此，對大多數的人來說，並不需要過度注意飲食中的鈣攝取量。柏蘭德認為攝取鈣的風險多過好處，因而建議醫生不該再繼續開立鈣補充品來預防骨折。

　　我想要強調的是，過度攝取鈣所造成的疾病不僅僅只有心臟病，柏蘭德博士已指出，其他的健康問題還包括腎結石、急性腸胃道事件、中風風險的增加。我還要補充說明，鈣也是造成發炎的元凶，任何以「炎」結尾的疾病名稱，都表示體內有發炎的情形，也就是與缺鎂有關。

　　現在，我們先暫停一下，我必須於此再次強調：事情不是停止服用鈣補充品這麼簡單。想要真正逆轉服用鈣補充品所造成的影響，就必須服用能夠達到療效的鎂。研究結果發現，飲食中的鈣並無法預防髖骨骨折，這點很可能會讓那些認為補充鈣就能強化骨骼的人覺得心神不寧；然而，實際上應該是——鈣與鎂合作才能夠保護骨骼。

鈣的沉澱問題

　　2016年10月發表的最新研究報告顯示，鈣補充品很可能更容易導致斑塊堆積在動脈當中，進而使心臟病的風險增加。研究人員建議大家，從飲食中攝取鈣即可，例如乳製品、綠色葉菜、加鈣的玉米片、果汁等；這份研究是在前人的研究（補充品中的鈣實際上並沒有進入患者的骨骼，反而會累積在軟組織與肌肉當中，以及心臟裡）上再接再厲。

　　有三種荷爾蒙與人體內鈣的多寡及分布有關，分別是副甲狀腺素、降血鈣素、維他命D。此外，這三種荷爾蒙的啟動和調節也都必須仰賴鎂。我在之後會討論副甲狀腺機能亢進的問題 (P099)，因為這會造成身體累積過多的鈣，讓缺鎂的症狀更嚴重，但這點卻經常遭到誤診。

　　當我們的體內的鈣過多時，身體是不會坐視不管的。蓋伊・亞伯拉罕（Guy Abraham）醫生詳細地指出，為了不讓細胞內的液體充滿鈣，身體有一種仰賴鎂的機制，讓鈣進入粒線體，不過，當鈣過多的情形持續一段時間，粒線體中過多的鈣就會抑制三磷酸腺苷（ATP）的合成，此時假使沒有足夠的鎂來干預粒線體的鈣化，最後將導致細胞死亡。過多的鈣與缺鎂所造成的粒線體問題，是否就是許多自然療法醫生所認為的慢性疲勞與其他慢性疾病的根源呢？

在這些慢性疾病中，有一項是老年性黃斑部病變（AMD）。2015年，有份研究報告指出攝取鈣補充品與老年性黃斑部病變之間的關聯；這份研究報告相當重要，因為老年性黃斑部病變在世界各地都是失明的主因。

研究人員利用公開的「美國健康營養調查」（NHANES）資料庫當中2007～2008年的資料，追蹤3191位參與研究者。研究人員拿眼底照片與鈣的攝取量做比對，其中有248位（7.8%的研究對象）有老年性黃斑部病變；在這248位老年性黃斑部病變的患者中，有146位（59%）服用鈣補充品。研究人員做出結論：「患者自述服用鈣補充品與老年性黃斑部病變的增加有關，而此關聯在老年人之間比較強烈的原因，很可能是因為年長者補充鈣的時間比較長。」

幾個醫學論壇的貼文似乎有意貶低該篇報告與其他類似的研究發現，以強調鈣有多麼重要，以及大家為何不該貿然停止補充鈣。另一方面，我與其他許多醫生對於吸收率不佳的鈣補充品相當擔心，因為這可能會增加心臟病與軟組織鈣化的發生機率——那些老年性黃斑部病變的患者，很可能是因為眼中的黃斑部出現鈣化；若是如此，老年性黃斑部病變的患者應該增加鎂的攝取量，並且改從食物或ReCalcia攝取每日應攝取的600毫克鈣，而非服用吸收不佳的鈣補充品——我也給多數出現缺鎂症狀的患者同樣的建議。

Mg⁺ 鈣沉澱會導致什麼問題？

讓我總結一下鈣在身體軟組織中沉澱所導致的各種問題及嚴重程度。

- 在大腸中，過多的鈣會導致缺鎂，進而妨礙腸道蠕動（肌肉收縮和放鬆的波動能推動腸道中的食物），再加上鈣的結合性（鈣離子很「活潑」，容易與其他元素結合——例如植酸、草酸等，形成不容易被吸收的鈣結合物），因此容易導致便祕。

- 當鈣沉澱在腎臟中，並且與磷或草酸結合，就會造成腎結石。
- 鈣也可能會沉澱在膀胱內壁，導致膀胱無法完全放鬆，使得膀胱中充滿尿液，進而產生頻尿與感染的現象；這種問題在老年人身上特別常見。
- 當鈣沉澱在氣管壁內，會造成氣喘的症狀。
- 鈣還會沉澱在動脈壁中，造成血管硬化（動脈硬化），現在也出現了新的詞彙來描述這種情形，稱為「血管鈣化」。發生在冠狀動脈的血管鈣化會造成心臟病；發生在頸動脈會造成中風；發生在腎動脈會造成腎衰竭。
- 鈣也會沉澱在腦部，許多研究人員認為這可能是造成失智症、阿茲海默症、帕金森氏症的原因。
- 鈣如果沉澱在細胞膜中，會降低細胞膜的滲透率，使葡萄糖（非常大的分子）無法通過細胞壁，細胞中的粒線體也就無法產生三磷酸腺苷（ATP）。體內鈣過多造成的高血糖，也往往容易被誤診為糖尿病。
- 亞伯拉罕醫生指出，如果因為攝取過多的鈣造成細胞過度痙攣（無論是肌肉或神經），在這種緊急情況下，為了保護細胞，身體有一種仰賴鎂的機制，讓鈣進入粒線體，但如果鈣過多的情形持續一段時間，粒線體中過多的鈣就會抑制ATP合成，最後就會造成細胞死亡。

讓人困惑的鈣鎂比例

我一直為服用鈣片的人感到擔心，在我寫第一版《鎂的奇蹟》時，提過不論是飲食或攝取補充品時，鈣和鎂的比例應該要相等（也就是1：1）。然而，在1990年代，我所研究的關於鎂的所有資料都有一個共識，那就是——「服用1毫克的鎂，就要服用2毫克的鈣。」不過，始終沒有人說明當中的原

因。目前的鈣鎂補充劑中，也都是這種鈣鎂比例，各種健康類的書籍或文章也都這麼說。

追根究柢之後，我發現這種鈣鎂比出自於1989年的《鎂研究》期刊的一篇文章，作者為知名的法籍鎂學者尚‧杜拉赫，他的文章遭到了誤譯，他說的其實是——無論你從何處（食物、水、營養補充品）攝取鈣，鈣鎂比都不可以超過2：1。沒想到，這個說法被大家誤認為建議的用量，而非最大限度的比例。

一個人如果過量攝取鈣，並同時有缺鎂的問題，那麼只會讓鈣化的症狀更加嚴重，就像我之前所提到的，目前日常飲食中的鈣鎂比十分讓人震驚——10：1，這種比例好比是引發骨骼問題與心臟病的炸藥。在此我要重申，最理想的鈣鎂比是1：1。

鈣鎂比

海水	1：3
南瓜	1：1
牛奶	7：1
優格	11：1
加鈣柳橙汁	27：1
制酸劑	100：1

別忘了，鈣鎂比應該要1：1，這不僅限於營養補充品，而是我們日常飲食、飲水、營養補充品中總共攝取的鈣與鎂比例。此外，我認為攝取乳製品的人，從飲食中就可以獲得足夠的鈣，也就是每日建議攝取量的600毫克，

但有許多人刻意不攝取乳製品，因此無法獲得充足的鈣。另一方面，由於許多資料都指出，我們每天從食物中只能獲得200毫克的鎂，因此我們必須額外服用補充品，補充400毫克以上的鎂。

我向來建議那些體內大量消耗鎂的人，補充的鎂應該多於鈣。在某些狀況下，有些人必須服用兩倍的鎂與一倍的鈣來逆轉鈣沉澱、服用藥物、壓力、激烈運動、手術、身體不斷發炎等原因造成的傷害。我想從食物中獲得鈣，但我必須承認自己經常沒時間熬大骨湯，每天吃優格也會讓我的身體容易產生黏液。我為了自己及其他需要補充安全鈣的人，創造了皮米大小的穩定離子態鈣，也就是ReCalcia。

我在撰寫上一版《鎂的奇蹟》時，安琪拉告訴我她先生和醫生爭論可以服用哪些礦物質補充品。她說：

> 我先生在榮民醫院接受健康檢查後不久，他的醫生就問他是否有在服用什麼營養補充品，我們說有鎂、鈣、鉀（每天服用鈣和鎂各500毫克、鉀99毫克），此外，每天還再額外服用250毫克的鎂錠。
>
> 醫生問他為何要服用這些營養補充品，我就說研究報告顯示這些能改善他的高血壓（目前已獲控制）、不寧腿症候群（已經消失）、背痛（還在治療中），以及其他健康問題。
>
> 醫生說我先生不該服用這些礦物質，因為過量會造成危險。於是我先生接受了鎂與鉀的檢驗，兩項的數值都很高，醫生建議停止繼續服用。然而，您提過一般的血中含鎂檢驗的結果並不正確，在病人壓力大或有其他疾病時更是如此，而我先生正有此情形。您是否能協助提供其他方式以測出體內的真正含鎂量？您是否認為他攝入過量的礦物質，或者僅是檢驗不準確造成的結果？

我寫信給安琪拉，說她先生應該去榮民醫院或其他RequestATest網站所

列的醫療院所接受紅血球鎂濃度檢驗 (P384)，一般正常範圍是4.2～6.8毫克／分升，但那是一般人的平均值，由於有80％的人都缺鎂，這些人最佳的值應在6.0～6.5毫克／分升 (P385)。

榮民醫院做的檢驗很可能是血清鎂檢驗 (P388)，所以檢驗結果的鎂值偏高其實是件好事。血清中的含鎂量必須相當高，才能讓心跳維持穩定，如果血清中的含鎂量降低，身體會立刻將骨骼或肌肉中的鎂釋放到血液當中——所以，血清鎂檢驗的值假使落在正常偏低的範圍，那就表示受檢驗者很可能有嚴重的缺鎂問題。

然而，血中的含鈣量過高卻不是件好事，請參考即將提到的副甲狀腺機能亢進問題 (P099)；大部分的實驗室採用離子鈣檢驗，檢驗結果相當精確，如果你的離子鈣值過高，最好進行副甲狀腺機能亢進的相關檢驗。我也建議安琪拉的先生不要再服用鈣片，補充過多的鈣，鈣很可能會滲入動脈等軟組織當中，也很可能必須釋出部分的鎂來中和鈣。

後來我收到安琪拉的感謝函，說她原本的確有些沮喪，因為榮民醫院的醫生不認為她先生的多種症狀是缺鎂所引起的，實際上，她先生的病況後來是因為補充了鎂才有所改善。她重讀了《鎂的奇蹟》和我在網路上分享的文章後，便確信那位醫生在給予建議時缺乏對鎂的了解；她先生如果真的停止補充鎂，健康狀況一定會變差。

在2012年3月時，非營利機構「營養鎂協會」發表了一篇論文——〈高鈣低鎂造成的健康風險〉，文中我引用了美國國家衛生研究院的〈2011年有關鎂的膳食補充實況報告〉，當中提及有43％的美國人（以及70％的年長婦女）有服用鈣補充品的習慣。

另一方面，美國國家衛生研究院指出，我們攝取的鈣被腸道吸收的量根本不到一半，多出的鈣若不是經由大腸排出（易造成便祕）、腎臟排出（可能會形成腎結石），就是運送到其他的軟組織中，造成膽結石、腳跟骨刺、動脈粥狀硬化斑塊、纖維瘤鈣化、乳房組織鈣化等。

不過，美國國家衛生研究院的報告，並未提及鈣與維他命的吸收、代

謝、運送，其實都必須仰賴適量的鎂才能完成，鎂能將維他命D從儲存的形式（骨化二醇）轉變為活性形式（骨化三醇），並透過腸道被身體吸收。鎂能夠活化降血鈣素這種荷爾蒙，將鈣從血液和軟組織中分離出來，並運送至骨骼之中，有助於保護骨骼結構；這種必要的作用能夠降低許多疾病的風險，如骨質疏鬆症、某幾類關節炎、心臟病、腎結石等──請參閱第一章中的「高劑量的維他命D會耗盡鎂」（P080）。

人部分的人都不了解細胞中鈣鎂平衡的重要，甚至連某些醫生也不清楚。沒有適量的鎂，鈣就無法讓骨骼生長或預防骨質疏鬆，道理就是這麼簡單。如果我們的骨骼全由鈣組成，便很容易脆裂或粉碎，如同掉到人行道上的粉筆。然而，只要有相當比例的鎂，骨頭就能有適當的密度與排列方式，會較有彈性而不容易粉碎。我認為很多老年人之所以會骨折，往往是因為鈣太多但鎂卻不足。

過多鈣會造成副甲狀腺機能亢進

我部落格的一位讀者在諾曼副甲狀腺中心（Norman Parathyroid Center）接受良性副甲狀腺瘤的切除手術，結果相當成功，並且推薦我該中心及其網站Parathyroid.com，我在那裡讀到了副甲狀腺機能亢進的相關資訊。

副甲狀腺機能亢進似乎相當常見，每100個人就有1人出現這種症狀，其中，每50位年逾五十歲的婦女就會有1位有這種困擾。診斷副甲狀腺機能亢進的方式，就是驗出血液當中的鈣值。血液中鈣值過高，99％都是由於副甲狀腺出現良性的小腫瘤（副甲狀腺瘤，非惡性腫瘤），或是因為細胞增生造成副甲狀腺荷爾蒙的值升高。

因為有東西刺激副甲狀腺產生更多副甲狀腺組織，當這些東西累積在副甲狀腺中，就產生了副甲狀腺瘤。我的問題是：刺激副甲狀腺肥大的因素是什麼？是類似甲狀腺因為缺碘而企圖製造更多甲狀腺荷爾蒙，結果形成甲狀腺腫？還是像前列腺因為缺鋅而出現前列腺肥大？醫生表示他們並不清楚副甲狀腺組織增生的原因，然而，一旦增生的情形出現，副甲狀腺荷爾蒙的分

泌就會過多；這種荷爾蒙會與鈣結合，讓血液中的鈣值增加，並且耗盡鎂，造成各種鈣過多／缺鎂的症狀。

民眾體內普遍缺鎂且有過多的鈣，這點必定與刺激副甲狀腺有關，不過，醫學界並未運用科學的方式研究礦物質，因此，目前尚未有鈣／鎂平衡對副甲狀腺影響的研究報告可供參考。

2013年，有份丹麥的研究報告指出，副甲狀腺機能亢進已成丹麥的流行病，患者大幅增加的族群為五十歲以上的婦女；研究人員承認他們不清楚造成這種疾病的原因。

大部分副甲狀腺機能亢進的患者會出現許多症狀，但經常遭到誤診。「呻吟、抱怨、結石、骨頭」說明了這種疾病的症狀：腎結石、經常頭痛、疲勞、高血壓、心悸、胃食道逆流、骨質疏鬆、憂鬱、記憶力不集中，而這些症狀都與缺鎂的情形相同。副甲狀腺機能亢進與缺鎂有關，那是因為如果你的副甲狀腺荷爾蒙增加，鈣值就會增加，進而使得鎂值下降；因此，<u>當一個人出現副甲狀腺機能亢進的症狀時，通常缺鎂的症狀也不遠了。</u>

如果副甲狀腺機能亢進沒有被診斷出來，而未能透過手術切除過度活躍的副甲狀腺，患者很可能會死於心臟衰竭、中風、心臟病、腎衰竭、乳癌、前列腺癌。副甲狀腺機能亢進會慢慢導致死亡，出現的症狀就跟鈣鎂極度不平衡的患者一樣。

副甲狀腺是位於頸部甲狀腺後方的四個小內分泌腺，大小有如米粒至豌豆的體積。這些腺體雖然非常小，卻十分重要，因為它們負責控制骨骼與血液當中的鈣。一旦副甲狀腺無法正常發揮作用，鈣值就會過高，不過，醫生卻不會檢查其他受到影響的營養素，例如鎂、維他命D、維他命K_2。

醫學教科書指出，副甲狀腺的唯一功能就是測量血液當中的鈣含量，小幅度地調節鈣值，讓神經與肌肉系統能夠妥善運作。當鈣值下降，副甲狀腺就會分泌副甲狀腺素去攻擊骨骼，讓骨骼將鈣釋出到血液；當副甲狀腺偵測到血液當中的鈣值恢復正常，就會關閉並且停止分泌副甲狀腺素。

醫生並不知道副甲狀腺瘤的成因，或許那是我們目前飲食中含有的鈣、

鎂、維他命D、維他命K不平衡造成的結果。讓我舉例說明較容易明白：如果維他命D含量不足，無法幫助人體從飲食中吸收鈣，你體內的鈣值就會偏低，進而刺激副甲狀腺分泌更多副甲狀腺素去分解骨骼，以將更多的鈣釋放進血液；另一方面，如果你有缺鎂的情況，副甲狀腺素的分泌會減少。正常來說，當你體內的維他命D含量過低時，副甲狀腺素的分泌量應該會增加，但由於你還缺鎂，所以副甲狀腺素的值又降回正常範圍——那麼，會不會是副甲狀腺<u>反覆受到刺激</u>，才引發增生的問題，最後形成腫瘤呢？

以下列出鎂在副甲狀腺機能亢進形成的過程中所扮演的重要角色。

- 體內是否有充足、適量的鎂，對鈣的吸收與新陳代謝有相當重要的影響，因此，當人體缺鎂的時候，鈣的吸收量也會偏低，進而引發副甲狀腺分泌副甲狀腺素。
- 鎂會刺激人體分泌降血鈣素，這種荷爾蒙有助於保護骨骼結構（從血液與軟組織中汲取鈣送至骨骼），進而能預防某些類型的關節炎與腎結石。但在缺鎂的情況下，這種功能會受到限制。
- 鎂和副甲狀腺素有著複雜的關係，會在副甲狀腺素過多時抑制其分泌，避免造成骨骼分解，但鎂同時也是副甲狀腺素分泌的必要成分。
- 鎂會將維他命D轉化成活化的形式，有助於鈣的吸收。

如果你出現了缺鎂的症狀，但透過鎂療法卻無法讓症狀消失，請特別留意血鈣過高的情形。如果你體內的離子鈣值過高，請至醫療院所檢查副甲狀腺荷爾蒙的值。如果不幸的，你的醫生並不願意替你進行這些檢驗，在美國，你可以前往RequestATest.com網站，離子鈣的檢驗的費用是五十九美元，副甲狀腺荷爾蒙檢驗的費用則為九十九美元（但這種檢驗服務並非各州都有）；你也可以進行紅血球鎂濃度檢驗 (P384)，因為鎂值過低可能會讓你的副甲狀腺荷爾蒙值過低，造成診斷上的混淆——因為醫生對副甲狀腺機能亢進的預期，應該是看到鈣值很高，以及副甲狀腺荷爾蒙也很高。

如果你的鈣值與副甲狀腺荷爾蒙值都很高，或者即使你的鈣值很高，但仍出現副甲狀腺機能亢進，都必須接受這些檢驗，以便具體了解副甲狀腺的情形。諾曼副甲狀腺中心指出，雖然實驗室中認定的正常範圍是8.8～10.7毫克／分升，但三十五歲以上的成人的鈣值不應超過9.9毫克／分升。

你可以請醫生替你進行副甲狀腺核磁共振檢查，或是更清楚的甲氧異腈掃描（sestamibi scan）。甲氧異腈是一種小蛋白質，利用鎝九九進行標記；據說這是一種溫和且安全的放射性物質，在注射至靜脈後，會被過度活躍的副甲狀腺吸收。

沒有任何藥物能夠治療良性甲狀腺瘤所造成的副甲狀腺機能亢進，必須由經驗豐富的醫生執刀切除副甲狀腺才能有效治癒。諾曼副甲狀腺中心利用不需住院的二十分鐘副甲狀腺手術進行治療，成功率高達99％。

如果有關副甲狀腺機能亢進的這部分敘述過於複雜，我先向你說聲抱歉，但你確實需要知道這個大部分醫生都不清楚的資訊。假使你還有其他問題，可以直接造訪Parathyroid.com，聯絡諾曼副甲狀腺中心。

我想要清楚說明副甲狀腺機能亢進的情形，以及我的建議。副甲狀腺機能亢進在人群中發生的機率為1％，在五十歲以上的婦女的發生率為2％；相較之下，缺鎂的情形影響了80％的人，因此，你出現的症狀很可能是缺鎂的症狀，而非副甲狀腺機能亢進的症狀。

過多鈣會造成發炎

鈣過多往往也是造成身體廣泛發炎的主因。在前幾版的《鎂的奇蹟》中，發炎是相當重要的主題之一，因為鎂是最重要的抗發炎營養素。但是我還得再強調一次，鈣是造成發炎的主因，鎂是消炎的關鍵——因為用鎂就能中和鈣，大幅降低發炎的機率。

美國食品藥物管理局和藥廠都十分清楚治療炎症的重要性，但是他們提出的主要治療方式，卻是使用具有各種副作用的藥品，而不是使用鎂。更糟糕的是，抗發炎的類固醇和許多非類固醇藥物多半都是會與鎂結合的氟類化

合物，使用這類效果不彰且不安全的藥物治療炎症，將只會引發更多發炎的反應。這些鈣到底來自何處？

坊間各處建議的鈣補充品種類很多，在美國，醫生和保健書刊會建議五十歲以上的婦女每日服用1500毫克的鈣，英國的每日營養素建議攝取量則是700毫克，但世界衛生組織的建議量卻只有500毫克。

醫院的骨質疏鬆門診建議病人每日服用1500～2000毫克的鈣，卻沒有計入他們從食物或水中攝取的鈣——很多食用乳製品的人，鈣的攝取量都相當高，這樣會造成未被身體吸收的鈣愈來愈多。

正如之前提過的，我們食物與飲用水中的鈣比鎂多，在美國標準的一餐當中，鈣鎂比約為10：1。由於農夫不使用含礦物質的肥料，因此所有食物中的礦物質含量都比過去還要低，再加上許多除草劑與殺蟲劑都會與礦物質結合——尤其是和鎂結合，導致礦物質流失——不過，土壤中的含鈣量往往比含鎂量高。

附錄B P435 提供了一般食物的含鈣量，你會發現7條帶骨沙丁魚、0.5條帶骨鮭魚、20顆牡蠣的含鈣量就有284～393毫克，1杯白菜的淨含鈣量則有250毫克。

有人跟我說他們不吃乳製品，我就拿大骨湯的食譜給他們看——這或許是家中祖母常熬的東西。在附錄C P438 中，我列出了基本的大骨湯食譜，你可以上網搜尋偉斯頓·A·普萊斯，就能找到更多的雞骨湯、牛骨湯、魚骨湯的食譜。

我們很難計算一份大骨湯的含鈣量有幾毫克，因為每一勺的數值都不同，若同時再吃一些高鈣的蔬菜和堅果、種籽或乳製品，鈣就足以達到每日應攝取的量。如果這樣還不夠，或是你平常很忙，沒空熬大骨湯，那麼你可以服用我的ReCalcia礦物質配方。

我親身體驗過鈣在飲食中的威力——只要大啖優格和羊乳酪，心悸和腿抽筋的老毛病就會發作。這時候，我就知道自己需要攝取更多的鎂來加以平衡了！

✦ 鎂元素的多重角色

在釐清鈣的作用之後,接著來看看神奇的鎂吧。我原本列出的鎂元素活動,只納入五大一般性功能:

❶ 催化人體內大部分的化學反應。

❷ 製造並輸送能量。

❸ 合成蛋白質。

❹ 傳遞神經訊號。

❺ 舒緩肌肉。

後來,這五大一般性功能擴充為鎂元素最重要的十四種功能,但可能還有許多其他重要功用有待挖掘。

這幾年來,我發現鎂元素比我原先想的更加複雜。下列十四種功能摘錄自《腎臟疾病全集》,內容可能有些學術用語,主要是想讓讀者了解,<u>這個看似簡單的礦物質其實十分複雜</u>。了解鎂元素可發揮的重要功用後,不妨試想,如果體內缺鎂,有多少人體運作所必需的功能會受影響?

❶ **鎂最重要的功能,就是在全身上兆個細胞中產生能量**。鎂是三磷酸腺苷合成酶(ATP Synthase)生成三磷酸腺苷(ATP)時的輔因子。ATP由粒線體所製造,是細胞主要的能量來源。ATP必須與鎂離子結合形成Mg^{2+}-ATP,才能保持其生物活性。

人體的每個細胞中,都有一千至兩千個粒線體,每個都透過三羧酸循環(克氏循環)的八個步驟製造三磷酸腺苷。鎂最值得一提的地方,就是在這八個步驟當中,有六個都必須有鎂才行。

我們認為三羧酸循環是分解葡萄糖的路徑,但實際上卻會從糖解作用中提取丙酮酸,製造三磷酸腺苷能量分子。三羧酸循環對糖、胺基酸、脂

肪酸等代謝物的分解來說是必要的，當中每一類的分子都有自己通往三羧酸循環的路徑。此外，三羧酸循環的中間產物能夠進入其他循環，用以合成胺基酸與脂肪酸。在鎂的協助下，粒線體中的三羧酸循環成了生命力量的泉源。對抗療法醫學與替代醫學都在研究粒線體的缺陷，但無論進行何種治療，最初都必須使用能夠達到療效的鎂。

除了製造能量以外，ATP還有許多其他功能：跨膜ATP酶可為細胞輸入新陳代謝所需的物質，並將毒物與代謝廢物輸出；一種稱為氫離子幫浦的氫鉀ATP酶能酸化胃中的食物；許多其他幫浦與運輸物質都需要由ATP引導，鎂元素則是ATP的必要輔因子。

❷ **鎂是穩定細胞膜的重要物質。**有助於防止肌肉神經過度興奮，減少肌細胞膜收縮。

❸ **鎂是維持體內許多蛋白質結構完整的必要元素。**目前，科學家已發現人體蛋白質中共存有三千七百五十一個鎂元素受器。

❹ **鎂是維持核酸結構完整的必要元素。**去氧核糖核酸（DNA）和核糖核酸（RNA）的生成過程需要鎂的參與。

❺ **鎂是鳥苷三磷酸酶（GTP酶）的輔因子。**鳥苷三磷酸（guanosine triphosphatase，GTP）有許多功能：協助(a)訊息傳遞，也就是能「開啟」細胞膜上的特定蛋白質受體，以傳遞味覺、嗅覺、視覺等感官訊號；(b)蛋白質生物合成；(c)調節細胞的生長與分化；(d)跨越細胞膜轉移蛋白質；(e)在細胞內傳輸囊泡（在細胞中傳遞、運送荷爾蒙、神經傳導物質、酵素、細胞激素等分子的精巧胞器），以及構成囊泡的衣被（coat）。

❻ **鎂是磷脂酶C（Phospholipase C）的輔因子。**磷脂酶C是能將磷脂質（含有磷酸的脂質，卵磷脂就含有磷脂質）水解的酵素，能形成訊息傳導通道，亦具備其他作用。

❼ **鎂是腺苷酸環化酶（adenylyl cyclase，AC）的輔因子。**腺苷酸環化酶能催化ATP生成環腺苷酸（cAMP），並釋放焦磷酸，cAMP用於細胞內的訊息傳遞，幫助升糖素、腎上腺素等荷爾蒙進入細胞——這些荷爾蒙無

法自己通過細胞膜。cAMP參與蛋白激酶活化的過程，能調節腎上腺素與升糖素的作用，此外，cAMP能與離子通道（進入細胞的通道）結合並發揮調節功能。

❽ **鎂是鳥苷酸環化酶（guanylate cyclase）的輔因子。** 鳥苷酸環化酶可使鳥苷三磷酸生成環磷酸鳥苷（cGMP），讓cGMP控制型離子通道保持開啟，讓鈣離子得以進入細胞。cGMP是很重要的第二信使，負責在細胞膜間傳遞胜肽類荷爾蒙與一氧化氮的訊息，本身也是一種荷爾蒙訊號。cGMP還能促進蛋白質合成；cGMP可使血管平滑肌鬆弛，因此可調節靜脈與呼吸道肌肉張力、腎上腺素分泌與腸道蠕動。

❾ **鎂是數百種酵素作用的必要輔因子。** 本書第一版說是三百二十五種酵素，但實際數字高出許多，安德莉亞・羅薩諾夫博士表示：「根據1968年的研究估計，鎂是超過三百種酵素的輔因子；根據目前的研究，比較可信的數字為七百至八百種。」〈人體當中的鎂：健康與疾病的關聯〉作者指出，鎂參與的酵素作用超過六百種。

❿ **鎂可以直接調節離子通道，其中包含了鈣、鈉、鉀等重要電解質的通道。** 鎂在鈉離子的傳輸過程中扮演著重要角色，缺鎂對心臟的損害影響十分類似缺鉀，此外，要治療缺鉀症狀必須補充鎂，許多醫院的醫護人員之所以難以讓患者達到鈉、鉀、鈣、氯的平衡，原因在於他們忽視了鎂的功用，也沒有定時檢驗電解質的組合，即便進行檢驗，也運用了不恰當的血清鎂檢驗。

鎂與鈣離子的通道息息相關，我提過鎂如何管控讓鈣進出細胞的離子通道，能精確掌控肌肉或神經細胞收縮所需的鈣離子數量，並排出多餘的鈣離子，以避免過度收縮。因此，鎂是天然的鈣離子通道阻斷劑，但主流的對抗療法醫學卻不使用鎂調節體內的鈣含量，而是堅持使用藥物型的鈣離子通道阻斷劑，這類藥物往往有諸多副作用，例如造成缺鎂。

⓫ **鎂是重要的細胞內傳訊分子。** 本書多次提到傳遞訊息的功能，細胞傳訊的作用不容小覷，人體的正常運作必須仰賴細胞內的訊息傳遞。

⓬ **鎂是氧化磷酸化過程的調節器**。氧化磷酸化過程中，電子載體將電子傳遞到受體上，如氧化還原反應中，受體便是氧，而鎂是氧化磷酸化過程的輔因子。氧化還原反應又稱電子傳遞鏈，過程中會在細胞的粒線體內生成一連串的蛋白質複合體，能釋放出能量，讓粒線體用來生成ATP。

⓭ **鎂與神經傳導密切相關**。前文已談到鈣過量對人體的危害 (P091) ，雖然鈣是神經系統運作中不可或缺的元素，但是攝取過多的鈣十分危險，鈣過量會引起發炎，而且可能會過度刺激神經導致細胞死亡。

⓮ **鎂與肌肉功能密切相關**。肌肉的運作包含各種生理機制，如氧攝取量、電解質平衡與能量生成。鎂能夠調節鈣濃度，引導鈣進入細胞讓肌肉收縮，並將鈣引導出細胞，讓肌肉放鬆，促進肌肉的正常運作。神經細胞可能因過度刺激而死亡，肌肉細胞亦然，過量的鈣會刺激肌肉細胞，引起無法控制的痙攣，導致組織受損，突發性心臟病便是其中一例。

✦ 你我都缺鎂

那麼，是誰或什麼事情把鎂從餐桌上偷走的呢？

美國政府在1988年公布的一份研究報告，指出標準的美式飲食無法提供每日所需的鎂。那份報告發表的時間距今已有三十多年了，很肯定的是，今日大家的鎂攝取量只會更少，因為在目前的飲食中，軟性飲料、甜食、鹹點心、含酒精飲料等垃圾食物所占的比例高達25％。經過加工處理的食品，很可能含有額外的鹽、糖或其他五千種已知的食品添加劑，占了一般人飲食當中的70％。

米芮德・西立格醫生與許多研究鎂的專家的看法也大同小異，認為典型的美式飲食富含脂質、糖、鹽、合成維他命D、磷、蛋白質、額外添加的鈣，不僅缺乏鎂，也因此增加了身體對鎂的需求量。

很可惜的是，沒有研究報告指出我們實際缺鎂的狀況，這是因為目前沒

有公認的醫學標準能夠測出全身的鎂含量。我會在第十六章提到血清鎂檢驗測出的鎂含量並不準確 (P388)，因為那只占了全身的1％與組織中的40％。

　　美國國家科學研究院發現，大部分的人可能都缺鎂。當男性攝取的鎂量只有身體所需的80％、女性只有70％，卻必須使身體無數的機能運作時，不難想像，身體當然無法正常運作。

　　我們來看看缺鎂的一些原因，這當中最根本的，就是土壤中缺鎂。

✦✦ 缺鎂的土壤，缺鎂的食物

　　要了解我們農耕地土壤缺乏礦物質的情形，從1936年參議院的那份文件便可見一斑 (P021)，這正是美國人缺鎂的主因，但美國土壤貧瘠的問題卻一直未有改善。正如科爾派翠克・賽爾（Kirkpatrick Sale）在《國家》中提到的，當戰爭科技在二次大戰之後被改裝運用在農業上，這個嚴重問題才剛要開始。曳引機以坦克車為原型；戰機不發射子彈掃射，改為噴灑殺蟲劑與除草劑，這些可說是化學武器的表親。「那是土地的戰爭，現代的機械設備既全面又複雜，讓表土缺乏營養的速度為每年30億公噸，讓水缺乏營養的速度為每年378億5330萬公升。」

死亡的土壤

　　土地的現況不僅僅只是缺乏營養——它幾乎是死的！農民們被引導去相信，除去雜草與害蟲比與自然和平共處來得更好；直到大家發現這些毒物太難控制，不分好壞都殺，才驚覺到這個作法適得其反。土壤中如果沒有活生生的蟲子去分解土壤、留下牠們的堆肥，並且把礦物質分解為適當大小的顆粒，以利植物吸收，土壤就會變得很堅硬，沒有任何孔隙，雨水一來就會沖走更多的表土；土壤中如果沒有轉化氮的根瘤菌讓植物能吸收某些養分，植物就會變得很脆弱，也沒有足夠的營養。

實驗失敗並沒有讓孟山都（Monsanto）等大型農化公司就此放棄。孟山都持續推廣基因改造的種籽，以及含有草甘膦的除草劑「年年春」，這種成分會和鎂結合，讓土壤中原本就已經相當稀少的鎂減少50%。近一步的研究顯示，年年春在土壤中的半衰期很長，長達二十二年（2016年年底時，拜耳〔Bayer〕公司同意以六百六十億美元買下孟山都公司，成為全世界最大的種籽、殺蟲劑、除草劑公司）。

青草痙攣症

如果我們願意敞開心胸，透過觀察動物，就能讓我們學到很多關於環境的知識。有位法國的生化學家兼農夫就做到了這點，他叫做安德烈・伏瓦桑（Andr Voisin），生於1903年，他在1963年寫了《青草痙攣症》。

青草痙攣症是一種牛羊可能罹患的新陳代謝疾病，原因是土壤中的含鎂量不足。動物在吃了缺鎂的草之後，就會產生易怒、跌跌撞撞、顫抖、抽搐等情形。當中最誇張的情形是，當牠們聽到大聲的噪音、受到驚嚇、過度興奮時，就會突然倒地抽搐。伏瓦桑在1930年代即指出青草痙攣症是缺鎂造成的，他發現罹病動物的鎂都偏低，並且在注射鎂劑後就會神奇地恢復正常。

伏瓦桑書中的第一章便道出了一切：「現代的農耕方式造成了青草痙攣症。」在農夫生涯中，伏瓦桑觀察到，現代農耕往往採用「集約放牧」，並且過度使用缺乏礦物質的商業肥料。當時伏瓦桑便指出，荷蘭是使用商業用肥料最多的國家，該國的青草痙攣症也最嚴重。

自1930年代，人們便開始使用含鉀量高的碳酸鉀肥料。這種肥料既便宜又容易取得，雖然容易被植物吸收，卻也容易造成植物大量吸收碳酸鉀，因而不容易吸收鎂與鈣。

植物生長時若吸收了過多的碳酸鉀，很容易造成含鎂與含鈣量過低、含鉀量卻很高的情形，但你並不會發現這一點，因為我們所吃的穀類、水果、蔬菜都沒有所謂的最低礦物質含量標準，政府也沒有定期檢驗，更不會標示在包裝上。

即使土壤中的含鎂量很高，使用了碳酸鉀肥料之後，便會讓植物無法吸收鎂。由於美國的農地幾十年來都已經過度耕作，因此土壤中的鎂往往相當稀少——肥料也無法取代這種重要的礦物質。

許多醫生提到了一個關於新陳代謝的夢魘——他們想要平衡住院患者血液中的電解質。我想，這個夢魘就是始於土壤缺鎂的農地。我們攝取缺鎂的植物，於是出現了缺鎂的疾病，在患者因為缺鎂疾病住院時，這種情形也繼續發生，但在進行電解質檢驗時，又沒有把鎂納入其中，即使有，也是採用較不佳的血清鎂檢驗 (P388)，因此得到的數值也不精確。

土壤的侵蝕

保羅・梅森（Paul Mason）是加州一座泉水的擁有人，這裡的泉水富含鎂，他告訴我們耕作土的鎂都流失了。根據密西西比河水中的含鎂量來判斷，美國中西部土壤每年流失的鎂至少有710萬公斤，如果計入河水挾帶土壤中未溶解的鎂，那麼數量可能會更多。

酸雨會消耗鎂

酸雨是另一項損耗土壤裡的鎂的因素，酸雨通常會發生在空氣汙染嚴重的工業區與都會區，大氣科學家威廉・葛蘭特（William Grant）在研究空氣汙染時發現，累積的酸雨中含有硝酸，會改變樹木賴以生長之土壤的化學物質。這種異常的土壤酸化會讓土壤釋出鎂與鈣來中和過多的硝酸，最後這些礦物質都會消耗殆盡，讓硝酸與土壤中的氧化鋁產生作用，活躍的鋁便在植物中累積，取代植物中的鈣和鎂，讓植物難以生存。

鈣對樹木與植物有益，因為鈣能強化細胞壁，結合之後形成樹木的外形；植物要進行光合作用必定要有葉綠素，鎂則是葉綠素中的重要成分，在行光合作用的過程中，植物接受陽光照射以產生有機的化學物質……由此可見，植物一旦缺鈣或缺鎂就會變得脆弱。酸雨的問題在於它會帶來過多的硝酸，進而造成植物生長速度變快（植物生長過快不一定是好事），同時，硝酸還

會讓土壤缺鎂和缺鈣，這意味著植物在這種加速生長的期間並不能得到足夠的養分，甚至虛弱到無法存活。我們所吃的植物如果生長在受到酸雨汙染的土壤中，那就很可能會缺乏鎂與鈣。

農地中的土壤一般都會經過檢測，一旦發現酸性過高，通常就會灑上石灰（氧化鈣的產物），然而，用石灰來解決土壤過酸的問題，其實會造成另一個問題：這種物質會和鎂競爭，於是又進一步導致土壤缺鎂。

✦✦ 失落的農作物

你走進超市買農產品時，多半會想選擇賣相好的，看到撞傷、枯黃、扭曲的蔬果，你一定不想買。這種注重外表而非營養成分的趨勢，使整個產業朝這個方向發展，因此，也就沒有任何關於標示的法規要求農產品必須標示含鎂量。

含鎂的食物多半是綠色葉菜類、堅果、種籽、全穀物食品，以及巧克力。植物只要有足夠的陽光或水就能產生維他命，但礦物質不一樣，土壤中一定得含礦物質，植物中才會有礦物質——如果土壤缺乏鎂，植物就不會有鎂，也完全無法從空氣中自行合成鎂。

因此，如果你聽到有人說「只要飲食均衡就能獲得所需的營養」，不必太相信他說的話——除非你吃的是有機食物，同時種植有機食物的農夫在施肥時使用了富含各種養分的肥料。

在今日，你要獲得足夠的鎂，勢必得補充額外的鎂。

✦✦ 加工食品造成鎂流失

除此之外，我們在處理食物與讓食物變精製的過程中，很可能會讓大量

的鎂流失。富含鎂的堅果與種籽在榨油的過程中會讓重要的礦物質流失；在把全麥碾磨製成麵粉的過程中，除去糠皮和胚芽的同時，也會讓所有的鎂流失──一片全麥麵包含有24毫克的鎂，但一片白麵包卻只有6毫克的鎂。此外，精製的食物並不會考慮添加鎂，最後，我們在廚房燙蔬菜時，鎂也會跑到水中。

值得一提的是，在加工處理食物與烹飪的過程中，鈣流失的量比鎂來得少，而且普遍來說，一般飲食中所含的鈣都多於鎂。

在食物加工過程中流失的鎂百分比

小麥精製的白麵粉	80%
白米	83%
玉米粉	97%
糖蜜中粹取的白糖	99%

我們要怎麼做才能確保食物含鎂呢？最好的辦法是吃有機食品，並且鼓勵你的農夫幫土壤添加礦物質。儘可能生吃蔬菜，如果一定要吃熟食，請蒸個幾分鐘就好，讓蔬菜維持鮮脆的口感，同時請把蒸完後富含營養素的湯當作高湯使用。我在本書第十七章中列出了「鎂的飲食計畫」P405，在這個計畫裡，你可以再加入未精製過的全穀類、堅果、種籽、綠色蔬菜等。

✦ 缺鎂的「健康飲食」

過去幾年來，我發現大家愈來愈注重健康的飲食。年輕人開始「吃生

食」，每天喝綠色蔬果昔；與此相對的是對「原始飲食法」的狂熱追捧。許多家庭開始有自己的菜園，會去當地的農夫市集買菜，購買有機農產品。大家紛紛主動尋找適當的飲食法來解決自己的健康問題。我認為這些努力都相當值得讚許，很可惜的是為時已晚，這麼做的效果相當有限。

美國人自食物中攝取的鎂量愈來愈低：在20世紀初，每人每日自飲食中攝取的鎂高達500毫克，但今日攝取的鎂量卻只有175～225毫克。美國男性攝取的鎂約僅有每日建議攝取量的80％，女性更只有每日建議攝取量的70％。許多鎂專家表示，當前的鎂每日建議攝取量其實還不足以預防鎂缺乏症的發生，但大部分的人所攝取的鎂量卻連建議值都達不到。

目前美國國家研究院網站上〈給專業人士的鎂事實清單〉證實了飲食中缺鎂的問題仍然存在，這份文件指出：「美國對於民眾攝取含鎂飲食的調查報告顯示，大家攝取的鎂量低於建議值。」此外，有份分析2005～2006年〈美國健康營養調查〉資料的研究報告，指出無論年齡為何，大多數美國人從食物中攝取的鎂都低於各年齡層的平均需要量。

所謂的「每日建議攝取量」，指的「健康的人」每天需攝取該種營養素的數量，目前沒有準則說明不健康的人或服用藥物的人應該攝取多少營養素；此外，對抗療法醫學的醫生也不認為營養素能夠治療疾病。事實上，說營養素能治病甚至是違法的。如果營養補充品的製造商說某種營養素能夠治病，那麼該營養素會自動被視為藥物，若要宣稱有療效，那就必須接受昂貴的藥物試驗，費用高達五十億美元。

你或許想知道目前流行的各種飲食法當中，有沒有哪一種能夠補足鎂缺乏症的缺口呢？答案是沒有，因為即使你攝取很多有機食物，如果這些食物來自缺鎂的土壤，你還是有缺鎂的可能。讓我們更進一步來檢視這些飲食風潮吧。

原始飲食法

「原始飲食法」有一大群忠實的追隨者，但這種飲食法的大師卻沒有提

到：**若要消化高蛋白的飲食，那就需要補充更多的鎂**。採用原始飲食法時，你很可能不吃能提供一些鎂的五穀類食物，導致攝取的鎂更少。1杯雞肉含有32毫克的鎂，相較之下，1杯穀粒莧則含有160毫克的鎂——前提是穀粒莧必須種植在富含鎂的土壤中。

在消化蛋白質的過程中，自然會產生同半胱胺酸，若產出的量過多，就會讓膽固醇氧化，並造成血管的傷害。同半胱胺酸代謝時所使用的主要酵素都必須仰賴鎂，在缺乏鎂的情況下，就會有更多的氧化膽固醇堆積。我會在第六章討論高同半胱胺酸血症的問題 (P192)。

如果你沒有補充足夠的鎂，那麼原始飲食法很有可能會讓你出現更多問題。《蛋白質的力量》作者麥可與瑪麗‧丹‧意德斯（Michael and Mary Dan Eades）指出，如果他們只能提供一種補充品給病人的話，那麼首選就是鎂。

生機飲食

高糖、高碳水化合物的飲食也勢必會讓你陷入缺鎂的危機。娜塔莎‧坎貝爾─麥克布萊德（Natasha Campbell-McBride）博士在她的《腸道與心理症候群》一書中指出：要消化一個葡萄糖，需要二十八個鎂原子；要分解一個果糖分子，需要五十六個鎂原子——這實在是個很不平衡也很難維持的方程式，會耗盡體內的鎂。這正是生食主義者容易忽略的飲食問題。

即使你是生食主義者，或是愛喝排毒蔬菜汁的人，也很難避免缺鎂的困擾。一方面，他們往往攝取過多的水果——他們認為「那是天然的」，便隨心所欲地吃。

我最近收到一封年輕人的來信，信中詢問我他的飲食法是否有問題。他吃純素，每天吃下16根香蕉！我請他自己算一下，1根中型的香蕉含有約27公克的碳水化合物，所以16根香蕉總共為432公克。**良好的飲食法中，每天的碳水化合物量應該只能有100～150公克**。因此，為了代謝果糖，他耗盡了體內儲存的鎂。

生食主義者也放任自己在蔬果昔上放許多鳳梨、香蕉、蘋果、莓果，來克服綠色蔬菜無味或苦澀的問題。攝取大量的果糖可能引發第二型糖尿病（部分原因是缺鎂的結果），也可能造成牙齒的問題。《糖：苦澀的事實》（Sugar: The Bitter Truth）是你必看的YouTube影片，點閱率超過一千七百萬次，創作者為兒童內分泌科醫生羅伯特・拉斯提格（Robert Lustig），他說明了果糖的危險，以及這種糖比蔗糖（餐桌上的糖）糟糕許多。

鎂是植物之血「葉綠素」的主要礦物質，那就好像人類血紅素中的鐵質，你以為多吃綠色蔬菜的飲食方式能夠補足所需的鎂，其實並不然。來找我的人之中，不乏每天飲用超過2900毫升有機綠色蔬果昔者，但他們仍發生缺鎂的情況，出現心悸和腿部抽筋等症狀，但當他們補充了鎂後，這些症狀就消失了。

再次強調：如果你吃的食物不是生長在礦物質豐富的土壤中，它們就會缺乏礦物質──即使是有機食物也一樣。

✦ 鎂與酵母菌增生症候群

體內酵母過度增生、不受控制，都是引起發炎的重要因素，因為酵母在正常的生命週期中會產生一百七十八種不同的化學副產品。**酵母會因為抗生素、類固醇、避孕藥、高碳水化合物的飲食而出現增生的情形**，這些物質會進入血液，產生一種無止境的發炎連鎖反應。

讓我舉例說明酵母產生的毒素如何耗盡鎂。

乙醛是酵母生成的副產品之一，具有強烈的毒性，分解這種物質的酵素（乙醛脫氫酶）非得要有鎂不可。如果乙醛過多，超過乙醛脫氫酶的負荷、耗盡了儲存的鎂，這種酵素就無法繼續代謝乙醛。

乙醛的累積則會造成許多問題：自由移動的乙醛會毒害腦部、肝臟、腎臟，也會消耗維他命B，同時還會阻擾荷爾蒙受器，影響到甲狀腺、腎上

腺、腦垂體。此外，現今甲狀腺不平衡的情形很常見，這很可能是因為血中的甲狀腺素看似正常，卻無法進到細胞發揮應有的功能，而這多半是乙醛慢性毒害的結果；同樣的狀況也發生在女性荷爾蒙上，亦即血中荷爾蒙質正常，卻無法進到細胞發揮應有的功能。

要特別注意的是，除了酵母菌之外，飲酒、吸入車輛廢氣、吸菸、使用高果糖玉米糖漿等，都可能會接觸到乙醛。

✦ 胃酸過少阻礙鎂的吸收

我在1990年代剛開始研究鎂時，「胃酸對鎂的吸收相當重要」是千真萬確的說法，對食物與大多數的鎂補充品中的鎂來說，也是如此。不過，我在找尋不會造成腹瀉且能夠讓人體完全吸收的鎂時，發現到穩定的離子態鎂（尤其是ReMag當中的鎂）不需要透過胃酸、也不用有健康的腸道就能夠被人體所吸收。因此，儘管有胃酸過少、腸漏問題，甚至接受過胃繞道手術，仍然可以透過ReMag讓體內維持最佳的鎂值。

如果你的身心承受強大的壓力，身體就不會分泌足夠的胃酸，但是在消化時或要將礦物質轉換為身體能夠吸收的形式時，卻非得有胃酸不可。礦物質往往會與其他物質結合，形成礦物質的化合物，例如鎂會和檸檬酸結合，形成檸檬酸鎂，或是和名為牛磺酸的胺基酸結合，形成牛磺酸鎂；鎂的化合物進入胃時，需要酸性的環境才能將兩種物質分開，讓鎂呈現離子狀態——必須是這種形態的鎂，身體才能有效利用。然而，鎂離子相當不穩定，會立刻和其他化合物結合。幸好，有一種專利的製程能夠讓鎂離子穩定，而這也是用來製造ReMag的方式。

胃部消化不良和腸道吸收不良會讓食物難以完全消化，也會讓礦物質更難被吸收，進一步導致鎂缺乏症；更糟的是，一旦人體缺鎂，胃酸的分泌會跟著減少，然後又進一步阻礙鎂的吸收。

老年人，以及有關節炎、氣喘、憂鬱症、糖尿病、膽囊疾病、骨質疏鬆、牙周病的人，往往都缺乏鹽酸（胃酸的主要成分之一），而這些症狀也往往與缺鎂有關。

另一項會干擾消化的因素，就是美國人非常喜歡服用制酸劑，這是銷售量第一名的成藥，幾乎家家戶戶都有。飲食習慣不佳造成的火燒心與消化不良可說是美國的國民病，但「治療」這些問題的方式卻和疾病一樣糟糕。因為很甜的垃圾食物和油膩的速食在胃中翻攪，於是就認為自己胃酸太多，但火燒心多半是因為糖分在胃中發酵，造成胰臟中的酵素從小腸跑到胃裡。制酸劑會中和正常的胃酸，讓人體無法吸收礦物質，也沒辦法好好消化食物；如果我們服用的是碳酸鈣制酸劑，那麼它還會消耗更多的鎂，因為鈣本身就會導致更多鎂的流失。

很重要的一點是，我們必須了解胃酸與鎂過少會對鈣的吸收有什麼嚴重的影響。鈣不溶於水，因此全仰賴胃酸將之溶解，但當鈣離開了胃部的酸性環境、進入小腸鹼性的環境時，若沒有足夠的鎂，它就會開始沉澱——沒有鎂協助鈣溶解，鈣很快就會沉積在全身的軟組織中。

酸鹼平衡的迷思

在自然醫學領域有個相當常見的說法，那就是——健康的身體應該是鹼性的。這原本沒太大問題，然而，有些人把這項資訊過度延伸，幾乎只吃鹼性的食物，喝鹼性的水，甚至服用鹼性的小蘇打。然而，胃中的鹼性過高會減少胃酸的酸度，反而會讓人體分泌更多胃酸來維持酸鹼值，造成反效果。此時，若要增加胃酸的分泌，那就必須消耗更多的鎂，這會讓鎂無法輔助人體的其他功能。

「胃中維持適當的酸度」對於蛋白質妥善消化來說至關重要，胃酸還能協助人體吸收食物中的礦物質，並且殺死食物和飲水中的有害微生物（寄生

蟲、細菌、酵母、真菌、病毒）。我對於以烘焙用小蘇打來調整體內酸鹼值這件事有所懷疑，因為溶於水的小蘇打會中和胃酸（就像制酸劑那樣），導致消化不完全的食物分子成為酵母與腸道細菌的食物，進而造成菌叢不良及腸漏的問題。

有些替代療法的醫生會建議患者每天檢驗唾液與尿液的酸鹼值數次，以得知身體的酸鹼值。幾十年前，我親身體驗過這種方式，發現那真是的相當不方便，而且也非常的不精確。每次我飲食過後，唾液與尿液的酸鹼值就會產生波動，因此，我認為我們根本不可能透過這種方式來得到結果或擬定治療計畫。

較重要的酸鹼值其實是血液的酸鹼值。不過，血液的酸鹼值都維持在相當小的範圍內，而且如果沒有抽取血管中的血液就無法測得酸鹼值，這麼做根本不切實際，因此，測量唾液與尿液的酸鹼值就成為了不精確的替代方式。我知道這個系統還有許多相關內容，有些替代療法的醫生仍然會靠檢測人體的酸鹼值來診斷，只不過我真的不屬於他們那一掛。

你其實不需要過度熱衷於酸鹼值檢驗，並根據檢驗結果反覆調整自己的飲食與補充品，只為了達到某個酸鹼值。我都告訴大家，攝取大量的蔬菜並補充足夠的鎂就能補足體內的鹼性成分，同時也有助於維持胃酸的酸鹼度。鎂能夠作為緩衝，讓身體維持適當的酸鹼值，同時進行新陳代謝，漸漸調整身體的酸鹼值。不過，當你缺鎂時，身體較難達到這個目標。

✦ 背叛人體的飲食

鎂最終會經由小腸吸收，進入血液。然而，如果服用ReMag，就能夠避開這個法則，讓各處的細胞直接吸收，從口腔、食道、胃到小腸。ReMag不需要有與鎂結合的蛋白質作為載體就能穿過小腸內壁。

在一般的情況下，即使在吸收狀況最好的時候，食物與水中也只有約一

半（甚至少到三分之一）的鎂會被人體吸收，其他的則會透過糞便或尿液排出。此外，美國大部分農地的含鎂量很低，因此提供的食物也是如此，再加上最近許多人開始注意的腸漏問題，以及腸道微生物群的干擾，讓你不得不發生缺鎂的災難。現在80%的美國人連每日建議攝取量的鎂都達不到，因此讓缺鎂的症狀成為了流行病。

幸好ReMag不會因為吸收不良而受阻，因為那是一種穩定的離子態鎂，為鎂療法帶來了突破。然而，並非所有人都是透過ReMag補充鎂，大部分的人是藉由飲食攝取鎂的，因此，我會繼續說明我在初版《鎂的奇蹟》中就提過的膳食鎂吸收問題。

腸道礦物質的吸收

《新陳代謝》期刊中的一份研究報告，利用具放射性的鎂追蹤體內礦物質的活動情形。在含鎂量中等的一餐中，約有44%的放射鎂被吸收；在含鎂量較低的一餐中，約有76%的鎂被吸收；在含鎂量較高的一餐中，只有24%的鎂被吸收。

這份研究報告其實正顯示出，**我們並不需要擔心自己會從飲食中攝取到過多的鎂**，因為過多的部分會以無害的方式排出體外——不過，缺鎂卻會造成嚴重的後果。研究人員說，人體之所以不會吸收更多的鎂，那是因為我們的飲食型態已進步到富含鎂，如綠色蔬菜、堅果、種籽、穀類等，人體並不需要儲存的機制。然而，我們缺鎂的原因或許也正是如此——食物背叛了我們。在土壤本身就缺乏鎂的情況下，從飲食中攝取過多鎂的情形其實像母雞長牙那樣的罕見。

在《鎂的奇蹟》初版當中，我列出了一些可能影響鎂吸收的其他情形，但那些因素後來出現了重大的轉變，因為早期對鎂的研究基本上都是研究氧化鎂的吸收，但其實你是可能不需要擁有健康腸道或負責運送的蛋白質分子，以及副甲狀腺荷爾蒙就能夠吸收鎂的，只要你補充的是ReMag；此外，礦物質也不會抑制ReMag的吸收。

阻礙鎂吸收的情形

　　下列清單中提到了阻礙鎂吸收的情況，最後一項是「鐵會阻礙鎂的吸收」，目前有新的研究報告指出，對氧化鎂來說確實如此，但如果是其他吸收狀況較佳的鎂，則不會有這種情形。

- 腸道不夠健康（有問題的腸道吸收能力較差）。
- 能夠運送鎂的蛋白質分子不足。
- 缺乏適量的副甲狀腺荷爾蒙。
- 補充的水分不足。
- 人體的吸水率低——因為鎂溶於水。
- 體內鈣、磷、鉀、鈉、乳糖的量過多的話，都會抑制鎂的吸收。
- 補充的鐵劑可能會抑制鎂的吸收，反之亦然。如果你要服用這兩種營養補充劑，中間必須間隔數小時。

　　<u>腸道是否健康或許是影響鎂吸收的主因。</u>

　　我在《腸躁症入門》及《女性健康與酵母菌的關聯》二本書中寫了許多有關腸躁症與酵母過度增生的問題，「過去」我十分擔心腸漏症患者吸收鎂的問題——這是因為腸道內壁受傷或感染造成的微小孔隙，會導致毒素被吸收而進入血液循環中。

　　最常見的情形是白色念珠菌的過度增生，這種細菌其實是大腸中原有的菌種，一般人都不會特別注意，但如果它跑到了小腸，就會伸出像線一樣的纖維，讓腸道組織出現小孔，造成所謂的「腸漏症」。大腸中受到抗生素、可體松、其他類固醇、避孕藥、雌激素、高糖飲食的影響，可能會導致酵母菌超出正常的生長範圍，過程中會產生多達一百七十八種副產物，大部分都是有毒物質，會因為腸漏而被身體吸收。

　　我之所以說自己「過去」十分擔心患者吸收鎂的問題，主要是因為大部分的人選擇的鎂補充品多半是氧化鎂，而氧化鎂只有4％會被人體吸收，還

會讓大多數的人腹瀉，而這些都加劇腸漏症患者的發炎情形。然而，皮米大小的ReMag能讓細胞完全吸收，不會造成腹瀉，也不會刺激腸道，更不會因為腸漏問題阻礙吸收。

在前述的「鎂與酵母菌增生症候群」 P115 當中，我提到了需要透過鎂才能消除酵母菌產生的毒素。然而，我不僅主張要服用鎂來解決酵母菌增生的症狀，還建議患者需要進行完整的酵母菌治療計畫（除了相關治療或補充品，平衡體內酵母菌的基礎是：避免攝取乳製品中的乳糖、從穀物分解而來的葡萄糖和糖製食品來餵養酵母菌）。

我發現到，近年來被診斷為顯微鏡性結腸炎的患者變得愈來愈多，這種問題會造成腸道不適與腹瀉，並且似乎是腸漏症和我在《腸躁症入門》中提及之腸道問題的集合。腸躁症的致病原因與誘發因素相當多，如果沒有獲得妥善的診斷與治療，可能會發展成發炎性腸道疾病、克隆氏症、潰瘍性結腸炎。顯微鏡性結腸炎的案例之所以愈來愈多，那是因為醫生讓愈來愈多人接受活組織檢驗，看看是否有結構性損傷，希望透過這種方式來解釋患者腸道不適的問題。

我們知道缺鎂有損細胞壁的完整性，因為缺鎂會破壞細胞膜中重要的脂肪層，從而損害細胞膜的完整性，讓物質更容易從膜壁滲漏出去。如果能利用不會造成腹瀉的ReMag進行治療，將有助於治療顯微鏡性結腸炎造成的細胞膜滲漏，也不會像其他鎂產品一樣造成腹瀉、讓病情惡化。

某些食物會阻礙鎂的吸收

知道食物的含鎂量多寡縱然十分重要，但你還必須知道某些食物中的化學物質會阻礙鎂的吸收，舉例來說，有許多證據顯示高蛋白質飲食會讓缺鎂的狀況更嚴重，如果你的飲食型態屬於這一種，那就應該額外補充300毫克以上的鎂。

另一種可能造成問題的是茶中的丹寧酸，這種成分會和包含鎂在內的所有礦物質結合，並且將之排出體外。如果你懷疑自己缺鎂，最好不要喝紅茶

或綠茶，尤其別喝濃茶，如果不是很濃、很苦澀的茶，丹寧酸成分就沒那麼高，自然比較不會造成問題。

菠菜、甜菜及其他食物中的草酸，會和鎂及其他礦物質形成不溶於水的化合物，使得這些物質被排出體外、無法被身體吸收。烹煮蔬菜能除去大部分的草酸，所以要食用菠菜、甜菜及其他含大量草酸的蔬菜時，請用蒸的，不要生吃或打成果汁。

在教科書《健康與罹病者的腎臟與體液》關於腎結石的章節中，作者群提到：「腸道吸收過多草酸及小腸吸收不良的患者也有缺鎂的問題。若能補充體內的鎂，隨著尿液排出體外的鎂就會更多，而且草酸鎂的溶解度遠高於草酸鈣。」換句話說，如果讓你的身體充滿鎂，就能夠讓鎂與草酸結合，透過尿液將草酸排出體外。

草酸鎂的溶解度遠高於草酸鈣，正是這個原因，你絕對不會看到草酸鎂形成的腎結石；草酸鈣約占腎結石中的80％，血液中的鈣值高於鎂值時會形成結晶；腎結石、痛風、類風濕性關節炎、慢性外陰疼痛都會因為草酸而加劇。不過，要患者避免攝取草酸幾乎是不可能的事，因此，我會讓患者體內充滿鎂。

穀類或種籽的糠皮或外殼含有植酸，會形成不溶於水的化合物，與鎂或其他礦物質結合後會被排出體外，不會被人體吸收；在這個過程中會造成礦物質的流失。

要預防穀類或種籽的植酸與鎂等礦物質結合並不容易，你可以將穀類或種籽浸泡在水中八至十二小時來除去植酸，只是很少人會這麼做。不過，你可以改選擇購買發芽的葵花籽或南瓜籽。飲食中包含許多穀類和未發芽的種籽，雖然能夠補充許多珍貴的營養素，但我建議你最好額外補充因為植酸而流失的鎂。

黃豆也充滿了植酸，是豆類中含量最多的一種，而且最特別的是它無法透過延長烹煮時間來去除，唯有透過發酵（如同製作味噌與天貝的過程）才能減少黃豆中的植酸。這也是我建議大家只吃發酵過的黃豆產品，而不要食

用黃豆粉、豆漿及豆腐等的背後原因——如果你習慣用這些東西來取代肉類與乳製品，那就更要留意這個問題。

黃豆經濟實惠，是肉類的最佳替代品，所以，黃豆（具有大豆蛋白質與植物纖維蛋白質）經常出現在學校午餐與速食餐廳的蔬食菜單上。必須留意的問題是，攝取太多黃豆容易讓兒童缺乏礦物質，但正處於成長階段的他們其實非常需要礦物質，如此才能擁有強健的骨骼與牙齒，以奠定未來成年後的健康基礎。

此外，更年期的女性往往有過度食用黃豆（因為黃豆含有天然的植物性荷爾蒙）的情況，這同樣也會導致缺乏礦物質的情形。另一個要注意的問題是，黃豆中的植物性荷爾蒙雖然對年長婦女有所幫助，但它卻是避免兒童在成長中攝取過多未發酵過的黃豆食品的原因。

垃圾食物也缺乏鎂

即使你吃的是蛋白質占比適當的健康飲食，如果每天能額外攝取150毫克的鎂，還可以讓健康情形大幅提升。

我想要特別提醒的一點是，如果健康的飲食都有可能讓你缺鎂，那麼不良的飲食絕對會嚴重影響你的健康。

我們生活在一個奇怪的時代，人們一邊瘋狂地觀看美食節目，一邊狂吞垃圾食物。正如我之前所言，垃圾食物的熱量約占所有人每日攝取熱量的25％，購買食物的費用中，有70％都花在加工食品上，實在令人震驚。喝汽水和非酒精飲料的人很可能會缺鎂，因為糖分會耗盡鎂；許多汽泡飲料和加工食品（例如午餐肉和熱狗）都含有磷酸鹽，會和鎂結合形成不溶於水的磷酸鎂——使鎂無法被人體吸收。

第 **2** 部

缺鎂讓人百病叢生

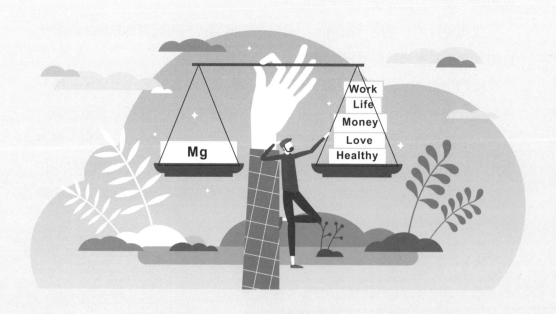

在了解鎂的重要性之後，我們將進一步探討困擾現代人的諸多病症中，有哪一些與鎂的缺乏息息相關，而鎂又在當中扮演著什麼關鍵性角色。

焦慮與憂鬱

焦慮與憂鬱往往被認為肇因於情緒性因素，然而，當中的罪魁禍首卻很有可能源自於鎂的缺乏。

光是與缺鎂有關的情緒性症狀就有焦慮的行為、過度情緒化、漠不關心、恐懼、記憶力變差、憤怒、緊張、疲勞、頭痛、失眠、暈眩、突發性緊張、心悸等。

偏頭痛與疼痛

從頭痛藥廣告的普及率可以得知，疼痛已成為「全民疾病」，不過，這些廣告沒有告訴你的是，缺鎂和頭痛有很大的關聯，光是每天服用200毫克的鎂，就能幫助80％的頭痛患者有效減輕偏頭痛症狀。

腦部損傷等問題

鎂可以保護腦部，讓腦部受傷後（包括中風、車禍等）的復元情形更佳。鎂不但能降低中風的發生率，在中風後注射鎂，甚至能讓癱瘓病人有「中等到重大的改善」。

膽固醇與高血壓

降高血壓及膽固醇的藥有許多危險的副作用，包括影響肝功能、產生血栓，甚至是中風，而鎂是安全有效的膽固醇抑制劑及降血壓劑。

心臟疾病

冠狀動脈導致的心臟病，往往是因為動脈粥狀硬化或血管痙攣。鎂能調節血管內的含鈣量，有效防止血管痙攣——粥狀硬化斑塊的鈣化、血塊、動脈痙攣都可能是缺鎂所引起的。

肥胖與代謝問題

高糖飲食與肥胖盛行率高度相關，當身體得分泌更多胰島素來處理高糖飲食時，腰圍便會隨之增加，也會導致新陳代謝症候群。在分泌胰島素及使胰島素運作時，鎂都扮演了關鍵的角色。

生理期疾病

針對婦女所進行的研究指出，在月經來臨前事先服用鎂劑，能夠避免經痛、經期頭痛等疼痛的發生。

懷孕相關

鎂可以治療妊娠所引發的高血壓問題，臨床實驗的結果也顯

示，懷孕期間服用氧化鎂能降低子癲症、早產、嬰兒猝死、先天缺陷、腦性麻痺的機率。

缺鈣和補鈣

鈣是營養界的超級巨星，然而，過多的鈣會阻礙鎂的吸收與運作。一旦鎂發揮不了功用，身體便無法正確的利用鈣（例如用來建構骨質），而是沉積在腎臟、血管中，造成結石、血管硬化等問題。

第 **3** 章

無所不在的
壓力、焦慮和憂鬱

Mg⁺ 關於鎂、焦慮和憂鬱，你必須知道的事……

❶ 鎂能支援腎上腺。我們的腎上腺會因為壓力而過度疲勞，進
而導致身體缺鎂。以研究壓力聞名的加拿大醫生漢斯・塞利
（Hans Selye）表示，當人體從短期的「戰或逃反應」轉換到長
期的壓力反應時，鎂會被消耗殆盡，此外還可能會出現焦慮、
憂鬱、肌肉無力、疲勞、眼部抽搐、失眠、厭食症、冷漠、憂
慮、記憶衰退、迷糊、憤怒、緊張和心跳加速等腎上腺疲勞症
候群。

❷ 讓我們「感覺快樂」的血清素，是一種大腦化學物質，可以靠
百憂解這種藥物進行人工催化，它的製造和功能發揮都需要仰
賴鎂。

❸ 鎂缺乏症已知與睡眠失調有著密切關係，睡眠失調也可能導致
或提升焦慮。

開車過橋恐慌到快死掉的妲西

妲西一年來天天都會開車路過一座一‧六公里長的橋，為何某天早上會突然覺得自己如果不馬上靠邊停車就會死掉呢？她不斷冒汗，心臟狂跳，覺得一陣反胃、喘不過氣。這到底是怎麼一回事？幸好她帶著手機，連忙打電話給摯友莎拉。在莎拉的開導下，妲西終於冷靜下來，安全的開車過橋。

後來，她和莎拉談起這件事並試圖找出原因，她說自己好幾個星期以來都只採取液態的蛋白質飲食，莎拉向她指出，這很可能造成她體內營養不均衡，也跟她說自己早就提醒過她，這種飲食可能會對身體造成危害。接著，她們倆一起檢視了妲西所服用的營養補充品，結果發現妲西沒服用醫生建議的鎂，於是莎拉拿起一本健康百科，查到缺鎂會造成突發性恐慌症。

如果莎拉繼續看下去，就會發現採取液態的蛋白質飲食時，身體所需要的鎂會比平常還要多，幾十年來也有很多資料指出，採取這種飲食可能造成的危險。由於妲西只攝取了蛋白質，因此造成了可怕的恐慌症發作，幸好她及時發現自己可能有鎂缺乏症，沒讓問題嚴重到醫生必須開立鎮定劑來治療恐慌的症狀。

造成妲西恐慌症的原因不只是因為缺鎂，也包括她的身體需要額外的鎂。除此之外，高蛋白飲食會造成血糖過低，當血糖過低時，身體會釋出腎上腺素讓血糖回升到正常值，好讓腦中能有這種重要的營養素，以維持正常運作。

腎上腺素的作用是讓心跳加快，並且讓肝臟釋出儲存的血糖，有時候大家會把突然分泌腎上腺素的情形視為突發的恐慌症，耐人尋味的是，<u>要讓血糖維持穩定，也非得有鎂不可。</u>

✦ 腎上腺素的兩面刃

腎上腺素就像一種不穩定的促進劑，會讓你一直亢奮，卻無處宣洩。

「壓力會造成缺鎂，缺鎂會讓人感到壓力更大」並非只是理論，在透過靜脈注射腎上腺素的實驗中，發現受試者的鎂、鈣、鉀、鈉值都會降低。經證實，當你處在亢奮狀態和燃燒腎上腺素時，你也正把鎂消耗殆盡。受到腎上腺素大量分泌影響的重要新陳代謝活動超過十種，包括心跳、血壓、血管收縮和所有的肌肉收縮，其中也包括心臟；這些功能要正常運作都需要鎂。當這些實驗停止靜脈注射腎上腺素時，人體大約三十分鐘後恢復正常，在此期間鉀的數值上升，而鎂要恢復到正常狀態卻得花更長的時間。

醫生沒給你的健康建議

女性朋友往往比較注意自己的情緒，因此會把恐慌症發作視為心理不平衡，並且去尋求醫生的協助，結果往往只拿回了抗憂鬱藥物，而不是得到改善健康的建議——例如均衡飲食、多運動、服用適當的營養補充品等。

經一些臨床試驗證實，不一定要腎上腺突然大量釋出腎上腺素，鎂缺乏症本身可能就會導致焦慮和憂鬱。一項2016年的文獻回顧研究指出：「在治療輕度焦慮和與經前症候群有關的焦慮方面，鎂會有所幫助。」

長期缺鎂的症狀包括焦慮的行為、過度情緒化、冷漠、憂慮、記憶衰退、迷糊、憤怒、緊張、肌肉無力、疲勞、頭痛、失眠、頭昏、暈眩、突發性神經衰弱、喉嚨鯁住、喘不過氣、肌肉痙攣（包括腿抽筋）、皮膚有刺痛感或蟲子爬過的感覺、心跳加速、胸痛、心悸、心律不整等，請見第一章「與缺鎂有關的一百項因素」（P069）。

就連換氣過度（也許伴隨焦慮）也可能使鎂值驟降，這是為什麼呢？換氣過度會使血液的鹼性超過原有的標準，而鹼性必須透過鈉、鉀、鈣和鎂在複雜的交互作用下進行中和，但不管怎麼說，藉由服用鎂補充劑來應付焦慮，絕對沒有對著紙袋換氣那麼招搖。

在急性壓力期間，體內爆發的腎上腺素可能導致焦慮和恐慌症，我相信這麼說是相當可靠的。由於壓力會變成慢性的，漸漸損耗你的腎上腺，所以你可能會陷入憂鬱的狀態。

壓力與鎂

如果腎上腺素經常受到刺激而釋放腎上腺素，在長期的壓力下，腎上腺會被損耗，而腎上腺素的釋出可能會變得很不穩定。有些替代醫學的治療師把這個情況叫做「腎上腺疲勞」。不過，從對抗療法的觀點來看，腎上腺的功能不是好就是壞，沒有中間地帶。腎上腺機能不良又叫做「愛迪生氏症」，需以皮質類固醇普賴松（prednisone）治療。

以研究壓力聞名的加拿大醫生漢斯‧塞利表示，當人體從短期的「戰或逃」反應轉換到長期的壓力反應時，鎂會被消耗殆盡。腎上腺會製造壓力荷爾蒙，其中一種是正腎上腺素，作用跟腎上腺素一樣，屬於短期的壓力荷爾蒙；另一種叫皮質醇，屬於糖皮質激素的一種類固醇激素。人體製造皮質醇的地方，就在腎上腺裡的腎上腺皮質的束狀區，在遇到慢性壓力和低血糖時，它就會被釋放出來，皮質醇升高表示有慢性壓力。製造正腎上腺素和皮質醇都會消耗大量的鎂，而且這兩種激素可以被同時活化。

慢性壓力可能來自於不安全和受到威脅的感覺，或是曝露在化學物質、重金屬或噪音之下，這些東西都會攻擊神經系統，並且使免疫系統過勞。舉例來說，有一項研究顯示，工業環境中的持續性噪音會引起血清鎂大幅提升（因為鎂從組織中被釋放出來）和尿鎂大幅提升（表示缺鎂，鎂隨尿意流失），而且這種情況在曝露於該環境後會持續四十八小時。

✦ ✦ 焦慮 打破腎上腺素消耗鎂的惡性循環

為什麼你會從一個冷靜的人（神經系統在掌控之中）變成一個焦慮、害

怕的人呢？我想那是因為儲存在體內的鎂長期逐漸減少。當你的身體因為各種原因感受到壓力時，原本儲存起來的重要礦物質——鎂，就會被釋放到血液裡，然後你會立刻變成有應變能力的人。你既冷靜又警覺，你的親戚朋友都以為你就是那樣的人，但事實上那跟你體內儲存了多少鎂有關。

假如壓力持續下去，而且你在這段期間並未放鬆或補充鎂，你的鎂總有消耗殆盡的一天，然後在你面對下一次的壓力時，壓力荷爾蒙（腎上腺素和皮質醇）倘若沒有儲存的鎂可以活化，你將無法保持冷靜。相反的，腎上腺素會使你的心跳加速、血壓上升、肌肉緊繃，隨時做出戰或逃反應。

數百萬人嘗試服用藥物或透過上癮的行為（例如暴飲暴食、抽菸、酗酒或服用來路不明的藥）來解決問題，但都徒勞無功。美國有32％的國民遭受焦慮、憂鬱和藥物的問題，但這數百萬人並未適當地用鎂來治療壓力反應，而是順著醫療體系的引導去服用治療精神疾病、使人感到快樂的藥物，或是接受心理諮商以應付源自於缺鎂的各種症狀。

你有壓力、睡不著、緊張、煩躁等困擾，而且不知道只要服用鎂補充劑就能把你拉出那個無底深淵。所有的這些症狀都是相互交織的，從以下案例可以看到，有人很幸運地發現他們大部分的痛苦都源自於鎂缺乏症。

在今年的早些時候，我們一位非常特別的朋友有一段時間過得不好。她有一位很親密的親戚飽受肝衰竭之苦，另一位親戚罹患攝護腺癌——即使飲食情況良好且按時服用營養補充品，但最近的檢驗報告指出他的攝護腺特定抗原偏高。

我朋友承受著極大的壓力，不斷感到焦慮且胸口持續又緊又痛。我建議她試試她先生正在服用的ReMag，也許能改善情況。我想她大概認為情況不會因此改善，也覺得這麼做只是浪費而已。幸好她還是嘗試了，只過了幾天，她就說感覺改善了。她的胸痛和夜間抽筋已經消失，持續的緊繃感也放鬆到她覺得能應付的程度。

　　遺憾的是，她罹患肝衰竭的親戚在幾個禮拜前去世了，不過她說ReMag真的幫助她度過了壓力大到不得了的日子。

　　　○　　○　　○　　○　　○　　○　　○　　○

　　之前我連續兩週使用ReMag來治療我的焦慮，而且後來感覺真的改善很多。目前我一天服用兩次，每次1茶匙。

　　　○　　○　　○　　○　　○　　○　　○　　○

　　現在我睡得很好，幾乎沒有或根本感受不到焦慮，也幾乎不再有心悸的問題──在此之前，我遭受心房顫動和焦慮的問題已經將近十年了。我在晚上的時候比從前更強健且有精神，而且在一整天裡可以做很多很多的事，這是過去我缺乏某種反應時無法做到的；現在我真的能夠放鬆和平靜下來。我一直按時服用ReMag和ReMyte，以及ReAline和RnA滴劑。有時候我無法喝完鹽水，不過這是我每天要達成的目標。

　　　○　　○　　○　　○　　○　　○　　○　　○

　　我正在使用您所有的配方和土壤益生菌，我感覺好極了！我的夜間盜汗消失了，也不再發生克隆氏症。一切都大為改善，我不再有焦慮的問題，活力也增加了。人生如此，夫復何求！

　　　○　　○　　○　　○　　○　　○　　○　　○

　　我只想向您說聲謝謝！因為您，我的人生又充滿希望！我的

症狀都屬於鎂缺乏症——那是我從來沒有想過的。像是低血壓，我以為那是好事情，但是血壓曾經低到讓我嚴重暈眩。在幾乎無法起床的隔天，我去看了醫生，她說她很驚訝我居然還能站著！她為我做靜脈注射礦物質，並且叫我喝開特力運動飲料，不過我改喝鹽水，就跟您建議的一樣，我有鎂缺乏症所引起的肌肉緊繃和焦慮，這些症狀早在十九年前停經時就開始了，當時醫生開了贊安諾（Xanax）給我！現在我可以逐漸停止服用那種藥了。我還有許多其他瑣碎的症狀，都是因為鎂缺乏症！

焦慮是因為大腦過度興奮還是腎上腺素飆升呢？很可能兩者都是。一直處於放電模式的神經元之所以無法關閉，那是因為沒有足夠的鎂來中和鈣（鈣觸發神經元放電）。神經元會一直放電，直到細胞崩塌。

1995年有一項重要的研究指出，經腦波測量系統揭露，即使是輕微的缺鎂也可能引發大腦過度興奮。該研究持續了六個月，在前三個月裡，有13名女性每日攝取115毫克的鎂，這是很缺乏的量，因為它只有「建議膳食攝取量」的30%。在此期間，她們的腦波圖顯示大腦過度興奮。在後三個月裡，她們每天攝取315毫克的鎂——很接近「建議膳食攝取量」為女性所建議的360毫克。

在這樣的劑量之下，從腦波圖中可以看出，在六週的時間裡大腦功能有了大幅的進步，並且降低了興奮程度。類似這樣的研究使我深信，應該建議有明顯缺鎂症狀的人攝取「建議膳食攝取量」的兩倍。

壓力在我們的日常生活中相當普遍，普遍到我們對它和它所試圖傳達給我們的「慢下來」訊息感到麻木。焦慮是一種化學反應，發生於當腎上腺對壓力事件有所回應而釋放腎上腺素的時候。當你嘗試逃離一個危險的情況時，腎上腺素會非常有用，因為它會激發「戰或逃反應」：你的心臟開始跳得更快，消化作用變慢，肝臟把庫存的能量釋出給心臟、肺臟和肌肉，你手臂和腿部的肌肉被活化；而且，所有的這些反應都需要鎂，所以每次當你感

受到某種壓力時，你體內庫存的鎂就會被取出來以降低壓力反應，並維持體內數千種酵素活動的持續進行。

然而，鎂被耗盡這件事本身就會對身體造成壓力，進而導致恐慌症的發作，並引發更大的壓力。<u>腎臟過勞不僅會把鎂消耗殆盡，也會在壓力下釋放更多的腎上腺素。</u>如果你的鎂濃度已經很低了，你會更容易感到易怒、緊張、急躁或隨時爆發，所以為了平息焦慮，你需要每天補充鎂。

在身體對壓力做出反應時，也需要鈣來刺激腎上腺素的分泌，但是過多的鈣可能導致腎上腺素大量噴發。然而，擁有足夠的鎂就能緩衝過多的鈣，使鈣維持在正常的濃度範圍裡，以免做出過度的壓力反應。鎂十分重要，因為它能自然地減少神經的興奮程度，並降低神經細胞周圍的鈣濃度。鎂的這項功能對於心臟病和其他由壓力所引起的疾病來說也很重要。

一項動物研究指出，<u>鎂能調節「下視丘—腦垂腺—腎上腺軸」</u>，研究人員限制小鼠對鎂的攝取量，結果增強了它們與焦慮有關的行為。這些化學上的發現，顯示出血清促腎上腺皮質素濃度的提高，表示壓力反應正在加速進行。在這項研究的另一組裡，抗焦慮和抗憂鬱藥物治療改善了焦慮症狀。現在的問題很明顯：為什麼他們不提供鎂給可憐的小鼠就好了？

✦ ✦ 憂鬱 讓你情緒平衡的血清素需要鎂

哥倫比亞大學的社會流行病學家米爾納・威斯曼（Myrna Weissman）指出，憂鬱的人愈來愈多，不僅有年輕化的趨勢，他們甚至很頻繁地感受到更為嚴重的憂鬱。在20世紀出生的每一個世代，都比之前承受更多的憂鬱，而且自第二次世界大戰以來，憂鬱的整體比率已經增加了一倍以上。《普通精神病檔案》裡的一項研究指出，自1970～1992年，憂鬱的女性增加了一倍，導致精神病藥物的使用急遽攀升。

人們不會因為缺乏煩寧、百憂解而產生焦慮、恐慌症發作或憂鬱，我

們的身體不需要這些物質來進行重要的代謝作用，但是，我們卻可能因為缺乏身體所需要的鎂而產生一大堆心理症狀，只是我們把上癮的東西從糖、酒精、藥物和菸換成處方藥而已。那麼，不去檢查可能是原因的根本代謝問題，合理嗎？

精神科醫生太常靠處方藥來治療病人，卻不會把眼光放在身心的代謝功能上——當缺乏某些營養素時，代謝作用就會出問題。焦慮和憂鬱往往屬於營養缺乏的疾病和化學敏感，但肯定不是因為缺乏藥物造成的。

在一項涵蓋將近500名憂鬱者的研究中，考克斯和謝利博士（Drs. Cox and Shealy）揭露了一項驚人的發現：那些患者大部分都缺鎂。

我在更年期時，些許感受到憂鬱症是什麼樣子：那就像一股潮熱襲來之前，有一種不愉快的感覺向我逼近，但是那種可怕的感覺在幾秒鐘之後就消失了，隨之而來的是一股潮熱。每一次發生時，我都沒有意識到它只是潮熱即將來臨的預警，我完全陷在當下的情緒裡。

那種不愉快的感覺和潮熱最後都會消退，但此後我也知道憂鬱的症狀可能是因為消耗了大量的生物化學物質，這便是為什麼我真的相信鎂在預防和治療憂鬱方面是極為有用的。

不過，<u>我絕不會說缺鎂是造成憂鬱的唯一因素</u>，我常常推薦用超級營養組合來治療憂鬱和躁鬱症——那就是EMPowerplus Advanced，這是一種複合維生素、礦物質和胺基酸化合物，已於包括哈佛大學在內的十九所大學進行了研究，並在同儕評論的醫學期刊上發表過三十篇文章，顯示其安全性和80％以上的有效性——其他治療憂鬱症和雙向情感障礙的藥物只有約40％的效果，該產品可於www.TrueHope.com購得。我在後面「改善焦慮和憂鬱」的飲食建議也會提到它。

發表於2016年的〈膳食鎂的攝取以及憂鬱症的發生率：二十年追蹤研究〉，宣稱自己是第一個歷經二十年追蹤以報告男性的鎂攝取量和憂鬱症發生率之關係的前瞻性研究，我認為值得查看它的參考文獻。這樣看起來，研究學者們早已證實憂鬱症和鎂之間的關係，然而，醫學界卻不曾注意到這一

點。同一個研究群體也在更早的2009年發表過一項研究，該研究發現鎂的攝取量和焦慮、憂鬱都有關係。

也許是研究學者報告成果的方式阻止了醫生追趕鎂的潮流。那個2016年的二十年追蹤研究，其結論不但沒有大力疾呼「鎂的攝取量也許對憂鬱症的風險造成影響」，反而淡淡的說：「需要以進一步的研究來確定，攝取充分的鎂對預防或治療憂鬱症是否有影響。」

我的天啊！那些鎂研究學者為什麼不走出他們的象牙塔，去做出明確的聲明、叫醫生都聽他們的？有這麼多生命危在旦夕！相反的，他們只會做觀察，從不下定論，然後繼續索求經費做永無止境的研究，但同一時間，公眾都在等著科學告訴他們該怎麼做！

讓我來說明一下鎂緩解焦慮和憂鬱的方法吧。

你也許很熟悉血清素，它是人體內讓大腦「感覺舒服」的天然物質。<u>鎂對於血清素來說很重要，因為它是製造血清素的必要元素，也是大腦和腸細胞釋放及攝入血清素的必要元素</u>。當鎂的量適當時，人體會產生足夠的血清素，你的情緒是平衡的；當壓力將鎂消耗殆盡時，會產生失控的惡性循環，可能使人意志消沉。

2014年的〈飲食因素在精神疾病中的角色〉研究報告指出：「腦脊髓液中鎂濃度低的人，其腦脊髓液的5-氫氧靛基醋酸（血清素的代謝物質）濃度也低，代表缺乏血清素。」相較於控制組，憂鬱情節重大的病人，他們腦脊髓液中的鎂濃度比較低，而且試圖自殺者的濃度更低。該報告的結論是：「缺乏鎂可能導致憂鬱、行為及個性的改變、凡事漠不關心和焦慮。」

然而，製藥業不但不檢視精神疾病中的飲食因素（包括鎂缺乏症），反而把焦點放在研究以「選擇性血清素再吸收抑制劑」（例如百憂解）來治療憂鬱症，他們把資金投注在血清素的化學效應上，卻不提供血清素真正需要的──鎂。

「選擇性血清素再吸收抑制劑」的功能，是藉由防止血清素分解和排除，在人體內製造出高濃度血清素的環境。不過，血清素在大腦裡待久了，

「理論上」會使人容易發脾氣，而且每個人對自己大腦化學物質操作的反應都不一樣——對某些人而言，血清素濃度長期偏高也許能紓解他們長期的憂鬱；對某些人而言，藥物可能導致焦慮和易怒。

這些藥物也許能改善少數、數量並非微不足道的一小群人的冷漠，而且時間剛好長到足以制止自殺或殺人的想法。還有些人不容易產生情緒起伏，既不會哭也不會笑，沒有極端的沮喪或狂躁，日子過得很單調——這就是我的病人瑪姬的情況。

瑪姬不再服用百憂解

瑪姬有在服用百憂解，但拚命想擺脫它，因為她無法哭泣也無法感受真正的情緒。瑪姬把份量減到1顆10毫克藥錠的四分之一，但是不敢停用，因為害怕憂鬱症復發。她也有高血壓、高膽固醇、間歇性肌肉痙攣和便祕——這一切都是缺鎂的跡象和症狀。我要求瑪姬做鎂濃度檢測，但她的心臟科醫生說那是正常的，他說她不需要鎂，而是應該服用開給她的五種藥物來控制她的症狀。

瑪姬的基層醫療醫生認為，她每況愈下的肌肉痙攣應該是因為腿部有血栓。我們沒有時間把血液樣本送到能做紅血球鎂濃度檢驗的實驗室，所以我鼓勵她服用300毫克的鎂，一天兩次，然後做杜卜勒超音波檢查來找出血栓。幸好，檢查結果並沒有血栓，瑪姬不用為了治療血栓而服用更多的藥物，而且鎂已經發揮緩解症狀的作用了。幾個月後，瑪姬終於停掉最後一點的百憂解，重新找回笑和哭的能力。

我不會告訴一個重度憂鬱症的人，說他／她所需要的一切就是服用鎂。我不會宣稱自己能治療憂鬱症，雖然很多人跟我說，我的「補體配方

（Completement Formula）」確實能改善這個狀況。相反的，我建議大家到www.TrueHope.com參考EMPowerplus Advanced。

改善焦慮和憂鬱

飲食建議

- 刪除酒精、咖啡、白糖、白麵粉、麩質、油炸食物、反式脂肪酸（存在於人造奶油、烘烤、油炸食品和以部分氫化油製作的加工食品裡）。
- 如果你吃動物性蛋白質，要選擇有機的草飼牛、散養雞和雞蛋，還有魚（尤其是野生捕捉的鮭魚）。
- 如果吃蛋奶素，要選擇發酵過的乳製品、去乳糖起司和ReStructure蛋白粉（它沒有酪蛋白，含極低乳糖的乳清蛋白，以及豌豆和米蛋白）。
- 純素蛋白的選擇包括豆類、無麩質穀物、堅果和種籽。
- 吃健康的碳水化合物，像是各種生的、烹調和發酵過的蔬菜，一天2、3片水果和無麩質穀物。
- 納入附錄A P432 中富含鎂的食物，以及附錄B P435 中富含鈣的食物。
- 在脂肪和油的方面，要選用奶油、橄欖油、亞麻籽油、芝麻油和椰子油。

營養補充品建議

- **ReMag**：使用以皮米為單位的極微小而穩定的鎂離子，就能達到具療效的量而不產生腹瀉效應。先從每天¼茶匙（75毫克）開始，漸漸增加到每天2～3茶匙（600～900毫克）。把ReMag添加到1公升的水中，在一整天裡偶爾啜飲一下，以達到完整的吸收效果。
- **色胺酸**：睡前空腹服用1～2顆500毫克的膠囊。這種胺基酸會轉換成血清素，功效就跟百憂解一樣，但是沒有副作用。
- **ReMyte**：以皮米為單位、極微小粒子的十二種礦物質溶液。每次½茶

匙，一天三次，或取1½茶匙，和ReMag一起添加到1公升的水裡，啜飲一整天。

- **ReCalcia**：以皮米為單位的穩定鈣離子、硼和釩。如果你從飲食中攝取不到足夠的鈣，就每天服用1～2茶匙（1茶匙提供300毫克的鈣）。可以和ReMag及ReMyte一起服用。

- **ReAline**：維他命B群加上胺基酸。每天兩次，每次1粒膠囊。它含有食物性B_1和四種甲基化維他命B（B_2、B_6、甲基葉酸和B_{12}），再加上左旋蛋胺酸（穀胱甘肽的前驅物）和左旋牛磺酸（有益於心臟和減重）。

- **聖約翰草**：服用300毫克的標準萃取物，一天三次，能有效緩解輕微到中度的憂鬱症。

- **EMPowerplus Advanced**：經過二十七個科學臨床試驗證實，這個來自於www.TrueHope.com的高效維他命、礦物質和胺基酸配方，能夠有效治療憂鬱和躁鬱症。

紓解壓力

運動是緩解焦慮和憂鬱的絕佳良方，你可以嘗試散步、騎單車、瑜伽、皮拉提斯、療癒運動T-Tapp和游泳。紓解壓力的其他方法包括禱告、冥想、泡澡、寫日記和情緒釋放技巧。

由於憂鬱症的影響深遠，甚至可能危害生命安全，因此不難理解醫生為何會採取非常手段來治療這種病症，然而，這些非常手段卻不一定能奏效。許多醫生不夠了解的部分，就是疾病與營養之間的關聯，缺鎂是各種憂鬱症的潛在原因，因此所有的治療應從適量服用這種寶貴的礦物質開始。

✦ 失眠 鎂有助於進入深層睡眠

我們把睡眠視為理所當然——直到我們開始失去它！失眠的原因多不勝

數，而且其中有許多若不是由鎂缺乏症所引起，就是可以用鎂補充劑來治療。失眠的原因包括：多種藥物治療、咖啡因、酒精、心臟病、心律不整、夜間皮質醇飆升、不寧腿症候群 (P142)、疼痛、荷爾蒙改變、恐懼、壓力、焦慮、胃灼熱、便祕、憂鬱、失智症、強迫症、注意力不足及過動症、關節炎和運動後恢復力不足等。我在本章會討論到這些情況，並且說明它們和缺鎂之間的關係。

　　失眠實際上是鎂療法首先緩解的症狀之一。在鎂療法的圈子裡，有一種說法是：「礦物質非常有效，如果有人抱怨鎂不能幫助他們入睡，那其實是他們攝取得不夠多。」

　　有許多睡眠研究證實了鎂補充劑的效用。然而，我發現令人感到挫折的是，鎂的睡眠研究一再重複，醫生仍然沒有得到相關訊息，無法把有用的資訊傳遞給他們的病患。就算他們真的會推薦鎂，他們推薦的通常是只能發揮一點作用的氧化鎂，而且通常會引起嚴重腹瀉，病人往往因此中斷治療。

　　鎂要怎麼幫助我們入睡呢？焦躁不安又緊繃的肌肉會讓你無法進入深層睡眠，因為緊繃的肌肉會令你保持高度警覺、易受刺激，導致任何聲響、甚至活躍的夢境都可能讓你醒來。鎂能夠放鬆緊繃、痙攣的肌肉，如此一來，你便能達到較深層的睡眠。還有許多其他的機制，我會做簡短的說明。

- γ-胺基丁酸（GABA的化學名稱就是γ-胺基丁酸）是中樞神經系統的主要抑制性神經傳導物質，因此，γ-胺基丁酸受體的活化有助於睡眠。鎂能夠與γ-胺基丁酸通道鍵結，然後提升它們的功效。
- 有一個睡眠研究報告，在以睡眠藥物治療的小鼠身上觀察到由於缺鎂所引發的類似焦慮行為。
- 鑽研鎂和睡眠之關係的研究指出，口服鎂能改善與年齡有關的神經內分泌和睡眠腦波變化。
- 鎂補充劑能改善睡眠狀況不佳的年長者（五十一歲以上）的缺鎂症狀和發炎壓力。

- 鎂能減緩由交感神經刺激、運動和睡眠問題所引起的心搏加速。
- 有兩項研究顯示，長期睡眠不足會減少細胞內的鎂，增加心搏速率、提高血漿中的兒茶酚胺濃度。
- 有一項研究發現，大鼠的飲食中缺乏鎂，會降低血漿中的褪黑激素濃度。

易導致失眠的不寧腿

　　過去幾年來，我收到大眾無數的報告，說當他們服用具有療效劑量的鎂時，他們的不寧腿症候群就得到改善，甚至消失了。除了缺鎂之外，可能造成不寧腿或使其惡化的因素包括缺鐵、帕金森氏症、腎臟衰竭、糖尿病、周邊神經病變、懷孕、極端的情緒壓力和各種藥物。許多常見的處方藥都會引起不寧腿症候群，包括用來治療躁鬱症和思覺失調症的抗精神病藥、抗憂鬱藥（尤其是選擇性血清素再吸收抑制劑）、止吐劑（治療噁心或嘔吐）和抗組織胺藥（存在於許多可從藥房直接購買的過敏和助眠藥物裡）。

　　服用藥物（至少一種以上）的美國人占了總人口的70％，考量到這一點，不寧腿症候群對於某部分的病人來說極可能是藥物副作用。病人之所以會出現藥物引起的不寧腿症候群，其根本原因可能源自於普遍由藥物所造成的鎂缺乏症。

　　一項針對治療不寧腿症候群和週期性腿部抽動症的2009年回顧性研究釐清了這一點，它指出，照護這兩種疾病的對抗療法標準是藥物治療，研究人員推薦的是行為療法——不是鎂。

　　然而，還有兩個關於鎂的研究：一個發表於1998年，它指出，在輕度或中度不寧腿症候群和週期性腿部抽動症患者身上，鎂療法也許是有效的替代療法。另一個研究發表於2006年，它發現，硫酸鎂可以緩解懷孕婦女的不寧腿症候群，不過，這項研究使用的是靜脈注射鎂，它對大部分的人來說也許不是一種可行或易行的療法。

　　以鎂來治療不寧腿症候群這種事，直到2012年前似乎不曾存在過——在《睡眠》雜誌中一項系統性的回顧和統合分析，根本沒提到鎂是治療不寧腿

症候群的可能療法，但它卻提到了，病人的鐵蛋白濃度偏低時可以使用鐵補充劑。用來治療不寧腿症候群的藥物數量已逐步上升，這是一大隱憂，因為藥物毒性可能會引發不寧腿症候群，所以用更多藥物來治療可能的藥物副作用是沒道理的事，除非有人先用鎂做了適當的治療。

在不寧腿症候群研究上有個遺憾的事實是，沒有資金去做關於鎂的可能功效的研究。不過我認為，已經有足夠的研究和軼事證明鎂的功效，所以大家可以自己做鎂的臨床試驗，親自測試它對自己的影響。

鎂是一種很安全的營養素，幾乎沒有副作用，應該用於治療不寧腿症候群的第一階段。請先做紅血球鎂濃度（P384）、鐵和鉀的血液檢驗來確定有沒有缺乏症，如果鐵濃度偏低，就透過食物來增加鐵質——肝（來自於散養的動物）、黑糖蜜、深綠色葉菜（例如菠菜）；如果鉀濃度偏低，就多吃蔬菜和喝富含鉀的高湯（食譜見附錄E（P440））；當然，如果你的紅血球鎂濃度低於6.0毫克／分升，那就需要服用鎂補充劑。

✛₊ 輔助睡眠的營養補充品

- **ReMag**：睡前額外服用½～1茶匙（150～300毫克）。
- **褪黑激素**：睡前一小時服用2～3毫克（在臺灣，褪黑激素是處方藥）。
- **5-羥色氨酸**：睡前半小時空腹服用50～200毫克。
- **啤酒花、纈草和美黃芩綜合草藥**：睡前服用1～2顆500毫克的膠囊。

✛₊ 音樂壓力 玩音樂別忘了補充鎂

我有一位紐約廣播電臺的聽眾，聽到我提及噪音造成缺鎂的問題時，立刻打電話進來，說她兒子開始玩樂團後的幾個月，眼皮就開始莫名地跳，

在聽了我的節目之後，才發現可能是因為缺鎂。她兒子的眼皮之所以會開始跳，很有可能就是身體發出的警告，告訴他聲音的分貝過高已經造成身體的壓力。**高分貝的聲音會讓身體產生反射性的備戰反應——長期處在噪音之下，並不會讓身體因為習慣而自動忽略噪音**，事實上，由於身體時時都在努力適應噪音，因此會耗盡寶貴的鎂來完成這項任務。

連續幾天曝露在高分貝的噪音下，會讓身體經由尿液把鎂排出體外，若沒有透過良好的飲食和營養補充品來補足鎂，很可能就會開始出現缺鎂的症狀。雖然我確實認識一些吃素、也不抽菸喝酒的搖滾樂手，但這樣的人畢竟是少數；抽菸、喝咖啡、喝酒是搖滾樂手常見的生活型態，而這些都會造成缺鎂的情形。

音樂家比一般人更容易缺鎂

音樂家其實比平常人更需要補充鎂，他們準備表演時，免不了出現緊張、期待、焦慮的情緒——無論演奏的音樂類型是古典、搖滾、龐克、饒舌都一樣。為了應付焦慮與隨之而來的心跳加速問題，音樂家很可能會訴諸毒品、酒精，甚至是藥物。

恩特來（普潘奈）是一種 β-阻斷劑，通常用來治療心跳過快、高血壓與心律不整的問題，但這種藥也被稱為「音樂家的地下藥物」，用來對付演出前的焦慮。之所以會稱為「地下」，那是因為它是仿單標示外的用法，也就是說，美國食品藥物管理局並未核准將恩特來用於治療焦慮症。

有些小規模的研究報告顯示，音樂家在服用了 β-阻斷劑之後，會覺得自己對於表演不再感到那麼焦慮，因為恩特來之類的 β-阻斷劑會阻止身體對恐懼產生反應。

當你心跳加速時，手掌就會開始出汗，想要愈跑愈快，這就是「備戰反應」。腎上腺釋出腎上腺素，讓你的肌肉能夠快跑或戰鬥，但音樂家需要的是平靜，這樣手才不會因為發抖或出汗而滑掉；心臟也不能快速跳動，這樣大腦才不會聽不到應有的指示，或是看不到指揮或樂團發號施令者的動作。

對指揮或樂團領隊來說，因為身負表演成敗的關鍵，因此更容易提高他們的心跳速率和焦慮。

β-阻斷劑可用來減緩心跳，但包括恩特來在內的一些藥物，卻會同時造成氣管收縮，如果有氣喘，使用這種藥物就會相當危險，這些藥物也可能會讓鬱血性心臟衰竭、糖尿病、過敏反應、雷諾氏症（P162）的情形加劇。有些人只會在特殊場合服用低劑量的藥物，這或許不會產生什麼副作用，但服用的劑量若很高，讓身體在表演前必須仰賴β-阻斷劑才能鎮定下來，那就很有可能會付出慘痛的代價。

大部分的音樂家也許想不到服用恩特來可能產生副作用，他們很可能因為自己有需要，或是知道其他人也服用這種藥物，於是跟著服用；他們也很有可能不知道自己的性功能障礙、失眠、皮膚紅疹或許與這種藥物有關，更不知道這種藥會消除腎上腺素帶給他們的好處。更可能的情況是，對這些人來說，即便他們知道服用恩特萊會導致這些問題，或許還是會認為這是追求專業表現必須付出的代價。

他們所不知道的是，鎂其實安全又有效，不但能夠解決焦慮和壓力的問題，同時還能增加精力與表現的水準——這兩項都是恩特來會抑制的效果。最諷刺的是，服用恩特來會降低體內的鎂量，讓身體透過尿液排出更多的鎂。所以說，如果缺鎂是造成焦慮的原因，那麼服用恩特來只會讓情況變得更糟而已。

此外，音樂家經過長時間的練習，身體必定會產生乳酸，而鎂能減少乳酸堆積。常見於音樂家的反復性動作損傷，可以透過口服鎂或將液態鎂塗在受傷的頸子、肩膀及手臂上進行改善。更多鎂補充劑的資訊見第十八章。

最適合音樂家的口服鎂是ReMag，可以放在飲用水中啜飲一整天，而且應該再加上未精製的海鹽、喜馬拉雅山玫瑰鹽或凱爾特海鹽。提升表演成果的其他方式包括以均衡飲食克服低血糖的症狀（低血糖會引發焦慮）、冥想和放鬆治療、瑜伽、游泳、散步，以及用其他形式的運動來促進循環和燃燒多餘的腎上腺素。

恩特來不可以在懷孕期間服用，其各種副作用如下：

- **常見副作用**：性功能障礙、嗜睡、疲勞、全身無力、失眠。
- **少見副作用**：腹痛與腹部痙攣、焦慮、肺部氣管疾病、慢性心臟衰竭、便祕、憂鬱、腹瀉、頭暈、鼻塞、噁心、緊張、全身發冷、嘔吐。
- **罕見副作用**：顆粒性白血球缺乏症、過敏反應、過敏性休克、關節痛、背痛、胸痛、心臟傳導障礙、乾眼症、味覺障礙（金屬味）、紅斑、多形性紅斑、落屑性皮膚炎、產生幻覺、認知功能障礙、喘鳴、白血球減少症、做惡夢、眼睛敏感、姿勢性低血壓、咽頭炎、皮膚搔癢、牛皮癬發作、嚴重呼吸困難、史蒂文—強生症候群、血小板減少綜合症、毒性表皮溶解症。

如果你已經在定期服用恩特來的話，我不建議突然停藥。當你增加鎂的劑量且看到效益的同時，請記得和你的醫生商量如何減少用藥。

小孩壓力問題 遠離糖和攝取鎂

並非只有成年人才會因為飲食中缺鎂而感到焦慮，別忘了孩子們喜歡的食物往往都缺鎂，例如熱狗、披薩、汽水等。除此之外，孩子們的生活也充滿了各種壓力，像是同儕壓力、霸凌、擔心學業與運動方面的表現、擔心自己的外表、因為青春期造成體內荷爾蒙的起伏、在媒體上接收到負面與暴力

的訊息等，這些都會讓他們缺鎂。如之前所提到的，就連利用玩樂團來宣洩精力都可能是一項風險因子 (P143)。

很多醫生都輕忽兒童缺鎂的情形，但和成人一樣，同樣的因素也會讓他們缺鎂。注意力不足過動症、自閉症、青少年犯罪、兒童憂鬱症都和缺鎂有關，有些人甚至認為就是因為缺鎂才造成這些問題。

沙爾娜・歐夫曼（Sharna Olfman）博士是臨床發展心理學教授，她曾在《沒有孩子應該受到差別待遇》中表達她的擔憂。歐夫曼博士警告說，從1990年代初期到她的書出版時的2008年，美國兒童的精神疾病數量一直在攀升。她引用了美國國家心理衛生研究院的資料，估計美國有十分之一的兒童和青少年「遭受重度精神疾病的折磨，而且程度嚴重到足以造成重大的功能損傷」。她還提到，改變情緒的藥物已經成為「治療的首選，而非最後的手段」。同一時期，用於二十歲以下病患的藥物數量增加了三倍。在她的研究中，她發現「目前正在服用抗憂鬱藥物的兒童和青少年超過1000萬人，而且大約有500萬名兒童都在服用如利他能（Ritalin）之類的刺激性藥物」。

2005年，哥倫比亞大學啟動了一項名為「四十州青少年篩檢」的計畫，專門篩檢青少年和兒童的心理健康問題。遺憾的是，這樣的篩檢通常導致更多處方藥的使用。在幫孩子們開立利他能或百憂解之前，醫生應該先考量他們是否得到足夠的鎂。其實這些孩子只要**遠離糖和攝取鎂**，應該就能活得更快樂，而且不會受到那些強效藥物副作用的影響。

《兒童的超級免疫力》的作者里歐・葛蘭德（Leo Galland）博士指出，過動兒由於腎上腺素居高不下，因此需要更多的鎂。葛蘭德博士建議的量是6毫克／磅（1磅約0.45公斤）／天，例如一個40磅（約18公斤）的孩子其需求量是每天240毫克——我同意這樣的建議。藥片形式的鎂對幼小的兒童來說不易吞服，所以葛蘭德建議一天服用1茶匙～1湯匙的檸檬酸鎂（與水混合）。如果這個量可能導致某些孩子腹瀉的話，可改服用沒有腹瀉副作用的皮米鎂ReMag，每次½茶匙，一天兩次，偷偷放進果汁或思慕昔裡。此外，也可以把它放進噴瓶裡，當成皮膚滲透劑。

第 **4** 章

反覆的
偏頭痛、其他疼痛和
運動員問題

Mg⁺ 關於鎂和偏頭痛，你必須知道的事……

❶ 鎂可以防止血小板聚集，讓血液不會太過濃稠，以免產生小血栓，造成血管痙攣與偏頭痛。

❷ 鎂能讓肩頸肌肉放鬆，以免偏頭痛惡化。

❸ 鎂、維他命B$_2$（核黃素）、B$_6$和葉酸是治療及預防偏頭痛的重要營養素。

要命的偏頭痛

當眼前冒出金星、扭曲的線條令她作嘔時，瑪莎就知道偏頭痛的老毛病要犯了，她不但別想工作，還得在嚴重偏頭痛中損失至少一天。這幾年以來，可待因（codeine）和麥角胺（ergotarnine）等藥物已

幫不上忙，只會讓她在頭痛過後感到昏沉與疲勞。那種叫做翠普登（triptans）的神奇新藥物和Imitrex、帝拔癲（Depakote）、Midrin，不但無法幫忙減輕頭痛，反而讓她感到胸痛，反胃的感覺也更嚴重了。

在這種時候，瑪莎通常只能躺在幽暗的房間裡，用冷毛巾蓋在眼睛上，一點也不想吃東西，因為反胃的感覺實在太嚴重了。不過這一次，她不再喝零卡汽水來補充水分，而是改喝加入檸檬汁與天然果汁的礦泉水。

瑪莎的女兒──瑪麗──是名護理師，曾告訴她零卡汽水中的阿斯巴甜會導致頭痛，但瑪莎還是喜歡喝零卡汽水，她懷疑自己已經上了癮，每天平均都要喝上兩公升。她知道自己該有所改變才能不再頭痛，因為每天頭痛都會發作，每週更會出現一至兩次的偏頭痛。

在接下來的幾天，瑪莎開始覺得皮膚搔癢，同時也感到噁心、頭暈、憂鬱。她以為這些是服了偏頭痛藥物所產生的反應，但瑪麗卻告訴她這些是阿斯巴甜的戒斷症狀；她十分渴望喝零卡汽水，但瑪麗不准她碰這些東西。

瑪麗進一步尋找資料，看看該如何對付阿斯巴甜的戒斷症狀，最後，她買了一瓶檸檬酸鎂給她母親。每天服用三次，每次150毫克的劑量似乎立即見效了。

一週之後，瑪莎覺得自己的頭腦變得清明許多，不僅變得比較靈光，疼痛也減少了──她甚至是在關節與肌肉持續疲痛和緊繃的情形消失後，才發現自己原來有這些症狀。兩個星期不碰阿斯巴甜之後，她發現每天會出現的頭痛已經消失了，連一、兩週出現一次的偏頭痛也不見了，這讓她鬆了一口氣。

在嚴格戒掉阿斯巴甜的兩個月之後，瑪莎的頭痛或偏頭痛始終沒再發作，唯一一次的例外，是她在不知情的情況下吃了含人工糖精的食物──這點也讓她深信阿斯巴甜對她來說是毒藥，避開阿斯巴甜和攝取鎂才是解決之道。

✛✛ 偏頭痛 鎂是最重要的神經守護者

　　阿斯巴甜是一種神經興奮毒素，屬於酸性的胺基酸。當阿斯巴甜的量多時，便會讓腦中的特定受器產生反應，造成特定類型的神經元受損。

小心阿斯巴甜和味精

　　愈來愈多的神經科醫生與神經研究學者相信，神經興奮毒素是造成好幾種神經失調症的關鍵，包括偏頭痛、癲癇發作、兒童的學習障礙，以及神經退化疾病如阿茲海默症、帕金森氏症、亨丁頓舞蹈症、肌萎縮性脊髓側索硬化症（漸凍人）等。

　　麩胺酸和阿斯巴甜是兩種強大的胺基酸，它們是大腦中濃度很小的天然神經傳導物質，但也常被當成食品添加劑。

　　味精、水解植物蛋白及數百種加工食品裡，其實都含有麩胺酸。天門冬胺酸是代糖阿斯巴甜（NutraSweet、Equal為兩大常見品牌）的三大成分之一，這些單一胺基酸化學物質作為食品添加劑時的濃度較高，會不斷刺激腦細胞，可能導致那些細胞經歷一種叫做「興奮中毒」的細胞死亡過程——使細胞興奮至死。

血糖低時更要注意

　　我在第三章有觸及低血糖的議題，不過這個議題值得更多的關注，因為它可能與許多未診斷出來和遭到錯誤治療的症狀有關。

　　血糖過低時，腦部很容易受到興奮毒素的影響。若以重量的比例來算，腦部使用的糖（以血糖的形式）比身體其他部位要來得多。當你營養不良或不吃某餐時，很容易造成血糖過低；低血糖還會發生在腎上腺疲勞的人身上，這時身體會無法在血糖過低時釋出足夠的腎上腺素，讓儲存在肝臟裡的肝糖得以被分解、順利提升體內的血糖值。

　　鎂是負責平衡血糖的成分，只要有足夠的鎂並定時用餐，就能避免頭

痛、注意力不足過動症、情緒失調，甚至是經前症候群等與低血糖有關的問題。只要能透過安全的營養素與健康的生活方式來支持大腦，就不需要服用治療這些問題的藥物。

切斷細胞死亡的連鎖反應

在醫學上，低血糖的認定標準是血糖（葡萄糖）值降至50毫克／分升以下（正常值是80～110毫克／分升左右）。如果你吃含有許多糖和白麵粉的精製飲食，食物中的碳水化合物會被迅速吸收到血液裡，你的血糖會因此快速上升；當它達到某個值時，胰島素會進入血液，把過多的葡萄糖導入身體細胞，使血糖下降。

你吃的和吸收的糖愈多，胰島素也分泌得愈多，於是你的血糖值下降得愈快和愈低。突然且急遽下降的血糖值，不僅會觸及50毫克／分升的低點，還會引發腎上腺釋放腎上腺素，以確保血糖不至於低到讓你昏倒。不過，當腎上腺素動用儲存在肝臟裡的糖去提高你的血糖時，它也會引發「戰或逃反應」，讓你有焦慮或大難臨頭的感覺。你或許會以為自己是恐慌症發作，因為你並不知道你的症狀其實是低血糖所引起的。

這個時候，如果你吃含食用色素的西點或含阿斯巴甜的低卡飲料來提振精神或安撫自己，或者假如你正暴露在其他的環境毒素中，那麼你缺乏葡萄糖和缺鎂的大腦就更容易受到興奮毒素的影響。

如果你有鎂缺乏症，而且常常攝取阿斯巴甜，這不僅會增強毒素的效果，還有可能導致頭痛和偏頭痛。你可以很輕易地確認你的頭痛是不是由阿斯巴甜引起的——在飲食中刪掉阿斯巴甜，維持六天，你便可以自己判斷。如果你想盡量減少戒斷症狀，就在飲用水中添加ReMag和海鹽，啜飲一整天。更多關於鎂補充劑的資訊請見第十八章。

鎂有助於防止由低血糖、暴露在興奮毒素以外的環境毒素所引起的一連串事件——進而造成細胞死亡。

鎂是最重要的神經保護劑之一，它有助於捍衛我們的細胞，抵擋潛在的

環境神經毒素，像是殺蟲劑、除草劑、食品添加劑、各種溶劑和清潔產品。我會在第十五章提到更多關於鎂對老化、阿茲海默症、帕金森氏症和失智症的影響。

偏頭痛的機轉

美國人當中，約2500萬人有偏頭痛的問題，當中女性偏頭痛患者的人數比男性來得多，介於二十歲至五十歲之間的族群更是如此。下列因缺鎂所造成的生化反應都與偏頭痛有關，也可能會因此引發偏頭痛。

- 對尚未進入停經期的女性而言，雌激素的濃度會在月經來臨前增加，讓血液中的鎂進入骨骼與肌肉當中，這時腦中的鎂量會變低。
- 鎂值偏低時，無法阻止鈣讓血液結塊，細微的血塊會卡在腦血管裡，進而造成偏頭痛。鎂值過低時，其他物質也可能會讓血液結塊的情形增加。
- 鎂能讓肌肉放鬆、預防乳酸堆積，如果乳酸堆積又加上肌肉緊繃，可能會讓頭痛的情形更加嚴重。
- 大腦的鎂值偏低時，會促使神經傳導物質過度活躍及神經興奮，可能造成頭痛。
- 觸發偏頭痛的幾種情況也與鎂缺乏症有關，包括懷孕、喝酒、利尿劑、壓力和行經。
- 鎂能讓血管放鬆與擴大，以減少血管收縮或痙攣所造成的偏頭痛。
- 鎂能調節腦中的神經傳導物質和發炎物質，這些物質不平衡時可能造成偏頭痛。
- 鎂能抑制血小板的聚集，可預防微小血塊形成，以免阻塞血管造成頭痛。

你可以自己做試驗，以確認可能觸發偏頭痛的食物過敏原，透過<u>為期三週的飲食刪除法</u>，對食物做個別的測試，例如<u>麩質、乳製品、糖、酵母、玉米、柑橘和蛋</u>。

醫生的抗頭痛發現

在一項涵蓋3000名病患的研究裡，病患每天服用200毫克低劑量的鎂，其中有80%的人偏頭痛症狀獲得緩解。這項2001年的研究並沒有對照組，所以結果或許令人質疑，但是它激起了廣大的興趣，在鎂和偏頭痛的研究上引起一陣騷動。

偏頭痛的人缺乏的是鎂離子

紐約頭痛研究中心的亞歷山大·毛斯卡普醫生在這方面做了許多研究，他和探究偏頭痛及偏頭痛療法已有多年經驗的貝拉及柏頓·亞圖拉醫生夫婦合作，這個研究團隊不斷發現，偏頭痛和許多其他類型的頭痛的患者身上都缺鎂，更重要的是，鎂補充劑可以緩解頭痛。

毛斯卡普醫生和亞圖拉夫婦運用敏感的鎂離子選擇性電極進行了許多深入的研究，在第一批研究中的某一項研究裡，他們發現偏頭痛的人缺乏鎂離子，但不缺乏血清鎂。這種差異凸顯出缺鎂狀態和血清鎂之間缺乏關聯性，這是因為人體中的鎂存在於血液裡的只占1%而已。活性鎂的鎂離子測量法更貼近人體內鎂的總量，在判斷鎂缺乏症上才具指標性。

對鎂療法的不同見解

體內鎂離子數值偏低的偏頭痛患者在接受靜脈注射鎂之後，他們的症狀減輕了許多，減輕的症狀中也包括了對光與聲音敏感的情形，而後續對於偏頭痛病人的研究，也建立了一個普遍模式，證實了缺鎂在頭痛的形成中所扮演的角色。

研究人員發現，靜脈注射鎂能迅速且有效地減輕偏頭痛的急性發作，由於使用鎂相當安全，而且價格亦相當實惠，因此研究人員建議偏頭痛患者以口服的方式補充鎂，補充建議量為6毫克／每公斤體重／每日。

在我的臨床經驗裡，偏頭痛患者通常需要這個量的兩倍才夠。以一個約68公斤的病人來說，根據每公斤攝取6毫克的建議量來計算，其總量只有約

400毫克而已。至於醫生之所以不鼓勵病人攝取比「建議攝取量」多太多的鎂，大多是為了避免大部分鎂產品中常見的腹瀉效應。請參閱第十八章了解鎂補充的相關資訊，我也會介紹到不會產生腹瀉效應的鎂，讓偏頭痛患者攝取到具有療效劑量的鎂。

另一個研究團隊以「一天兩次，每次300毫克的鎂」的方式來治療81名持續性偏頭痛患者。服用鎂的那一組，偏頭痛的頻率下降了41.6％；服用安慰劑的對照組，只下降了15.8％。除此之外，服用鎂的那一組，偏頭痛的天數和止痛藥的攝取量也大幅減少。研究人員的結論是，高劑量的口服鎂看來能有效治療和防止偏頭痛。

到了2013年，毛斯卡普醫生「以鎂治療偏頭痛」在臨床上已經取得了足夠的成功經驗，也發表了足夠的報告並匯集成論文——《為什麼所有的偏頭痛患者都應該接受鎂療法》。「所有的偏頭痛患者都應該接受鎂補充劑的治療試驗。」毛斯卡普醫生熱情激昂的表示，「已有一堆研究證實，偏頭痛患者有缺鎂的現象。」

即便有一些雙盲、安慰劑對照試驗產生了不同的結果，但是，一如毛斯卡普醫生所提到的，這「極可能是因為這些試驗裡同時包含了缺鎂和不缺鎂的患者」。很顯然的，如果研究人員想證明缺鎂是偏頭痛的主因，那麼最重要的應該是——先以鎂離子測試來檢驗鎂缺乏症，否則研究結果會有嚴重的瑕疵。

毛斯卡普醫生同意我在第十六章所提出的主張——我們沒有現成的可靠檢驗法可以拿來測定鎂缺乏症。他說血清鎂濃度「完全不精確」是對的，正如他所指出的，紅血球鎂濃度檢驗更加可靠。一般大眾做這項檢驗的價格是四十九美元，十分公道。更多關於鎂值檢驗的資訊請見第十六章，你可以找到哪裡有不需要醫生處方的紅血球鎂濃度檢驗 (P384)。

不同於其他研究報告做結論時的支支吾吾，毛斯卡普醫生的論文做了宣示性的聲明：「考量到多達50％的偏頭痛患者可能從這個極安全又便宜的治療中獲益，我們應該推薦所有的偏頭痛患者使用這種療法。」

毛斯卡普醫生和我看法不一的地方在於鎂補充劑的種類：他建議每天服用400毫克的氧化鎂，但是如我在本書中所指出的，吸收研究證實，一劑氧化鎂只有4％被吸收，其餘的96％都成為強效瀉藥。毛斯卡普醫生也推薦使用天門冬胺酸鎂，但是如我在第十八章所提到的，神經外科醫生羅素‧布雷拉克<u>**不建議使用天門冬胺酸鎂**</u> P424，因為它可能成為大腦中的神經毒素和興奮毒素。

我在2016年再次詢問布雷拉克醫生在這方面的最新建議，他仍然建議大家不要使用天門冬胺酸鎂（或麩胺酸鎂）。他表示，即使天門冬胺酸的濃度很低，但仍有證據顯示它「可能多到足以觸發興奮毒素效應——敏感的人會感受到突如其來的偏頭痛」，有神經失調問題的人當然應該避開它們。布雷拉克醫生警告說，即便有些研究顯示天門冬胺酸鎂也許能為神經提供保護，但在他看來，那只是因為化合物裡的鎂濃度高出很多，所以使效果蓋過天門冬胺酸的毒性。

毛斯卡普醫生深信鎂的功效，因此他極力主張，如果剛開始的劑量不能發揮效用，病患應該檢視其他的缺鎂症狀。如果病患容易四肢冰冷、有經前症候群或腿腳抽筋，他建議把劑量提高為兩倍。他確實有提到由於鎂的腹瀉效應造成的腹瀉和腹痛所帶來的限制；對於無法忍受口服鎂的病患，他提供的另一個選擇是經常使用靜脈注射鎂。

由於靜脈注射鎂非常昂貴又不便利，所以我推薦ReMag，它含有以皮米為單位、極微小而穩定的鎂離子。我親眼看到它的成效比靜脈注射鎂更好，因為它可以一天服用數次，被細胞完全吸收，而且沒有腹瀉效應。我也建議偏頭痛患者去檢驗他們的紅血球鎂濃度，理想的範圍是6.0～6.5毫克／分升。更多關於鎂濃度檢驗的資訊請見第十六章。

2016年的時候，一項針對「評估靜脈注射鎂對急性偏頭痛發作和口服鎂補充劑對預防偏頭痛之功效」的統合分析，檢視了二十一個臨床試驗的結果。研究人員得到的結論是：「靜脈注射鎂在剛注射的十五到四十五分鐘、一百二十分鐘和二十四小時內降低了急性偏頭痛的發作；口服鎂能減緩偏頭

痛的頻率和強度。靜脈注射鎂和口服鎂應該被列為減輕偏頭痛綜合方法中的一部分。」

偏頭痛的痛苦是難以忍受的，你會認為這種鎂療法應該要成為頭條新聞，或者至少是醫生們的常識。一項2016年晚期的研究發現，<u>血清鎂濃度低的人，其偏頭痛發作的可能性是一般人的三十五倍</u>。

毛斯卡普醫生在其著作《醫生沒跟你說這些關於偏頭痛的事》裡，概述了他的偏頭痛「三重療法」，包括天門冬胺酸鎂、維他命B$_2$和著名的偏頭痛藥草——小白菊（*Tanacetum parthenium*）。毛斯卡普醫生似乎已經放棄了氧化鎂，但仍然推薦天門冬胺酸鎂。不過，羅素・布雷拉克醫生建議要避開天門冬胺酸鎂，因為它可能會分解成天門冬胺酸，變成大腦裡的興奮毒素。

維他命B的幫助和其他問題

<u>雖然有幾種維他命B有助於改善偏頭痛問題，但是我不建議把它們當成第一線療法，除非你體內的鎂已經達到飽和。</u>

在《國際生物醫學研究》期刊裡，有一篇文章討論到維他命B及其有助於治療偏頭痛的原因，研究人員報告說：「當粒線體中儲存的能量不足時，可能導致偏頭痛，因為這會讓同半胱胺酸濃度升高，造成偏頭痛發作。因此，維他命在預防偏頭痛上扮演著重要的角色。」他們說，❶維他命B$_2$會影響粒線體的機能和防止偏頭痛，❷甲基葉酸酶的C677T突變和血漿中的同半胱胺酸濃度升高及典型偏頭痛有關，❸同半胱胺酸的分解需要維他命B$_6$、B$_{12}$和葉酸，而這些營養素能有效減緩典型偏頭痛。

我想提醒這些研究人員，粒線體中儲存的能量不足是缺鎂的直接結果，因為鎂是克氏循環（總共有八個階段）六個階段裡的必需輔因子。至於同半胱胺酸濃度升高是偏頭痛的肇因，這點請參閱第六章關於高同半胱胺酸血症的部分 （P192），我在那裡說明了鎂對人體內同半胱胺酸的平衡有多重要。然而，由於營養素提供協同保護作用，所以除了ReMag，我也推薦ReAline，它含有四種甲基維他命B，能夠治療偏頭痛。

神奇藥物的神話破滅

那麼，對抗療法有更新或更好的方法來治療偏頭痛嗎？不幸的是，並沒有——現在，翠普登類新藥物已經開始遭受懷疑，它們的使用弊大於利。

翠普登類含有大約十六種以色胺（tryptamine）為母結構的藥物，它們在1990年代獲得美國食品藥物管理局的許可。它們影響著血清素，但其中的作用機制還不清楚。使用翠普登類藥物的處方箋已經開過數百萬份，但是一項發表於「2013年美國偏頭痛普及與預防研究之國際頭痛研討會」的研究發現，對於至少500萬名美國人來說，有一種心臟病禁忌症不能服用翠普登類藥物。該研究計畫主持人理查・利普登（Richard Lipton）博士說：「這些資料凸顯出，急性偏頭痛的治療在某個部分是具有心血管風險和禁忌的。」

我要補充的是，翠普登類藥物的「成功率」只有20％左右，其餘的患者需要其他有效的偏頭痛藥物。翠普登類藥物也許是因為耗盡鎂才引起心臟病的，而心臟是人體內鎂含量最高的地方，<u>如果你缺乏的鎂愈多，心臟承受的痛苦就愈大。</u>

Mg⁺ 叢發性頭痛

叢發性頭痛是一種很嚴重的週期性頭痛，根據報告顯示，患者的鎂濃度也偏低。有些人一天頭痛多達二十次，而且可能持續好幾個月。

亞圖拉醫生夫婦和毛斯卡普醫生的另一項研究，檢視了鎂濃度偏低的叢發性頭痛患者對靜脈注射硫酸鎂的可能反應。施打一劑靜脈注射鎂之後的十五分鐘內，有9名叢發性頭痛患者的劇烈頭痛停止了。血中鎂離子濃度檢驗 (P387) 在闡明叢發性頭痛的原因上很有效，也能夠找出鎂療法可能對哪些病人有用，就像它能改善偏頭痛一樣。

任何止痛劑——任何藥物——都會大量消耗人體內的鎂存量，因為經由血液運送到肝臟的所有藥物，在分解時都會用到鎂。這樣的缺乏症只會引發更多偏頭痛和缺鎂的症狀，而最糟的就是心血管副作用。

治療偏頭痛

營養補充品

- **ReMag**：使用以皮米為單位的極微小而穩定的鎂離子，就能達到具療效的量而不產生腹瀉效應。先從每天¼茶匙（75毫克）開始，漸漸增加到每天2～3茶匙（600～900毫克）。把ReMag添加到1公升的水中，在一整天裡偶爾啜飲一下，以達到完整的吸收效果。
- **ReCalcia**：以皮米為單位的穩定鈣離子、硼和釩。如果你從飲食中攝取不到足夠的鈣，就每天服用1～2茶匙（1茶匙提供300毫克的鈣）。可以和ReMag及ReMyte一起服用。
- **ReAline**：維他命B群加上胺基酸。每天兩次，每次1粒膠囊。它含有食物性B_1和四種甲基化維他命B（B_2、B_6、甲基葉酸和B_{12}），再加上左旋蛋胺酸（穀胱甘肽的前驅物）和左旋牛磺酸（有益於心臟和減重）。
- **小白菊**：每天100毫克。

偏頭痛的補充療法

- **抗壓療法**：呼吸練習、冥想、禱告、唱歌和瑜伽。
- **定期運動**：散步、游泳、療癒運動T-Tapp，以及格斯丘療法（Egoscue Method）之無痛操。

關於阿斯匹靈

阿斯匹靈被用來治療頭痛已經有數十年的時間，然而，重度使用者更喜歡鎂緩釋型阿斯匹靈。我認為，<u>阿斯匹靈的某些益處可能與鎂有關</u>，用於心臟病的鎂緩釋型阿斯匹靈也是一樣的。

+ **肌肉痛與痙攣** **用鎂讓肌肉放鬆**

Mg **關於鎂和肌肉疼痛，你必須知道的事……**

❶ 鎂能幫助肌肉和神經放鬆。

❷ 鎂能消除痙攣。

❸ 鎂能讓手指的血管平滑肌放鬆，因此能治療雷諾氏症。鎂能放鬆動脈壁，使血壓降低，也能放鬆輸卵管，促進生育力。

　　有位病人來找我，要求我替她做全身的電腦斷層掃描，因為她常常痛得不得了，全身各處都會抽筋，她還以為自己得了癌症。我叫她服用300毫克的鎂，一天服用三次。不到三天，她就不再抽筋了，三週之後，她就不再有任何疼痛的感覺了。

　　雖然這位病人並未罹患癌症，但研究報告顯示，<u>鎂甚至能有效減輕癌症的疼痛</u>。癌症有時候會轉移到頸部或下背部的神經叢，可能連最強烈的鎮痛劑嗎啡都沒有用。人體中有一種特別的受體——NMDA，與這類型神經痛的產生有關，而鎂有助於阻斷這種受體。在疼痛嚴重的時候，經證實，靜脈注射鎂具有強效的鎮痛效果。

　　ReMag同樣具有消除嚴重疼痛的能力，因為它比靜脈注射鎂更好吸收。一名五十七歲的婦女罹患僵直性脊椎炎已經二十五年了，她曾經置換過兩個人工髖關節，然而，就在服用ReMag之後，她嚴重的肌肉疼痛立即得到緩解，不僅頸部的疼痛消退了，活動力也得到了改善。

　　肌肉抽搐、抽動和痙攣，在外人看來也許只是小問題，但對患者來說卻是像遭受水刑般那樣痛苦——只不過，並不需要水緩緩滴到你額頭上、眼睛、嘴唇或腿上的小肌肉，它就一直在那邊跳動或扭動了。

　　<u>肌肉抽搐必定是缺鎂的症狀</u>，此時的神經系統很容易興奮，會刺激小肌

群釋放一些壓力，而要消除肌肉痙攣和抽搐的唯一方法，就是用適量的鎂來放鬆神經系統。

下背痛

我在寫本書最新版本的時候，有一位下背痛的女性因為使用了臉書上所推薦的鎂，結果她的疼痛大為緩解。前一版本的《鎂的奇蹟》裡並未強調鎂對這種情況的重要性，但是當她服用了鎂補充劑之後，她獲得了前所未有的舒緩。我立刻在書裡搜尋「背痛」，發現只在兩處病歷中和我所列的與鎂有關的情況裡有提到。我這次會補正這個缺失，但首先讓我們看看下背痛對許多人的影響。

一項2015年的文獻回顧涵蓋了二十八個與下背痛有關的研究，作者們發現，「慢性下背痛在二十四至三十九歲之間的普及率是4.2％，在二十至五十九歲之間的普及率是19.6％。在年齡層為十八歲以上的研究裡，有六個研究報告指出慢性下背痛的普及率在3.9～10.2之間，另外三個研究說普及率在13.1～20.3之間。」

網路醫生網站（WebMD）指出，有80％的人口在生命中的同一個時間點會有下背痛的問題，它列出的主要原因有椎間盤突出、脊椎狹窄和脊椎側彎。這些似乎是下背痛很極端的原因，醫生會提供肌肉鬆弛劑，然後說那是因為下背受傷處周圍的肌肉發生痙攣，他們或許也會推薦物理治療。然而，要是藥物和物理治療都沒有用，他們會把你轉介給骨科醫生，或許還會告訴你這需要進行背部手術。

對於下背痛，我的看法十分不同。**會不會是缺鎂導致肌肉受到刺激、過勞而造成痙攣，而且那是許多慢性下背痛的主要原因呢？** 心悸和腿痙攣是我缺鎂的主要症狀，在寫《鎂的奇蹟》最新版本的六個月當中，我開始試著服用鎂來減輕症狀。從前，一天攝取不到300毫克的鎂會使我偶爾發生腿痙攣和心悸，而且多年前曾經折磨我的某種下背痛再度出現，我甚至必須在下背束著護腰才能出席研討會。現在，我知道當時的狀況是時有時無的下背肌肉

痙攣，但是我沒有料到這跟缺鎂有關，也沒有意識到症狀消失是因為我服用了鎂！

2013年，《麻醉》期刊裡有一篇研究運用連續靜脈注射和口服鎂療法來治療慢性下背痛。該研究報告指出，「神經根受到持續的機械性刺激，在脊髓背根和背角造成一連串誘發致敏的事件。目前的證據指出，鎂是透過它對N-甲基-D-天門冬胺酸受體的影響來阻斷中樞敏感化。」

在這份研究裡，所有的病患都接受過抗癲癇（止痙攣）、抗憂鬱藥物和一般鎮痛劑的治療。此外，對照組中的40位病患接受六週的安慰劑，而實驗組的40位病患接受兩週的靜脈注射鎂，之後再服用四週的鎂膠囊。研究人員發現，在六個月的期間裡，經過兩週靜脈注射鎂再加上四週口服鎂的輪流治療，病人身上與神經有關的頑強下背痛的疼痛強度減輕了，腰椎的活動性也獲得了改善。

我在檢閱使用鎂後症狀獲得改善的患者病歷時，發現常常出現下背痛的字眼，所以鎂應該是治療這種毛病的第一線療法。你可以使用口服鎂、做鎂鹽浴和把鎂局部噴在疼痛處。

當然，你應該去看醫生，檢查你的背部，必要時甚至應該用X光確定是否沒有結構性損傷，否則你可能需要動手術。不過，大部分的下背痛都是肌肉疼痛，而且會因壓力而惡化，包括擔心自己可能患有慢性病的壓力。

如果想要了解關於背痛的壓力和情緒元素的更多資訊，我建議大家可以去找復健專家約翰・薩諾爾醫生（Dr. John Sarno）的著作《癒療背痛》來仔細閱讀。

會讓手指頭變色的雷諾氏症

莎莉腿部抽筋的情形很嚴重，晚上睡覺時腿會躁動，讓她難以入眠，就算真的睡著了，小腿抽筋也會害她被痛醒。此外，她的手指頭

也會在不同時間變白、變紅、變青。一位年輕實習醫生診斷出她患有雷諾氏症，即小動脈痙攣造成的循環問題，主要出現在手部與腳部。

很幸運的是，莎莉的實習醫生知道補充鎂是治療肌肉痙攣的最佳方式，所以醫生開了鎂給她服用，每天服用兩次，每次300毫克，還有天然的綜合維他命B與礦物質，並請她自食物中攝取鈣。他們都很驚訝，莎莉的雷諾氏症對此做出了回應：鎂促進了她的末梢循環，中止她手指小動脈的平滑肌痙攣，並且降低她的壓力反應。

莎莉簡直不敢相信自己整體的進步，她的肌肉痙攣在一週內便看到好轉，她原本以為只是老化的一部分症狀獲得了急速改善。她的活力增加了，因為她睡得更好了。她的腸胃蠕動變得更加規律，她也比從前更冷靜了。

雷諾氏症

除了小動脈痙攣，其他慢性疾病也可能造成雷諾氏症突然發作，例如結締組織疾病、創傷、肺動脈高壓等，這些疾病造成的問題又稱為雷諾氏現象。雷諾氏症好發於年輕女性，但很少造成肢端的傷害。

低溫往往是引發血管痙攣的唯一原因，但痙攣的情形可能持續幾分鐘，也可能持續好幾個小時，情緒的壓力也可能造成發作。發作時除了明顯的膚色改變之外，還可能造成極度疼痛，在手指回暖時更是嚴重，同時也常有刺痛、麻木、燒灼感。

許多人出現這種狀況時，往往只會默默忍耐，即使他們去看醫生，也沒有有效的藥物能夠治療這種情形。有時候醫生會開立鈣離子通道阻斷劑，但這種情況很諷刺，因為鎂正是天然的鈣離子通道阻斷劑。

我給雷諾氏症患者的飲食建議包括甜菜、牛蒡、檸檬等清肝的食物，以及富含鎂的食物，如堅果、種籽、綠色蔬菜、全穀物等。要少吃或戒吃肉類、酒精，以及辛辣、油膩、濃郁、油炸、過鹹的食物。

營養補充品建議

- **ReMag**：使用以皮米為單位的極微小而穩定的鎂離子，就能達到具療效的量而不產生腹瀉效應。先從每天¼茶匙（75毫克）開始，漸漸增加到每天2～3茶匙（600～900毫克）。把ReMag添加到1公升的水中，在一整天裡偶爾啜飲一下，以達到完整的吸收效果。

- **ReMyte**：以皮米為單位、極微小粒子的十二種礦物質溶液。每次½茶匙，一天三次，或取1½茶匙，和ReMag一起添加到1公升的水裡，啜飲一整天。

- **ReCalcia**：以皮米為單位的穩定鈣離子、硼和釩。如果你從飲食中攝取不到足夠的鈣，就每天服用1～2茶匙（1茶匙提供300毫克的鈣）。可以和ReMag及ReMyte一起服用。

- **ReAline**：維他命B群加上胺基酸。每天兩次，每次1粒膠囊。它含有食物性B_1和四種甲基化維他命B（B_2、B_6、甲基葉酸和B_{12}），再加上左旋蛋胺酸（穀胱甘肽的前驅物）和左旋牛磺酸（有益於心臟和減重）。

- **維他命E（綜合生育醇）**：每天800國際單位，我覺得Grown by Nature的品牌最好。

- **月見草油**：每天6顆膠囊。

- **槲皮素**：每天服用這種生物類黃酮500毫克。

妥瑞氏症

　　妥瑞氏症最早在1885年由一位法國醫生定義與命名——你猜對了，妥瑞正是那名醫生的姓氏。這種疾病的特徵是，大部分患者的肌肉會劇烈抽動，又叫做抽搐。極少數患者（大約5～15％）有講話聲音怪異的現象，有時甚至會突然口出穢言。

　　妥瑞氏症雖被視為罕見疾病，不過美國國家衛生研究院的報告指出，妥瑞氏症的普及率比之前預估的還要高出很多。

　　妥瑞氏症也與強迫症和兒童學習問題有關。妥瑞氏症的主要症狀為肌肉

抽動，會隨著壓力而增加，而且與焦慮、憂鬱和睡眠障礙有關。由於所有的這些相關情況都受到鎂的影響，所以檢視缺乏鎂是否為可能原因才是合理的作法。事實上，研究人員已經將缺鎂界定為妥瑞氏症的核心角色，並且需要做更進一步的研究。

我建議妥瑞氏症患者補充鎂，鎂極為安全，又非常有效。西立格博士建議運動型青少年男女的攝取量是7～10毫克／公斤／天。如果孩子已經有缺鎂的症狀，那麼他／她必須以補充劑形式攝取到至少那樣的量才行。

神經痛與神經炎

神經痛是一種隨著受損或受到刺激的神經所產生的刺痛、觸電、灼熱感，而且往往十分疼痛。但這是一種籠統的診斷，讓人們以為情況不止是發炎而已，而且還用了可能令人上癮的止痛藥。

受刺激的神經可能在身體的任何部位，但最常見於面部和頸部，因為那個區域有很多神經和肌肉。整天坐在電腦前、姿勢不良、用肩膀頂著電話筒、睡姿不良──這些都可能是造成頸部、頭皮和面部發炎等諸多原因的一小部分。

三叉神經痛是指分布於面部的第五對腦神經發炎了，好發於五十歲以上的人。醫生發現，多達95％的案例是因為動脈壓迫到三叉神經所引起的，而三叉神經是腦幹與脊髓的交會處，目前是靠外科手術來治療。

所有的資訊來源都說，他們不知道三叉神經痛的原因，但是我有一個想法，那會不會是因為特定動脈的血管鈣化呢？大部分的動脈確實會隨著我們老化而鈣化，尤其是在缺鎂的情況下，鈣相對過多。壓力應該是來自於僵硬的動脈刺激到三叉神經，若是如此，那麼就是鈣化的動脈對三叉神經施加壓力，所以應該採取非手術治療，用具有療效劑量的鎂來溶解堆積的鈣。

神經炎和神經病變是神經發炎或周邊神經系統普遍性發炎的統稱。周邊神經病變是大腦或脊髓外圍區域的神經發炎或退化，而糖尿病引起的周邊神經病變，正影響著一半的老年糖尿病人口。

醫生除了會讓神經痛的患者服用藥丸，也開立加巴噴丁（gabapentin）等藥物——它經美國食品藥物管理局許可，可用來應付帶狀皰疹揮之不去的疼痛；然而，加巴噴丁也會開給未診斷出與缺鎂有關的神經痛患者。也許加巴噴丁對某些人來說的確有效，但是那些寄信和打電話來的人都表示，那些藥對他們沒用，他們想擺脫藥物，找出對治療疼痛真正有效的東西。

神經炎

神經炎是指人體內任何神經的發炎（例如視神經炎），或是周邊神經系統的普遍性發炎（人體內除了大腦和脊柱區域以外的任何神經）。以下是蘇珊的故事，敘述她枕神經痛和後腦杓發炎的經驗。

被誤診為焦慮症的枕神經痛

蘇珊四十歲，有四個孩子，她寄電子郵件給我，說自己後腦杓有奇怪的刺痛感——情況已經持續三年了。從她的故事裡，我察覺到那是缺鎂加上最近幾次抗生素療程所引起的酵母菌增生。然而，醫生不但沒有治療那些情況，還在一開始就說她有焦慮症，然後開安定文（Ativan）給她。

蘇珊服用了一年安定文，但對她腦袋上的症狀一點用也沒有，當她突然停藥時，還產生嚴重的戒斷症狀——心悸、虛脫、失眠、解離感和恐慌症發作。她住進一家復健診所，為了戒斷症開始使用康立定（Neurontin，一種加巴噴丁藥物）。

後來，蘇珊發現《鎂的奇蹟》，然後開始服用鎂來幫助自己慢慢脫離康立定，同時擺脫那種藥物所帶來的行屍走肉的感覺。服用鎂兩個月後，她頭皮上的刺痛感和安定文戒斷症好了75％，而且睡眠品質和肌肉疼痛都獲得了改善。

但是，她太想百分之百的好起來了，而且又缺乏耐心，於是上網找了一名醫生。那名醫生說她的症狀正是枕神經痛——只著眼在她神經問題的發生處，但我說那仍然是因為缺鎂所引起的。他說蘇珊需要立刻到他的診所進行像是顱薦椎療法的治療——輕輕推拿顱骨，以釋放壓力。

然而，如果你的頭皮肌肉是因為缺鎂而痙攣，那麼只有鎂才能緩解那些肌肉痙攣的症狀。有一位醫生建議注射肉毒桿菌來放鬆肌肉，但我不贊成使用肉毒桿菌，因為這樣並沒有解決根本問題，而且可能造成副作用。另一位神經科醫生說她的枕骨神經可能感染了皰疹，應該服用抗病毒藥物艾塞可威（acyclovir）。

這個案例的教訓是，從長期的鎂缺乏症慢慢恢復時，你<u>一定要有耐心</u>。你的身體經過很長的時間才演變出鎂缺乏症，而這往往需要數十年，你當然不可能在一夜之間聚集好鎂的儲存量。蘇珊需要繼續使用鎂，並搭配其他礦物質補充劑。她也需要開始努力進行無酵母飲食，用益生菌和天然抗真菌劑來消除可能使她的症狀繼續惡化的酵母菌毒素。

幸好，蘇珊接受了所有的這些作法，而且症狀正持續改善中。我也請她用日記記錄自己進步的狀況，並且說出以下聲明：「每一天，每一天，我在各方面都會更好、更棒、更進步！」

遺傳性運動感覺神經病變

這裡有一則分享，談到營養補充品ReMag和ReMyte對遺傳性神經疾病所造成的影響：

> 我有一位朋友，四十二歲，被診斷出一種叫做運動感覺神經病變的遺傳性疾病。她被告知病情只會每況愈下，她的四肢會陸

續喪失感覺，然後必須靠腿、腳固定器行走，最後只能坐在輪椅上。醫生說，她應該趁有能力的時候及時行樂！幸好她知道該找我談談，然後我們立刻訂購了ReMag、ReMyte和Blue Ice Royal（用發酵的鱈魚肝油和純奶油油脂製成的一種補充劑，含有維他命A、D、K_2）！我很高興向大家報告，現在她又能好好走路了！她感到又驚又喜，因為她所有的症狀都消失了。她說：「感覺全身的經脈好像都暢通了！」

遺傳性運動感覺神經病變是遺傳性神經疾病中最常見的一種，在美國，大約每2500人就有1人受到影響。這種神經病變會影響到運動神經和感覺神經，控制隨意肌活動（像是說話、走路、呼吸和吞嚥）的運動神經會退化。感覺神經的損傷，可能造成輕微到嚴重的疼痛。

✦✦ 運動 運動員很需要鎂

Mg⁺ 關於鎂和運動，你必須知道的事……

❶ 鎂在運動過程中會經由代謝作用的提高和流汗而流失。

❷ 鎂能減少乳酸，避免運動後的痠痛。

❸ 缺鎂可能造成健康運動員的心因性猝死。

走不動的運動員

幾年前，佛羅里達州一所高中的美式足球教練很擔心球員的健康

狀況，因為他們常發生腿部抽筋的問題，所以在一場激烈的比賽開打之前，教練會讓每位球員服用鈣片。

那天的天氣相當炎熱，結果在第二節開打後沒多久，11位球員都失去了方向感——連走路都走不動，話也說不清楚。他們抱怨腿抽筋得很嚴重，全部的人都得不斷深呼吸。不到一個小時，就有8個人出現休克的情形，其中2位還反覆發作，而且，那些打得最認真的人狀況最嚴重。

那次比賽，總計有超過13人出現頭痛、視力模糊、肌肉跳動、噁心、無力的症狀。最後，雖然大家都恢復了，但這些健康的年輕男性究竟為什麼會出現這麼可怕的狀況？那是因為——隨著大量汗水流失的鎂加上鈣補充劑，導致他們體內的鎂儲存量已經低到很危險的地步。

<u>影響著運動員的心因性猝死症也許和缺鎂有關。</u>另一項研究推論，運動員和一般人在極度用力時的猝死，是受到心血管系統持續缺鎂的不利影響而觸發的。以年輕且體能與健康狀況良好的男性為觀察對象的研究發現，他們在運動時不斷出力，使自己處於長期缺鎂的狀態，再加上長時間以來膽固醇、三酸甘油酯、血糖也在增加中，因此最後造成猝死。

運動員容易缺鎂

你的肌肉在進行迅速收縮與放鬆的運動的時候，如果鈣（造成收縮的因子）太多、鎂（造成放鬆的因子）太少，肌肉就會產生痙攣，並且造成乳酸累積。

運動員體內鎂太少的情況相當普遍，因為有太多的鎂會隨著汗水流失，但是運動員不但沒有補充適當的礦物電解質（包括鎂），反而大口大口地喝下含有鈉和糖的飲料，然後造成短期的腦水腫和長期的糖尿病。

雖然大部分的運動員與教練都不知道這一點，但鎂確實是運動員應攝取

的重要營養素之一。我們細胞裡的粒線體會製造一種叫做三磷酸腺苷的能量分子，而鎂是產生這種作用的必要元素。有些早期的研究利用動物實驗調查了鎂與體能表現之間的關係，結果顯示，運動能力下降可能是缺鎂的初期徵兆。將鎂溶在水中給動物服下後，它們的耐力便恢復了。大部分的人體研究也證實，短時間和長時間的運動都會大量消耗鎂。

當我和大學或專業運動員談到他們鎂流失的問題及該如何避免時，常有人問我，能不能喝酒。酒精是一種利尿劑，所以它會使鎂流失；酒精也會刺激酵母菌增生，可能導致任何類型的腸道問題和遍及全身的症狀，而酵母會製造毒素，所以人體必須用掉更多的鎂才能把毒素排出體外。我認為酒精（尤其是大學生狂歡和辦「車尾趴」時的大口暢飲）也許就是缺鎂的根源，而缺鎂又會導致恐慌症發作和憂鬱，這兩者看起來是這些圈子裡的流行病。

對一個身高一百八十三公分、體重一百三十六公斤的大學生或專業橄欖球員來說，有什麼比駭人的心房顫動和丟臉的恐慌症發作更糟，況且還要放棄一千萬美元的合約？其實他所需要做的，就只是喝海鹽水加上鎂和多種礦物質而已。

提升運動表現

《鎂研究》期刊裡有一篇研究提到，鎂對運動員真的很有效，因為它直接影響到肌肉功能，包括攝氧、能量製造和電解質平衡。他們強調，運動的好處之一是它能促進鎂的重新分配，以符合代謝需要。研究人員還指出，經研究證實，邊緣性缺乏鎂會削弱運動表現，並且加劇劇烈運動所造成的氧化壓力。他們說，劇烈運動會造成鎂經由排汗和排尿流失，也許要將需求量提高10～20%；他們還說，在攝取量上，如果男性少於每日260毫克、女性少於每日220毫克，可能會造成鎂缺乏症。研究的結論是：「缺鎂的人服用鎂補充劑或增加鎂的膳食攝取量，能夠提升運動表現。」

鎂對神經肌肉系統最驚人的效用在於創造能量（經由三磷酸腺苷的製造），即便它通常的作用是鬆弛劑，而不是刺激物。如果你缺鎂，那麼你的

能量會偏低，因為你無法製造必需的三磷酸腺苷來滿足身體的運作。當你開始服用鎂，你的能量就會上升，因為你能製造更多的三磷酸腺苷。

減少乳酸堆積和運動後的痠痛

鎂與鈣的交互作用有助於防止鈣所引起的肌肉收縮，太多鈣會造成體內所有肌肉的緊張和緊繃，但是當你的鎂值均衡時，肌肉緊張的狀態會在幾週、幾天、甚至幾小時內緩解，端視你體內原本缺鎂的程度而定。

許多醫生也會叫焦慮與憂鬱的病人要多運動，才能消耗多餘的能量，增加血液循環與腎上腺素的量。在運動的過程中，鎂能讓身體不斷有效地燃燒能量與產出精力，並且不會讓乳酸堆積。那些運動過量或有慢性疲勞問題的人，肌肉中的乳酸累積會讓他們在運動後相當不愉快。其實<u>運動本身就會對身體造成壓力</u>，而身體也會釋出腎上腺素來回應。

運動量很大的人——特別是長跑選手，很容易有乳酸累積的情形，造成小腿緊繃與肌肉疼痛，但是他們仍然會繼續跑下去，這往往是因為他們很享受「撞牆」時腎上腺素釋出的快感。「撞牆」時，你會覺得自己似乎有無法突破的障礙，但在堅持下去之後，體內會突然有腎上腺素釋出，之後就能跑得很快，好像在飛一樣。這就是你把自己逼到極限之後，讓腎上腺爆發的力量，但在這種充滿壓力的快感之後，若沒有用足夠的營養、含海鹽的水、運動時會流失的鎂和其他礦物質來彌補你腎上腺的損失，你就會崩潰。

許多研究報告顯示，在長跑、州際滑雪、單車、游泳等運動中，<u>補充鎂能有效提升運動員的表現與耐力，也能減少乳酸堆積、運動後的抽筋與疼痛</u>。運動員的身體承受了極大的壓力，想贏的心理壓力也不小，但大部分運動員所攝取的鎂量都不足，很可能會發生缺鎂的問題。

運動者與運動員應服用鎂營養補充品

全球知名的鎂研究專家西立格醫生建議，訓練中的運動員每日每公斤體重應服用6～10毫克的鎂，以有效補充排泄、排汗、壓力所造成的損失。

- **體重99公斤的男性運動員**：每日應服用600～1000毫克的鎂。

- **體重67.5公斤的女性運動員**：每日應服用400～680毫克的鎂。

- **運動量較少的人（每日一至兩小時）**：每日的鎂服用量可以比運動員少150毫克。

　　在我的臨床經驗當中，運動員和缺鎂者的鎂需求量大概是每天10～15毫克／公斤，適度運動的人（一天一至兩小時）可以減掉150毫克的量。

　　然而，如我之前所提過的，你一定要檢視你的臨床症狀和紅血球鎂濃度，以確定你對鎂的需求量——要當心，需求量可能隨著我在本書中列出的各種變數而有所變化。

第 **5** 章

影響生活
品質的大腦問題

❶ 鎂能保護腦部不受食品添加劑等化學物質的毒害。

❷ 鎂能將鈣排除在細胞之外；當鎂過低時，鈣會進入細胞，造成
細胞死亡。

❸ 血糖和鎂都很低的時候，興奮性毒素如（味精中的）麩胺酸和
（阿斯巴甜中的）天門冬胺酸就會進入我們的腦細胞，造成細
胞死亡。

鎂能促進血液循環與保護腦部，比任何藥物都有效：

❶ 鎂是血管舒張劑，能讓血管舒張。

❷ 鎂能保護血管內壁，也就是血管最內層的組織。

❸ 鎂能關閉鈣通道，避免多餘的鈣進入細胞。

由於美國人大部分都缺鎂，發生嚴重健康問題的風險自然就較高，這些問題包括中風及中風後的嚴重併發症，嚴重程度視缺鎂情形而定，可能導致頭部受傷後復元情形不佳和神經系統的損傷愈來愈嚴重。缺乏鎂可能會加劇空氣、食物、水中的神經毒素對我們造成的傷害，進而刺激癲癇發作。

因缺乏鎂而造成的中樞神經系統過度興奮，其機制的複雜性直到最近才受到注意。我在簡介中提過由澳洲阿德雷德大學發行的免費書籍《中樞神經系統的鎂》，最近我接受了一次採訪，把那本書的各篇章詳述了一番，並引用《鎂的奇蹟》的內容來解釋鎂在大腦中的重要性。以下列出《中樞神經系統的鎂》的章名，我十分鼓勵你上網找整本書來閱讀。

❶ 人腦中的「游離鎂」（即單一鎂離子）濃度

❷ 細胞內的鎂平衡

❸ 血腦屏障間鎂的運輸

❹ 細胞內鎂離子（Mg^{2+}）與鎂離子和ATP的複合物（$MgATP^{2-}$）共同控制蛋白質合成與細胞增生

❺ 鎂在細胞凋亡時的陰陽交互作用

❻ 腦內鎂平衡作為減少認知功能老化的目標

❼ 鎂療法在學習與記憶中所扮演的角色

❽ 頭痛與偏頭痛中鎂所扮演的角色

❾ 水腫與腦血管屏障被破壞時鎂的角色

❿ 鎂與聽力喪失

⓫ 鎂在疼痛中所扮演的角色

⓬ 鎂在腦神經損傷中所扮演的角色

⓭ 腦缺血實驗中鎂的運用

⓮ 蜘蛛網膜下腔出血時鎂的角色

⓯ 慢性中風與鎂

⓰ 癌症與鎂：更多問與答

頭部創傷 鎂能增進預後效果

在全世界的任何地方，創傷性腦損傷（TBI）都是公共衛生的重要議題，光是在美國，就有超過40萬名創傷性腦損傷的病人。根據動物實驗的結果，我們發現受傷部位的鎂含量相當低，這是因為鎂在一連串無法停止的劇烈事件中被消耗殆盡了。

在66位頭部受到重擊的創傷患者中，傷得愈重的病人其鈣鎂離子比也愈高。大腦神經元裡的鈣比鎂多，絕不是件好事——**過多的鈣會造成神經元不斷受到刺激，導致細胞死亡。**

在創傷性腦損傷之後測定血液裡的鎂離子濃度，不僅具有治療上的診斷價值，也具有預後價值。動物和人類腦損傷患者的研究指出，**鎂濃度愈高就恢復得愈好。**而且，給予患者足夠的鎂，會產生更好的癒療效果。靜脈注射硫酸鎂能大幅降低腦創傷後的水腫程度，以其來治療嚴重創傷性腦損傷的患者，並不會產生不良影響。如果你的孩子受到頭部創傷，或者有任何家人遭遇車禍，請把這個關鍵資訊告訴你的醫生。

用於實驗研究的鎂離子檢驗法 P387，讓診斷創傷後的頭痛簡單許多。即使血清鎂的濃度是正常的，異常的鎂離子濃度和鈣鎂離子比，往往發現於

174

兒童的創傷後頭痛。顯然，只靠血清鎂檢驗 (P388) 來判斷其實會耽誤診斷，醫生也無法妥善地治療患者。更多鎂的檢驗法請見第十六章。

由頭部損傷所引起的鎂耗損，其逆轉速度是很慢的。根據羅素·布雷拉克醫生的見解，鎂進入脊髓液需要花三十分鐘，進入頭顱正下方的皮質區要三小時，若要足夠的鎂抵達深層的大腦組織，便需要整整四到六小時。以美軍海豹部隊和馬拉松選手為受試者的實驗指出，經過一個月的密集訓練，他們會產生缺鎂的狀況，如果沒有服用補充劑，鎂缺乏症會維持三到六個月。所以，<u>如果你的飲食中缺鎂，身心又遭受壓力，你就需要每天補充鎂，充實體內的鎂存量</u>。

✦ 酒精性腦損傷 用鎂預防腦血管痙攣與破裂

亞圖拉醫生夫婦在他們發表的其中一篇論文裡，提到了酒精所引發的頭痛、腦傷及中風之間的關聯。大肆飲酒被發現與中風及猝死人數的增加有密切的關聯，因為<u>酒精會造成缺鎂性腦動脈痙攣與破裂</u>。動物實驗也證明，高劑量的酒精會造成腦中的鎂離子值驟降與鈣增加，之後便會發生腦血管痙攣與破裂（中風）。每天飲酒超過3杯的人，可能會出現缺鎂的情況，因為<u>酒精會阻礙鎂的吸收</u>，同時也有利尿劑的作用。

人體實驗的結果發現，腦部受到輕傷的人，出現了輕度缺乏鎂離了的情形；腦部損傷愈嚴重，其缺鎂的情況就愈嚴重。過去曾酗酒或在腦部受傷前曾飲酒的病患，缺乏鎂離子的情形就更嚴重了（鈣離子與鎂離子的比值也愈高），與未飲酒的病患相比，住院時間長了好幾天。一項針對105位男女中風病患的研究顯示，平均而言，他們的血清鎂值雖然正常，但是鎂離子測定卻指出，他們的鎂離子值比一般人低了20％。

然而，用血清鎂值來判斷體內的鎂值是相當不準確的，因為血液中的鎂值只占全身的1％。亞圖拉醫生也指出，許多人體實驗發現，飲酒後出現的

偏頭痛、頭痛、暈眩、宿醉，其實都與鎂離子急速降低有關，而不是與血清中的含鎂量有關。如果僅測量血清中的鎂值，很可能會造成誤診。由於鎂能調節鈣的量，因此當你缺乏鎂時，過多的鈣會造成血管痙攣和病變。

酒精引起的頭痛可用靜脈注射硫酸鎂來治療；經前引起的頭痛會因為酒精而加劇，發生這種情況時，可用靜脈注射硫酸鎂來治療。女性經前症候群的頭痛及因為酒精而變嚴重的情形，往往是因為缺乏鎂離子，以及鈣離子與鎂離子的比值提高，因此可以透過靜脈注射硫酸鎂來治療。你不用擔心自己必須專程找一個人來為你做鎂的靜脈注射治療以減輕症狀——據臨床經驗顯示，口服ReMag的效果比靜脈注射鎂更好。關於鎂補充劑的其他資訊請參考第十八章。

✦ 中風 鎂能療癒發病後的身體功能損害

只要腦部出現血管破裂或阻塞就會發生中風。這個區塊一旦受損，就會破壞重要的腦部功能。中風往往是高血壓、動脈硬化、糖尿病併發症所造成的，而這些疾病都與缺鎂有關。讓血管更強壯、避免血液的不當凝結、修復中風損害的區域等，這些都是鎂能帶來的奇蹟。

降低中風的發生率

在美國，中風摧毀了650萬人的生活；在全世界，每年有1500萬人遭受中風的折磨。美國疾病管制局於2015年更新的〈中風真相〉中，描繪出一幅駭人的景象：每一年在美國有將近80萬人罹患中風，其中將近四分之一的人（18萬5000人）曾經中風過；每年死於中風的美國人有13萬人，許多活下來的人變成失能者。中風是長期嚴重失能的主要原因。

有何證據能顯示鎂對中風的重要性？在1989～1993年間，臺灣人民因為中風而死亡的案例為1萬7133起，在與其他原因死亡的1萬7133起病例相比

後，發現<u>飲用水中含的鎂愈多，中風的發生率就愈低</u>。此外，一項包含4443名年齡介於四十至七十五歲之男、女性的研究指出，低鎂飲食與中風、高血壓風險有關。研究人員表示，此結果「也許指出了初級預防的方向」。

數十年的研究顯示，腦動脈中的鎂減少會造成腦動脈痙攣，而鎂升高則能鬆弛血管。動物研究指出，當大腦中的鎂正常或升高時，能減少由中風所引起的損傷，神經功能缺損也會變少，這是因為鎂阻擋了鈣大量湧入細胞並造成傷害。研究也指出，當中風引起了大腦損傷，如果沒有足夠的鎂，受傷區域的神經元在中風發生後可能仍會維持好幾小時的高度活躍。

受損的神經元會拚命求生存，因而比平常需要更多氧、葡萄糖和鎂。此外，當這些重要的營養素缺乏時，減少的營養素空缺會被興奮性毒素迅速填滿，那些神經元面對這種損害效應時顯得特別脆弱。而且，住院病人的鎂濃度往往很低，那表示神經元幾乎不可能存活。有一位研究學者指出，光憑嚴重缺鎂的狀態，就足以造成大鼠大範圍的腦損傷，影響到重要的大腦功能。

一項紐約的中風患者研究，凸顯了急診室裡對鎂營養介入的絕對需求。三間醫院的急診室住進了98名被診斷為中風的患者，經過敏感的離子選擇性電極測定，他們的診斷結果顯示早期且嚴重的鎂離子不足。中風患者也出現了高比例的鈣鎂離子比、血管張力增加和異常腦血管痙攣的徵兆。

逆轉中風後的痛苦生活

動物實驗的結果顯示，靜脈注射鎂能預防中風所引發的腦出血、後續的腦中鎂離子及其他新陳代謝因素的降低。近期資料也顯示，酒精會引發細胞中鎂離子的喪失，而這與細胞中的鈣過多及自由基的產生有關；此外，事先服用維他命E也能預防酒精所造成的血管傷害與腦部病變。那麼，在人類身上的情形又如何？透過靜脈注射鎂能夠逆轉中風的症狀和損傷嗎？

萊德醫生的奇蹟療法

我訪問過丹·哈利（Dan Haley），他是前任紐約市議員，相當關注這

個議題。丹花了超過十年的時間研究替代療法，還寫了《治療的政治》這本書。丹在2004年8月中風，左半邊完全失去知覺，他的一位朋友建議他立刻去看一位華盛頓的醫生，那位醫生利用靜脈注射鎂與氧氣來治療中風。在此之前，丹接受過幾次針灸治療，病情已經有所起色，能夠移動左手了，但他原本的醫生得去中國，丹於是動身前往華盛頓。在接受治療十天之後，丹便能夠走動，整隻左手臂也都能夠活動了。

布魯斯・萊德（Bruce Rind）是丹在華盛頓的醫生。他和西恩・達爾頓（Sean Dalton）醫生共同擬定了中風的RELOX處理程續，包括靜脈注射維他命與礦物質；當中有一大部分是鎂，同時也給予病患氧氣罩。在治療丹時，萊德醫生增加長達一小時的高壓氧治療，讓更多氧氣能輸送到腦部。

在2005年於華盛頓舉行的神經科學年會中，達爾頓與萊德醫生發表了這套RELOX程序，與會者總共有3萬人，專題演講人則為達賴喇嘛。

在達爾頓與萊德醫師發表的論文〈中風復健：透過營養素—氧氣治療的臨床與神經恢復研究〉當中，兩位醫生指出，很少有人注意到，以營養與生技的介入來改善中風病人的臨床與神經功能其實相當符合成本效益，這些病人都有癱瘓的情形，也沒有治癒的可能。他們告訴聽眾，RELOX程序已經使用在兩百多位病人上，病人在接受這種療法時，距中風發生的時間從幾天到二十多年不等。

他們的治療成果只有「奇蹟」兩個字可形容。那些因中風導致身體功能受到輕度至中度損害的病人，在接受三次四十分鐘的治療後都得到「中等到重大的改善，在認知、活動、知覺方面都有持續的進步，而且沒有重大的不良反應」。在利用單光子斷層掃描檢驗這些病人後，發現「腦部功能的恢復程度，與腦部血流量及新陳代謝的增加有關」。

萊德與達爾頓醫生的看法與其他人相左，認為因中風而受損的區域「在中風或腦部受傷一段時間後，相關功能很有可能仍然存在，只是受到了壓抑，因此有恢復的可能」。

這兩位好醫生認為這可能性真實存在，因為他們的處理程序幫助到大多

數接受治療的病患。他們表示：「在個人、社會、經濟方面，都能夠替病人及整個社會帶來很大的好處，讓我們相信應該更進一步研究RELOX程序在臨床上對神經的功效、安全程度，以及作用的機制。」萊德醫生自2016年起在馬里蘭州的蓋瑟斯堡執業，並且將RELOX列為他眾多的治療程序之一。

與此同時，我以ReMag取代靜脈注射鎂療法，也獲得了一些成效。在第十八章裡，琳恩寫到她的先生達納如何用ReMag順利取代每週三次的靜脈滴注鎂，並且改善了他的鎂濃度血液檢測結果和健康 (P418)。所以，當我收到以下這封說明ReMag對中風症狀影響的電子郵件時，並未感到太驚訝。

　　　　我的太太在四年前中風。在研究中風後的腦損傷恢復時，我發現腦神經膠質細胞有一種膠原結構，需要鎂和維他命C，所以她依照您部落格上的建議，一直服用這兩種營養素。顯然愛因斯坦大腦裡的神經膠質細胞多得不得了，所以我也想增加我太太的神經膠質細胞，這讓我決定一試。您猜怎麼著？服用ReMag三個月後，她在語言恢復和居家活動上有了大幅的進步。我不認為這是一種安慰劑，至少對一個七十七歲的人來說不是。還有，自從我使用ReMag之後，它也減少了我的心房纖維性顫動。

⊹ 腦部手術 鎂助降血壓，減少麻醉劑和止痛藥

Mg⁺ 關於鎂和腦部手術，你必須知道的事……

❶ 好的神經外科醫生會替接受手術的病人施打鎂劑。

❷ 鎂能幫助腦部，讓腦部在手術之後順利復元。

❸ 鎂能預防手術後的中風，或者減少手術所造成的傷害。

在腦部手術中與腦部手術後，鎂的許多好處都能預防中風，讓鈣不要進入受損的細胞，減少神經元興奮，以降低休克與痙攣的發生。在動物實驗中，鎂的好處一一獲得證實，神經學手術室的臨床經驗也證明了鎂的效用，拯救了不少人的性命。許多外科醫生的標準程序是在手術前後及期間，以靜脈注射的方式替病人施打鎂劑。

一位加州的一般外科醫生柏納德·宏恩（Bernard Horn），在過去十五年來曾為八千多位病人注射硫酸鎂，宏恩醫生表示，即使是血壓高到200／150的病人，在手術前血壓都會恢復到正常值。靜脈注射硫酸鎂可以提升整體的麻醉效果，因此在手術中，其他的化學麻醉劑就能減到安全的量。靜脈注射鎂也能降低病人的疼痛程度，減少術後二十四小時內使用止痛藥的劑量，以及舒緩術後的噁心與反胃。因此，除了一般的麻醉劑如異丙酚、瑞吩坦尼、美維松之外，<u>硫酸鎂可說是既安全、成本效益又高的麻醉劑</u>。

我擔心的是吸入性麻醉劑地氟醚，它的結構中嵌入了六個氟原子。你可以在第一章讀到氟化藥物的潛在危險性 P077，以及它們與鎂結合的潛力，那是一種不可逆的作用。地氟醚公認的副作用有高血壓、心律不整、心搏過速——都是低血鎂症的症狀。

✦✦ 癲癇 用鎂扭轉受損細胞的過度放電

我們的大腦處在持續性的腦電活動狀態，腦細胞在這種微妙的推挽平衡活動裡，不是受到刺激，就是受到壓抑。電閘會控制這些細胞，神經傳導物質會將某些電閘打開、某些關上。在神經細胞對電刺激的回應上，鈣、鎂、鋅扮演著重要的角色，沒有它們，那些神經傳導物質就不會發揮作用。被創傷、化學物質或嚴重壓力所改變的腦細胞，其細胞電閘有可能永久性地被打開，並且由於受損細胞中過多的鈣而過度發電，而神經細胞群的反覆放電可能導致癲癇發作。

　　J・I・羅德爾（J. I. Rodale）著有《鎂：可能改變你一生的營養素》，該書於1963年出版，其中第七章寫的便是用鎂來治療癲癇。他發現，有證據顯示<u>鎂可以成功地用來治療癲癇</u>。

　　路易士・B・巴奈特（Lewis B. Barnett）醫生是希瑞福診所暨戴夫史密斯研究基金會（德州希瑞福市）的負責人，他也曉得患有癲癇的人缺乏鎂。1950年代，他提出了30個兒童癲癇案例上的證據，指出這些病例的反應對高劑量的口服鎂劑出奇的好。巴奈特發現，只要病人的血鎂達到正常濃度，他們的癲癇發作就減少了，而且這種治療完全沒有傷害性。巴奈特從研究結果推測，<u>當時人口中的300萬個癲癇臨床案例和1000萬至1500萬個亞臨床癲癇案例之發病的主要原因，就是缺乏鎂。</u>

　　不過，即使到了2012年，也就是巴奈特醫生證明鎂在癲癇上的重要性之後的六十年，人們對於它的應用也只是停留在思考階段。

　　一篇論文提出這樣的問題：「鎂補充劑能減少癲癇患者的發作嗎？」作者群審視文獻後說，缺鎂的動物癲癇模型顯示，鎂缺乏症會降低其發作的門檻，而低鎂溶液可以製造出由大鼠的大腦海馬區切片釋放出來的自發性癲癇。他們證實「由於鎂透過N-甲基-D-天門冬胺酸受體去中和興奮的能力，所以它是癲癇活動的潛在調節器」。他們還指出，「有些研究顯示，癲癇患者的鎂濃度，比非癲癇患者的鎂濃度還低。」

　　還有一些案例報告指出「在特定情況患者的身上，鎂補充劑使得癲癇得到了控制，以及最近在一項隨機的試驗中，嬰兒點頭性痙攣對於促腎上腺皮質素加上鎂的反應，比光用促腎上腺皮質素的反應還要好」——該作者群「假定鎂補充劑能降低癲癇患者的發作」。當然，他們建議做更多的研究，以及假如得到證實，「鎂補充劑應被考慮用於頑性癲癇患者的全面處理」。

　　以靜脈注射硫酸鎂來治療癲癇和妊娠型高血壓，既安全又有效，而且普遍被接受。雖然將鎂用於其他類型痙攣與癲癇的大型臨床試驗還沒有出現，但是許多醫療業者已經將口服鎂劑當作抗癲癇藥物的附加品，所以，至少有一些身受癲癇之苦的人蒙受其益。

╋╋ ▎電磁波敏感▎ **電磁場傷身的原因是缺鎂**

有些人深信自己受到低波與微波電磁場的不良影響，然而直到今日，科學家仍對電磁場抱持著中立的態度，並且說電磁波唯一的影響是讓人產生發熱的感受。

電磁場能產生有益的效果，例如刺激骨骼生長，但有關電磁場的負面研究報告則顯示會造成DNA單股斷裂的問題。其實許多人覺得電磁場會對身體造成很多問題，這種情況往往被歸類為對「電磁波敏感」，而這似乎暗示著只有那些「敏感」的人才會受到這些影響。

根據維基百科的說明，「有關電磁波敏感的症狀包括頭痛、疲勞、壓力、睡眠干擾、皮膚刺痛、灼傷感與紅疹、肌肉疼痛及其他健康問題。無論電磁波敏感的起因為何，它們對於身受其害的人來說，是一種真實且有時會導致失能的問題。」你會注意到，<u>電磁波敏感是缺鎂的症狀之一。電磁場會造成壓力，因此會讓身體消耗更多的鎂，增加鎂燃燒率。</u>

馬丁‧保羅（Martin Pall）醫生在檢視過二十三份關於電磁波的研究後，發現電磁波對人體造成的副作用都與電位相關性鈣離子通道有關。電磁場所引發的各種活動，都被認為與兩種不同的電位相關性鈣離子通道有關。科學家至今仍不清楚電磁場造成健康問題的原因，但當我看見這與電位相關性鈣離子通道有關時，我就推測原因很可能是因為缺鎂。

在第二章裡我討論了鈣通道，以及鎂如何爭先恐後地保護著這個通道 P088 。這些鎂的濃度是細胞中的一萬倍，只允許一些鈣進入通道中，以便產生必要的電能傳輸，接著在鈣完成工作後，就把鈣排出細胞之外；若任由鈣累積在細胞中，就會造成過度刺激，擾亂細胞的功能──如果有太多的鈣進入細胞，就會造成心臟病的症狀，例如心絞痛、高血壓、心律不整、氣喘、頭痛等問題，而鎂正是天然的鈣離子通道阻斷劑。

體內缺鎂又有過多的鈣時，會出現什麼症狀呢？

頭痛、疲勞、失眠、肌肉疼痛，這些正是電磁場症候群的症狀。我提出

來的理論是，<u>**電磁場的負面影響只會發生在缺鎂的人身上**</u>，他們之所以會對電磁波敏感，那是因為他們體內沒有足夠的鎂來阻滯電磁場刺激下所產生的鈣。或許要到一、二十年後才會有人證實我的理論，但你現在可以做的，就是接受紅血球鎂濃度檢驗 (P384)，並且開始服用鎂來預防上述幾百項的症狀，當然也包括電磁場對身體所造成的傷害。請參見第十六章關於鎂檢驗的資訊，以及第十八章我對鎂補充劑的推薦。

顯然我們還需要做更多的研究，但是保羅醫生的論文確實有助於證實某些人的擔憂──電磁場不是只會產生熱能。

第**6**章

導致心臟病的
膽固醇與高血壓

膽固醇與血壓過高，是讓許多人感到困擾的健康問題，而這兩項問題並不會這麼簡單就放過患者，過了一段時間之後，往往還會造成心臟問題——這兩種問題背後的原因，很可能都是因為缺鎂。

膽固醇過高 用鎂讓身體只製造所需的膽固醇量

我們大部分的膽固醇有85％是身體製造的——更精確地說，主要是肝臟，其餘的來自於飲食。

人體當中有好幾種作用各不相同的膽固醇，有些被認為是「好的」膽固醇，有些則是「不好的」膽固醇。高密度脂蛋白膽固醇通常被視為對身體有益的膽固醇，有助於清除血管壁及血液中的膽固醇，並運送到肝臟進行代謝；低密度脂蛋白膽固醇對人體有害，因為這種膽固醇會進入血液，形成堆積在動脈壁上的膽固醇斑塊；極低密度脂蛋白膽固醇是形成低密度脂蛋白的構材，因此也是有害的。

184

凶手其實是氧化的膽固醇

人體中本來就有這些膽固醇，這是很正常的事，不正常的是我們從加工食品、速食、油炸食物中攝取到大量的**氧化膽固醇**（膽固醇與氧的異常結合）。此外，水中的氯化物、氟化物、殺蟲劑與環境中的其他汙染物，都可能使體內的膽固醇氧化。令研究者憂心的正是這種氧化的膽固醇，它也是造成心臟病的元凶。

然而，<u>氧化膽固醇最有趣的地方，在於這表示膽固醇其實是一種抗氧化劑</u>。膽固醇會清掃體內的毒素，並且在氧化的過程中試著消除毒素。所以，問題不在於膽固醇，來自氯化物、氟化物、殺蟲劑和環境中的其他汙染物之毒性才是真正的問題所在。固定攝取抗氧化物，例如鎂、綠茶及維他命A、C、E等，能夠有效降低膽固醇的氧化，因為這些營養素會處理掉超出身體負荷、然後溢到膽固醇裡的毒素。

鎂也許是我們體內最強效的抗氧化劑，也有強力證據指出，鎂療法能夠有效降低膽固醇，即使基因中含有高膽固醇風險因子，這種療法依然有效。另外，還有一種礦物質對膽固醇來說也很重要，那就是銅。缺乏銅會使膽固醇升高，而很容易吸收的銅補充劑，它的許多正面效果之一便是有助於降低膽固醇。

可惜的是，膽固醇過高並沒有明顯的症狀，只能說它與不良飲食、久坐不動的生活型態、抽菸、飲酒、壓力有關，你也許得透過血液檢驗才能得知。攝取過多的飽和脂肪酸與多元不飽和脂肪酸、氫化油、油炸食物、肉類、糖、咖啡、酒精等不良飲食習慣，會提高膽固醇濃度，尤其是同時缺乏全穀類和蔬菜纖維的時候；再加上久坐不動的生活型態，不僅導致體重增加，膽固醇也會跟著升高。

要注意的是，<u>那些使膽固醇增加的食物，同時也會造成缺鎂。</u>

許多醫生都沒時間、不願意或不知道應該要教育病人，他們並未告訴病人降低膽固醇的正確飲食習慣，而是直接開藥來治療這個問題。坦白說，即使醫生建議病患要改變飲食、運動、減重，大部分的人還是不願意遵從。但

是，只要改變生活習慣並補充鎂，就能讓病情大幅改善，並且激勵他們迎接正向的改變。

許多人都以為膽固醇升高是導致心臟病的唯一肇因，這就是商人能說服我們用氫化蔬菜油來代替含有飽和脂肪酸的奶油的原因。然而，流行病學家及牙齒人類學家在很久以前便證實了，在許多遠古文明中，幾千年來都維持著高膽固醇的飲食（包括肉類、豬油、鮮奶油、奶油、雞蛋等），卻鮮少為心臟病所苦。所有長壽的健康社會，其飲食包含了大量未加工的天然肉類或乳製品，但他們很少發生退化性疾病和心臟病。由此可見，<u>一個地方的人民一旦接觸到精製和加工食品或「改造」肉類和「改造」乳製品，各方面的健康狀況就會衰退。</u>

氫化油含有不飽和脂肪酸，因此許多人誤以為它比奶油等飽和脂肪酸健康，殊不知，經過加溫、加壓、化學物質處理的液態植物油變成固態脂肪，卻含有一種不健康的合成物——反式脂肪酸（與天然的順式脂肪酸相對）。

直到1990年代晚期才有研究報告指出，那些高度精製的氫化油比奶油更容易促進動脈粥狀硬化斑塊的形成。事實上，有些科學家認為，心臟病突發與所有心臟病的肇因，都應該歸咎於1930年代氫化油的發明。現在，我們知道反式脂肪酸會造成動脈損傷與癌症，因此在購物時要看清楚標示，不要買到含有這種物質的產品。

膽固醇之必要

不論成年人或學童，往往都認為膽固醇是心臟病的肇因，但你可知道，若沒有膽固醇，我們就無法擁有性行為、無法繁殖後代，進而走上滅絕一途？這是因為性荷爾蒙和壓力荷爾蒙都來自膽固醇；若要形成細胞膜及包覆神經免受傷害，都非得有膽固醇不可；保護神經的膽固醇占腦部細胞的60～80%；若要妥善消化食物並且讓脂肪吸收，也需要膽固醇的協助——因為膽固醇能製造膽鹽……除此之外，如果人體內沒有膽固醇，那麼你的骨骼將會是一灘爛泥，因為你無法從陽光中製造維他命D，也無法吸收鈣。

如果膽固醇對生命的重要性不可言喻，我們為什麼還要汲汲營營地消除膽固醇呢？其實，我們的身體認為膽固醇相當重要，因此肝臟每天會製造1000毫克的膽固醇，**若我們試圖透過藥物來大幅降低膽固醇，其實這只會讓肝臟增加膽固醇的產量而已。**如我之前所提過的，正常而言，肝臟製造的膽固醇量為血液中測得數值的85％，其他15％來自我們的食物。

膽固醇從何時變成壞蛋？

1913年時，有兩位俄國的科學家用大量的膽固醇餵養飢餓的兔子，在他們看見黃色黏稠物阻塞兔子的動脈時，斷然認定冠狀動脈的疾病必定源自膽固醇。

羅伯特・福特（Robert Ford）早在1969年就將膽固醇造成心臟病的理論稱為「悲劇的錯誤」。在《腐敗的食物與新鮮的食物》中，福特就這項俄國實驗給了我們很重要、但被忽略了數十年的資訊：「他們的發現其實是真假摻半，結果只會誤導大家。」對於這個膽固醇理論，福特以他看待一般常識的看法表示：「說某種人體中富含的物質對人體有害，實在荒謬至極。」

福特表示，**只有在膽固醇變質或腐壞時，才會對人體有害。**讀了研究的原文後，他相當驚訝的發現，原來他們餵兔子的是「溶於植物油中的膽固醇晶體」，因此造成動脈中產生膽固醇的堆積物。**膽固醇晶體是身體無法利用的東西，同時也是非天然的陳腐物質，**名為羥膽固醇，在新鮮的食物或健康的人體中都不含這種膽固醇。福特指出，膽固醇理論並不正確，會誤導大家忽略心臟病的真正肇因與治療方式。

烏多・伊拉斯摩斯（Udo Erasmus）寫了一本發人深省的書《療癒的脂肪，殺人的脂肪》，探討了許多有關脂肪與油的事實，從他長達數十年的研究中得到了這樣的結論：「『害怕膽固醇』這件事替醫生、實驗室、藥商帶來了大筆生意，而這也是植物油和乳瑪琳製造商的強力行銷手法。最後，膽固醇成了眾矢之的，成了導致心血管疾病的頭號殺手。那些捏造膽固醇理論的『專家』，利用眾人的恐懼來推展事業，才是應受譴責的元凶。」

藥物治療膽固醇的副作用

史他汀類藥物是種強效藥，能夠阻斷肝臟中促進膽固醇的酵素，在這種酵素遭到阻斷時，膽固醇值就會降低，然而，這種酵素的作用不只用來促進膽固醇生成，利用史他汀阻斷這種酵素所造成的影響可說是相當深遠。

傷害你的肝臟

其中一種主要的已知副作用，就是導致**肝臟酵素升高**，以及**肝功能受損**（當肝功能受損時，血液裡的肝臟酵素值會異常升高；有的肝病患者即使肝臟酵素恢復正常，也不代表其肝臟絕對是健康的）。

如果你正在服用史他汀類藥物，一定要定期接受抽血檢驗，看看肝功能是否受到損害；假使肝功能受損，請停止服用史他汀類藥物，因為此時繼續服藥往往會讓問題變得更糟。

肌肉病變

另一項眾所皆知的副作用就是引起**肌肉病變**，這種造成肌肉損傷的醫療糾紛完全與服用史他汀有關。多達20％的史他汀服用者可能產生肌肉疼痛、壓痛和無力。然而，在製藥商的報告中，他們指出史他汀僅造成0.1％的某類型肌肉損傷（橫紋肌溶解症）發生率，因此他們說肌肉症狀非常少。他們忽略了有五分之一的人透過史他汀療法所承受的痛苦，而且通常還要接受其他藥物治療才能夠忍受史他汀的副作用。

橫紋肌溶解症是一種嚴重的中毒性肌肉病變，會破壞橫紋肌。肌紅蛋白是一種肌肉蛋白質，當肌肉分解時會被釋放到血液中，可以當成衡量史他汀肌肉病變的指標。有趣的是，人體中大約有40％的鎂存在於肌肉裡。因此，當肌肉遭到破壞時，鎂便從這個儲存庫裡流失，導致肌肉疼痛和痙攣。鎂也是許多種肌凝蛋白（形成肌肉的大蛋白質）中不可或缺的礦物質催化劑，包括骨骼肌、平滑肌和心肌。肌凝蛋白的論文有助於說明缺乏鎂可能對全身的肌肉功能造成干擾。

另一件不幸的事是，好幾種史他汀類藥物都<u>含具有潛在毒性的氟化物</u>，這些氟化物可能釋放出氟離子，與鎂產生不可逆的結合，也會造成肌肉疼痛。更多關於含氟藥物的討論請見第一章（P077）。

使Q10不足

除此之外，史他汀類藥物還有另一項副作用：<u>抑制輔酶Q10生成</u>——它會封鎖有助於製造輔酶Q10和膽固醇的途徑。

Q10是一種脂溶性的抗氧化物，存在於粒線體中。粒線體是細胞主要的能量中心，能夠製造能源供全身使用，而這個過程叫做「三羧酸循環（克氏循環）」。輔酶Q10存在於三羧酸循環的八個階段之一，而這八個階段裡有六個階段都需要鎂。如果Q10的值偏低，又再加上缺鎂，那就會造成肌肉病變例如心肌損傷；同時，也可能會造成神經損害與記憶力下降，例如全面性失憶症。

許多另類療法的醫生會在病人服用史他汀類藥物時，另外開立昂貴的高劑量Q10，卻忘記給予鎂。如果你不是素食者，你可以從魚類、牛肉、豬肉、雞心、雞肝中獲得足夠的輔酶Q10，而洋香菜、紫蘇也含有輔酶Q10。如果你同時也服用鎂，Q10的濃度應該會恢復到正常值，然而，若以鎂作為治療膽固醇過高的一線藥物效果會更好，你根本不用碰史他汀類藥品。

安全有效的膽固醇抑制劑

大力支持鎂的知名專家西立格醫生在2004年過世之前，和羅薩諾夫博士合著了一篇論文，證明鎂和史他汀類藥物的作用一致，都能降低膽固醇。

身體中的所有代謝活動，都必須倚賴各種酵素，例如要製造膽固醇就必須有HMG-CoA還原酶。研究結果顯示，當膽固醇充足時，鎂就能減緩這種酶的反應；當我們需要比較多時，便加速它的反應——這種酶也正是史他汀類藥物所要抑制的目標。

鎂和史他汀類藥物的機轉雖然幾乎一致，然而，鎂是人體進化出來以

抑制和平衡膽固醇較自然的方式，史他汀類藥物卻會破壞整個過程。這也表示，如果體內有足夠的鎂，那就只會製造所需的膽固醇，並且發揮應有的作用（製造荷爾蒙與維持細胞膜），而不會產生過多的膽固醇。記住，人體內大部分的膽固醇是由肝臟製造的，所以，**假如身體不需要膽固醇，肝臟就不會製造它──這個機制有賴於具備足夠的鎂**。然而，今日的土壤中缺乏鎂，加工食品又缺鎂，大家都攝取了過多的鈣與富含鈣的食物，而且沒有補充鎂，因此大家的膽固醇值便升高了。**當體內沒有足夠的鎂來牽制促使膽固醇生成的酵素，人體製造的膽固醇量就會超過需要的量。**

鎂和膽固醇的故事不只如此，鎂還負責其他數種轉換脂質的功能，這些功能是史他汀類藥物沒有的。**要讓降低低密度膽固醇（壞膽固醇）的酵素運作，非得有鎂不可**；鎂同時還能降低三酸甘油酯並提升高密度膽固醇（好膽固醇）。此外，還有一種仰賴鎂才能運作的酵素，會將omega-3與omega-6等重要脂肪酸轉換為前列腺素──這種激素能促進心臟與全身的健康。

西立格和羅薩諾夫醫生在結束他們的論文時，指出鎂是天然的鈣離子通道阻斷劑，這點是大家都認同的，而我們現在也知道，鎂的作用就像是天然的史他汀一樣。在兩人合著的《鎂因子》一書中，他們指出共有十項人體實驗證實補充鎂對脂質有正面影響。研究數據顯示，整體而言，實驗對象的膽固醇降低了6～23％，三酸甘油酯降低了10～42％，高密度膽固醇增加了4～11％，此外，報告也指出**鎂值過低與「壞」膽固醇較高有關，鎂值較高時，也會增加「好」膽固醇的量。**

我在醫學院時，平均總膽固醇含量的標準是245毫克／分升。直到降低膽固醇的藥物問世，醫生和藥商才開始提倡將膽固醇降到更低，以預防心臟疾病，但這全然是種誤導。關於高膽固醇的營養補充品方案，請見第七章末給心臟病患者的「營養補充品建議」 (P246) 。

冠狀動脈鈣化檢查

自從我寫了第一版的《鎂的奇蹟》，作為心臟病首要原因的膽固醇在某

Mg⁺ 正常的脂肪數值

- 總膽固醇：180～220毫克／分升
- 高密度脂蛋白膽固醇：高於45毫克／分升
- 低密度脂蛋白膽固醇：低於130毫克／分升
- 極低密度脂蛋白膽固醇：低於35毫克／分升
- 總膽固醇與高密度脂蛋白膽固醇的比值：男性最佳比值為小於3.43（平均為4.97）；女性最佳比值為小於3.27（平均為4.44）

些圈子裡便「失寵」了。史他汀類藥物問世大約已超過三十年，假如膽固醇是心臟病的原因，而史他汀是療藥，那麼為什麼心臟病至今仍是死亡的首要原因呢？

製藥業的研究報告表示，史他汀可以降低膽固醇，但是不同的研究報告說它們不能延年益壽。在這場戰爭中，心臟病學家把矛頭指向鈣，並且以測定冠狀動脈的鈣化指數來評估心臟病的風險。

冠狀動脈鈣化檢查，是利用電腦斷層掃描來評估冠狀動脈裡的膽固醇斑塊的鈣化程度。冠狀動脈鈣化檢查雖然是一種檢查工具，但尚未流行起來，這或許是因為還沒有藥物能溶解冠狀動脈裡的鈣。對抗療法持續以成效不彰的鈣離子通道阻斷劑、史他汀類藥物和冠狀動脈支架放置術（之後需要終身使用血液稀釋劑）來作為他們的治療選擇。在我的世界裡，當有過多的鈣沉積在動脈裡時，那就表示相當缺乏鎂──鎂是治療鈣在體內沉積的物質。這裡有一則用鎂來逆轉冠狀動脈鈣化的消息：

兩年半前我太太做了開心手術，起因主要是高血壓和冠狀動脈阻塞。服用ReMag和ReMyte幾個月之後，她的血壓從180／95掉到110／60。她最近一次的心臟超音波顯示她有顆健康強壯

的心臟，射血分率為60%；最近一次的冠狀動脈超音波顯示鈣化阻塞減少了30～40%。這真是令人驚喜的好消息。

　　一項最新的研究指出，透過冠狀動脈鈣化檢查發現鈣化的程度愈嚴重，心房顫動的風險就愈高。我會在第七章「心律不整：鎂能讓心肌維持正常的鉀／鈉濃度」 (P218) 那一段更深入探討這些檢查。

氧化膽固醇與同半胱胺酸的關聯

　　研究學者已經找出動脈內膜受損的各種原因，包括高同半胱胺酸、披衣菌感染、脂肪周圍異常血流、自由基、高血糖、高血壓和缺氧。受損的動脈壁組織會產生發炎作用，然後發炎作用會吸引「壞的」膽固醇（低密度脂蛋白）和鈣，這兩者會築出一道堅硬的疤，試圖「治癒」發炎作用。鎂的功用是持續地降低同半胱胺酸的濃度、以自然方式稀釋血液、阻擋自由基、平衡血糖、降低血壓、消除發炎和溶解鈣。

　　在俄國的研究者證明氧化膽固醇會造成動脈阻塞後，大家都認為所有的膽固醇都是壞東西，卻沒有人想到氧化膽固醇才是罪魁禍首。克里墨‧麥考利（Kilmer McCully）醫生指出，同半胱胺酸升高會產生一種製造氧化膽固醇的過程。在1969年，麥考利醫生首先提出，心臟病患者尿液中的同半胱胺酸數值會上升。但是他也發現，只要補充某些營養素，而非服用藥物，就能改善這種情形。

　　同半胱胺酸是消化蛋白質時的正常副產品，如果你沒有特定營養素的輔助因子（鎂和維他命B）來達成對蛋白質的最佳消化，同半胱胺酸就會積聚起來。同半胱胺酸的量升高，可能會造成膽固醇氧化──損害血管的元凶正是氧化膽固醇。

　　同半胱胺酸的最佳濃度介於10～12微莫耳／公升之間。當細胞中的同半胱胺酸升高，將會耗盡細胞中的鎂，因為鎂是用來分解同半胱胺酸的，而這就是高蛋白飲食需要較多的鎂來代謝額外產生的同半胱胺酸的原因。

血液中有高濃度的同半胱胺酸，這種情況就叫做高同半胱胺酸血症，大約占總人口的20～40％。**有高同半胱胺酸血症的人，其罹患心臟病的風險幾乎是一般人的四倍。**

高同半胱胺酸血症是罹患心臟病的高風險因子，在心臟病和血液凝固障礙上，甚至是比高膽固醇更強烈的指標。然而，它並未列於心臟病的標準血液檢測表中──可能是因為還沒找到能降低同半胱胺酸的藥物。

我認為，鎂值過低可能是更相關的指標，因為與同半胱胺酸代謝有關的主要酵素必須有鎂才能運作。麥考利醫生將高同半胱胺酸過分歸咎於飲食中的蛋白質了；在缺乏鎂、維他命B_6、維他命B_{12}和葉酸時，人體無法適當消化飲食中的蛋白質。鎂和維他命B群早在數百年前就存在於傳統飲食中，但現在的飲食裡缺乏這些營養素，因此同半胱胺酸便升高，最後導致心臟病。

當這些與代謝有關的營養素透過飲食和營養補充品重新介入後，不僅高同半胱胺酸濃度下降，心臟病的徵兆也隨之消失。後續的研究已經證實，維他命B_6、B_{12}、葉酸和鎂是預防高同半胱胺酸血症所引發的血管損傷所需要的營養素。

很明確的一點是，若想成功治療高同半胱胺酸，有賴於包含維他命B群和鎂的飲食改變。然而，在治療高同半胱胺酸的處方箋裡，往往含有維他命B群，卻將鎂排除在外──這是傳統醫療中常見但嚴重的錯誤。維他命B群最有效的形式是甲基化，我推薦的來源是ReAline，它除了含有四種甲基維他命B，也含有牛磺酸──有助於代謝同半胱胺酸的另一種營養素。

研究學者發現，<u>高同半胱胺酸也是各種死亡因素的指標</u>，其凸顯出缺乏必要維他命除了導致心臟病，對身體同樣也有深遠的影響。

＋＋ 高血壓 **鎂是天然的降血壓劑**

高血壓是血壓升高的問題，在美國有超過5000萬人深受其所苦。通常高

血壓都是在一般體檢時發現，除非程度已經相當嚴重，否則本身不會出現明顯的症狀或病徵，嚴重的患者則會出現頭痛、暈眩、視力模糊等問題。

正常的血壓值為收縮壓100〜140、舒張壓60〜90。收縮壓是量血壓時量得的第一個數字，與心肌將血液送出心臟時的壓力有關；舒張壓是測得的第二個數字，代表心臟在兩次跳動間放鬆時動脈維持的壓力，這種壓力能夠讓動脈保持暢通。

高血壓可分為原發性高血壓與次發性高血壓。原發性高血壓通常不會有任何症狀——90%的高血壓患者皆為此型；次發性高血壓是其他疾病所引起的高血壓。原發性高血壓的肇因包括膽固醇、家族病史、肥胖、飲食、抽菸、壓力、攝取過多食鹽，但其中一項容易被大家忽略的原因是缺鎂。

現代醫學的另一項迷思，就是血壓愈低愈好——就像膽固醇一樣。過去十年來，所謂的高血壓標準值，已經低到讓大部分的美國人都處於高血壓前期的程度。大家在得知自己處於高血壓前期時，往往沒聽到「前期」，只聽到「高血壓」，讓他們嚇得要命，有時甚至因此而血壓飆高，這種現象叫做「白袍恐懼症」。

白袍恐懼症指的是，當一個身穿白袍的人向你揮舞著測血壓布袖袋時，你便心跳加速，血壓升高。你的血壓會因為戰或逃反應而自動升高，因為你害怕醫生告訴你說你有高血壓。居家時血壓正常，但在醫生的診間便提高，這就是白袍恐懼症，而非真正的高血壓。它不是一種危及生命且需要治療的疾病，它是急性壓力下的正常反應，也往往是造成你服用不必要藥物的另一個醫源性（醫生引起的）情況。

我們當然要避免高血壓，但這些新的正常血壓值卻會使得許多人杯弓蛇影，以為自己得了高血壓且必須服藥。年紀較大，血管壁也會變緊，要讓血液流到肢端，輸送血液的壓力當然會稍微升高，這些人如果硬是想要降低血壓，就可能出現頭暈、昏倒的情形，導致其實可以避免的危險骨折。若想要解決這種問題，權宜之計就是減重、運動、減少壓力，同時也服用鎂來預防高血壓。

用利尿劑降血壓的副作用

利尿劑是對抗療法的醫療提供者在治療高血壓時的首選藥物，這些藥與限鹽飲食結合起來，有助於將水分排出體外。它的理論依據是，假如你血液裡的鹽和水愈少，那麼你血管所承受的壓力便愈小。但是，在沒有做精密檢測的情況下，醫生要怎麼知道病人血液裡的水分是否太多？還有，如果你排出太多水分，難道那不會讓你脫水、血液變稠、使你易於產生與凝血相關的疾病，像是中風和深部靜脈栓塞嗎？

弗列敦‧拜門蓋勒（Fereydoon Batmanghelidj）醫生在其著作《多喝水的療癒聖經》（柿子文化出版）中提到，脫水會導致高血壓。人體即使在輕微脫水時，都會收縮全身的血管，企圖保留住任何水分：你流的汗變少了，你呼吸時散失的水分也變少了——但是血管收縮意味著血壓會升高！

小心缺鉀

脫水是很常見的現象，不管怎麼說，大部分的人喝水已經喝得不夠多了，為什麼還要用利尿劑去擠出更多的水呢？當醫生幫病人開的處方箋裡含有利尿劑時，會警告他們最常見的副作用是缺乏鉀，因為鉀會隨著尿液大量排出。為了預防這種情形，醫生會建議病人吃香蕉和柳橙，或是服用鉀錠。但是病人不知道的是，鎂也隨著鉀一起流失了。

回想一下，鎂缺乏症會導致血管無法放鬆，更容易出現痙攣和緊繃，這是高血壓的先決條件；所以，治療高血壓的方法反而會讓問題變得更嚴重。諷刺的是，服用鉀錠對於也缺鎂的病人來說並沒有助益，因為<u>如果沒有足夠的鎂，人體便無法把鉀輸送到細胞裡</u>。

即使是所謂的保鉀利尿劑，仍然會耗盡其他礦物質，包括鎂在內。利尿劑的常見副作用有：無力、肌肉痙攣、關節痛和心律不整——這些都是缺鎂的症狀。因此，當你在服用利尿劑的時候，應該定期做紅血球鎂濃度檢測（P384），只是它目前尚未被納入標準檢測程序裡。更多關於鎂的檢測請參見第十六章。

以下的電子郵件來自於我的部落格讀者，他提到自己用鎂來對付水腫的經驗。

　　我一直有水腫的問題，而且多年來持續服用保鉀利尿劑來控制。幾個月前問題開始加劇，我的兩腿嚴重腫脹到幾乎無法走路。

　　我依醫生的醫囑去做腿部按摩，但是六週內的時段都已經預約滿了。在這期間，我決定自己上網做功課。網路上的許多文章裡，我發現有一篇提到原因也許是因為缺乏鎂。我買了一些200毫克的鎂錠，然後上午、下午各服用一顆，等於每天服用400毫克的鎂。

　　剛開始沒有任何變化，但是經過五、六天後，我開始大量排尿，並持續了一個多禮拜。我開始覺得全身舒暢，警覺性更好了，而且最重要的是，我可以正常走路了。體重器顯示我在過去幾週掉了約十八公斤，我終於看見因為水腫而許久不見的腳踝，於是我取消了按摩療程。現在我的感覺和行動，就和多年前一樣輕鬆。

　　一位女士寫信來說她有水腫的問題，她的鉀濃度很低，醫生告訴她要避免攝取鹽，並且把她的水攝取量降低到每天只有4杯（約950毫升）。我看過很多對付水腫的醫療方法，醫生會限制水分、開利尿劑、避免攝取鹽——這一切都只會阻止復元，甚至造成更嚴重的水腫。

　　為了治療水腫，一般來說一天需要喝下4杯以上的水，你需要用海鹽、鎂和綜合維他命來阻止水分滯留。我建議你依體重磅

數的一半，喝下相同數量盎司的水。如果體重是150磅（約68公斤），就每天喝75盎司（約2200毫升）的水。在約950毫升的水裡添加¼茶匙的未精製海鹽，喜馬拉雅山玫瑰鹽或凱爾特海鹽都可以。如果一開始感覺太濃，就先從在1杯水裡加一小撮鹽開始（注意：假如海鹽似乎會造成水分滯留——很罕見的現象——就先停止使用，並且去檢測你的鈉濃度）。

把食鹽和海鹽當作同樣的東西是相當可悲的錯誤觀念，而且大錯特錯。海鹽含有豐富的七十二種礦物質，而食鹽就只是單純的氯化鈉。由於氯化鈉會對身體造成傷害，因此你可以說它是一種藥。海鹽在從前是一種珍貴的商品，貴重到一度被當成現金使用。適度為細胞補充水分、海鹽和吸收良好的礦物質，是使細胞有效率、有效能地發揮功能的關鍵。

如果你的礦物質攝取不足，水便找不到它通往細胞的路徑，然後開始聚積在細胞外基質裡，尤其是手腳和腿。你可能會出現「香腸手」和腳踝腫脹的情況；如果你有水腫和心臟病的徵兆，像是胸痛和心律不整，醫生也許會將這種情況診斷為心臟衰竭，而這也許是他們如此猛烈地用利尿劑來治療水腫的背後原因——不過，他們要是能重新回顧一下基本的流體動力學和細胞功能，或許就會知道真相了。

提高膽固醇和血糖

利尿劑的另一個副作用，依我所見，就是提高膽固醇和血糖，這是由利尿劑導致的慢性缺鎂所造成的。當病人接受治療膽固醇的史他汀類藥物和治療糖尿病的藥物時，鎂缺乏症可能會變得非常嚴重，以至於產生了心房顫動或心臟病。

醫生希望病患終身服藥的理由之一是，他們沒有看到心臟病病患好轉起

來——他們並未意識到，他們的藥可能是造成無可救藥的心臟病和心臟衰竭的原因！

利尿劑讓腦部乾涸

一篇期刊中的研究指出，有位年長女性因為罹患高血壓而服用利尿劑，結果發生了血清鎂值過低的情形。她因為極度虛弱而被送進醫院，並且明顯有偏執妄想的精神疾病。幸運的是，醫生發現了她缺鎂的情形，並透過靜脈注射給予大量的鎂，她的症狀便在二十四小時內消失，但是只要她一服用利尿劑，那些症狀便又通通回來了，也必須再三接受鎂劑治療，而她並沒有其他可歸咎的異常情形。

因此，服用利尿劑的病人都應該請教醫生是否每日至少服用600毫克以上的鎂劑，如此一來，就能避免利尿劑造成的許多狀況。

其他沒用的降血壓藥

如果利尿劑無法有效控制血壓，那麼接下來的選擇就是服用血管收縮素轉換酶抑制劑、鈣離子通道阻斷劑、抗腎上腺素藥、血管擴張劑等——這些是一位內科醫生朋友提供給我的治療高血壓「藥品清單」。我一早就去訪問了我的內科醫生朋友，他邀請我坐在診間旁聽，一同面對一位壓力很大且體重過重的報社記者——該記者總共服用了四種不同的降血壓藥物，卻完全無法根除高血壓問題，因而非常沮喪，也很擔心自己的血壓問題。

我發現這位病人所服用的藥物可能會造成憂鬱——當然，心情低落也可能是服藥後見不到起色造成的。我問他是否有性功能障礙，因為這是藥物可能產生的副作用，也可能是讓他憂鬱的原因，他說自從他開始服藥後就有這種問題，不過這並不是他憂鬱的原因。

這位病人有體重過重的問題，當我詢問他的飲食習慣時，我的醫生朋友承認自己並沒有提供特別的飲食建議，只建議他應該減重。我也提了鎂的功效，說鎂是天然的降血壓劑，能夠幫助肌肉放鬆、解除焦慮，並且有助於睡

眠。我朋友開口表示，當這四種降血壓藥都無效時，他就會加上鎂，而且鎂的效果通常都很不錯。

要不是為了尊重對方，將心比心，我真的想對他大喊：「為什麼不先開鎂，然後才開那些有許多糟糕副作用的藥物？」幸好，已有愈來愈多的自然療法治療師、手療師、營養師、初級照護醫生、內科醫生和心臟科醫生，都知道鎂是人體必需營養素和具有療效的珍寶，而且相當願意在用藥前先使用它。他們認為鎂是理想的藥物：既便宜又安全，使用簡便，治療項目多，半衰期短，而且很少會與其他藥物產生交互作用。

減重就能降低血壓

在討論用藥之前，應該先用飲食來治療高血壓。

一些研究報告指出，飲食中的含鎂量與高血壓的發生有直接關聯，亞圖拉醫生夫婦首先提出飲食中缺乏鎂會讓受試動物出現高血壓的情形。如今，土壤和我們所攝取的食物嚴重缺乏鎂，為了取得身體所需要的營養素，人們會不自覺的吃下更大量的食物——只有獲得了足夠的營養素，貪得無厭的飢餓才會消失。

飲食加上減重，同時再補充維他命、礦物質等控制血壓的輔因子，就能有效降低血壓，例如在飲食中增加鉀與鎂的攝取量，就能有效抑制調節鈣的荷爾蒙，因為這種荷爾蒙會影響血壓的高低。在鎂離子值與血清鎂降低的同時，動脈的血壓似乎會增加。

在醫學院的教科書裡，講到血壓時往往會提到減重，但都只是匆匆帶過而已。這些書的作者承認，如果你能讓某個人減重，他／她的血壓通常都會降低，每個相關研究都證實了這點，然而大部分的醫生表示，因為幫助病人減重的成功機率不高，因此通常會直接開立藥物作為第一線的治療方式。提到減重，有兩點讓醫生裹足不前：一方面是他們在醫學院沒有受過體重管理的訓練，另一方面，病人自付額也不涵蓋營養諮詢與疾病預防，只能用來支付那些有疾病代碼的項目。

關於高膽固醇的營養補充品方案，請見第七章末給心臟病患者的「營養補充品」(P246)。

(P246)

Mg⁺ 高血壓的其他注意事項

　　有些嚴重高血壓的成因是遺傳問題或腎臟疾病，因此需要利用藥物來治療。此外，如果體內的動脈血管因為長期動脈粥狀硬化受損或產生疤痕，很可能不會對只含鎂的療法產生反應，因此也必須透過藥物來控制血壓。如果醫生因為你有腎臟疾病而提醒你不要服用鎂劑，請閱讀第十一章裡「腎臟病：從避免鎂到需要鎂」(P306) 的那一段。

第7章

讓人提心吊膽
的心臟病

Mg⁺ 關於鎂和心臟病，你必須知道的事……

❶ 鎂能防止心血管的肌肉痙攣，心肌痙攣可能會造成心臟病。

❷ 鎂能預防周邊血管的肌肉痙攣，這些血管痙攣可能會導致血壓升高。

❸ 鎂能預防動脈中膽固醇斑塊的鈣堆積，這些斑塊會導致血管堵塞、動脈硬化和中風。

飲食健康卻心臟病發作的安娜特

安娜特受夠了大家聽到她剛從心臟病發作中復原的震驚反應，她知道大多數人對心臟病的刻板印象是：患者往往是個性積極、體重過重的男性，多半還有抽菸的習慣，食量也相當大……但安娜特可不是

這樣！她相當苗條、節制，是個素食者，飲食中攝取的脂肪也不多。當朋友建議她採用迪恩‧歐寧胥（Dean Ornish）醫生的素食方式調養身體時，她不禁沮喪的嘆息，因為那正是她平常的飲食方式。

安娜特才五十六歲，不抽菸，膽固醇值相當標準，唯一與心臟病有關的風險因子就是血壓偏高。醫生告訴她由於血壓過高，因此她有輕微的心臟病。現在她每天都會心悸，得吃好幾種藥，也覺得自己的體力愈來愈差，整天都擔心自己的心臟病是否會再次發作。

強心劑漸漸無法對安娜特產生效用，第二次去看心臟科醫生時，醫生看到她憔悴的樣子不禁大吃一驚，於是決定讓她進行血液檢查，並在自己學生的強烈建議下，還讓她做了紅血球鎂濃度檢驗。檢驗結果低到嚇人，護理師立刻把她叫進去，告訴她醫生已經找到原因了。

醫生告訴安娜特她嚴重缺鎂，並對背後的原因感到納悶。原來以前她是馬拉松跑者，如今只要有機會她仍會鍛鍊自己。她了解體內的鎂會隨著汗水流掉，卻從未積極地補充回去。醫生推薦安娜特服用溶於水的檸檬酸鎂液，不到二十四小時就開始發揮作用，肌肉疼痛、失眠、心悸、疲勞等情形都消失了，讓她非常驚訝，甚至連她服用的其他藥物的用量也跟著減少了。從那時起，那位醫生便開始讓病人做紅血球鎂濃度檢驗，他懷疑安娜特心臟病發是鎂含量過低造成的。

2003年的一份研究報告提供了足夠的證據，呼籲醫生們在治療女性心臟病患者時，應該要將鎂列入用藥清單。此份報告的結果顯示：「在其他方面都很健康的女性身上，也會出現飲食中缺鎂的情形，這將導致她們需要愈來愈多的能量，以及在進行次極量運動（submaximal work，意即在最大心跳率以下進行的運動）時，對心血管功能造成負面影響。」

我們在第十章會提到，即將臨盆的孕婦若罹患高血壓，婦產科醫生往往會用鎂來治療病患 (P278)，很可惜的是，他們沒對心臟科醫生或家庭醫生提

到鎂的重要性，因為<u>鎂也能治療一般的高血壓</u>。高血壓會導致心臟病，因此用鎂也能預防心臟病的發生。

美國心臟學會「心臟病與中風統計報告」從2015年開始發現：

- 心臟病是美國頭號死因，每年死亡人數超過37萬5000人。
- 心臟病是女性的頭號殺手，所有類型的癌症加在一起所奪走的性命，都沒有它多。
- 根據聯邦資料顯示，心血管手術和療程從2000～2010年大約增加了28％，在2010年總計約七百六十萬件。
- 美國每年心臟病發作的人數大約是73萬5000人，其中約有12萬人死亡。

Mg⁺ 服用鎂與處方藥的重要提醒

在缺鎂的情形改善了之後，或是鎂消除了你原有的症狀後，你需要服用的藥物量就會降低。換句話說，因為你服用了鎂，原本用來治療症狀的一些藥物也就不再需要了，它們甚至會毒害身體，造成副作用。

病人與醫生必須密切注意症狀的改變，因為你的目標應該是盡可能的減少用藥。

高血壓數據一樣令人沮喪！將近8000萬個美國成年人有高血壓的問題，那大約是總人口的33％。其中大約有77％的人使用降血壓藥物，但是服用藥物的人裡頭只有54％控制住病情。

當我在1990年代晚期研究這些數據時，美國罹患高血壓的人數是5000萬人，尋求常規療法上診所看醫生的人大約是一年2930萬人。降血壓藥物的處方絕大多數都是開給這些人，即便鎂的效果實在好得太多，而且已被一小群

醫生、骨療法醫生和自然療法醫生使用了半個世紀以上。我之所以在這裡提到高血壓——即使在第六章已經討論過 (P193) ——那是因為治療高血壓的藥物可能導致心臟病。

✦✦ 女性比男性有更多的心臟病和併發症

疾病管制中心的《發病率與死亡率週報》指出，自1921年起，心臟病一直是美國的首要死亡原因。然而，美國心臟協會（成立於1924年）花了將近一個世紀的時間才出版了《女性急性心肌梗塞的首次科學報告書》。

該報告書承認，冠狀動脈疾病每年影響了660萬名美國女性，但是醫生說這種疾病在這個族群裡「仍然未被充分研究、診斷和治療」，「每年死於心肌梗塞的女性超過5萬3000名，約有20萬2000人因為急性心肌梗塞和／或不穩定型心絞痛住院。此外，26％的女性和19％的男性在第一次心肌梗塞發生後的一年內死亡；47％的女性和36％的男性在五年內死亡。」

研究人員發現，「冠狀動脈血管攝影之所以不常用於女性，大部分是因為她們的風險被低估了，但無論在什麼樣的年齡層，女性的死亡率都明顯高於男性。」他們說，公眾和醫學界對於心臟病發作的認知是，它們大部分發生在中年和老年男性身上。醫生想要改變這種錯誤觀念，這樣他們才能及早診斷和治療女性。我建議女性應該服用更多的鎂來預防心臟病。

這項研究的研究人員指出，文獻顯示，罹患心臟病的女性比男性更容易有糖尿病、心臟衰竭、高血壓、憂鬱症和腎衰竭，而且有更多女性出現非ST節段上升（「ST節段」為心電圖術語，ST節段上升表示可能有心肌梗塞，然而有些冠心病患者胸痛就醫檢查時，心電圖卻觀察不到ST節段上升的狀況）、心肌梗塞或冠狀動脈痙攣。她們也在冠狀動脈重建治療後有更多的出血併發症、更長的住院時間和更高的住院死亡率。

研究人員還承認，造成年輕女性上述風險的理由尚不清楚。至於年紀較

長的女性，他們推測，與停經有關的雌激素不足所導致的內皮細胞功能失調增加和脂質堆積，可能影響了冠狀動脈心臟病的風險。然而，「評估以外源雌激素療法來初步預防停經後婦女的冠狀動脈心臟病的研究，已經被確切地否定。」因為女性沒有反映出胸痛，反而是出現由於噁心伴隨而來的胸悶、胸部壓迫感或胸絞痛，所以臨床診斷的精確度往往會削弱。此外，動脈斑塊的數量也不一樣。在男性裡，76％的致命心臟病是由斑塊破裂所引起，而女性的比例是55％。在女性中出現的往往是比男性較不嚴重的動脈堵塞，這可能意味著誤診和無效治療。

結果是醫生並不知道女性為何比男性有更多的心臟病和併發症！當然，我是通過鎂來看這一切的；我們知道女性比男性需要更多的鎂——也許和女性額外的荷爾蒙（女性有更多的生化途徑來應用更多的鎂）有關。此外，女性也比男性服用更多的鈣補充劑；柏蘭德和他的團隊所做的研究中，有六個以上的研究發現，只服用鈣補充劑但未攝取足夠的鎂的女性，有較高的心臟病風險，但報告中卻都沒提到那些研究，這是因為他們看到的是內皮細胞功能失調，並且推測與雌激素有關。至於我，看到的則是內皮層由於❶缺乏鎂所引起的一氧化氮不足、❷缺乏鎂所引起的粒線體功能失調與❸缺乏鎂所引起的由鈣觸發的內皮細胞功能失調，進而受到了影響。

<u>心臟病在女性身上發生的併發症高發生率，根本是鎂缺乏症症狀的完整名單</u>：糖尿病、心臟衰竭、高血壓、憂鬱症、腎衰竭、非ST上升型心肌梗塞和冠狀動脈痙攣。我也發現，鎂在女性體內的燃燒率比男性還要高。依我所見，女性可能比男性工作更辛苦、憂心更多、服用更多鈣補充劑和藥物，所以才會燒燃掉更多的鎂。

所以我看到的實際情況是，女性比男性遭受更多的藥物不良反應。根據一項研究，在所有住院案例中，有5％是由於藥物副作用，其中演變成藥物不良反應的風險，女性是男性的一‧五到一‧七倍，而醫生不知道為什麼女性會發生較多藥物副作用。這項研究提到，在抗心律不整藥物的QT間期延長（「QT間期」為心電圖術語，QT間期延長有心律不整的風險）上，女性比男性有更

多的風險。醫生表示無法得知造成這種現象的機制；在研究人員思考這些不良情況的原因時，我思考的是對女性的藥物治療，她們的鎂已經流失，藥物治療又進一步降低她們的鎂值，而造成更多因缺鎂所引發的藥物副作用。

鎂缺乏症會導致肌肉痙攣，當心臟肌肉痙攣時，會被診斷為心絞痛或心臟病發作。我認為，為了解決女性心臟病發作發生率較高的問題，鎂缺乏症應是首先要檢查的項目，但醫生不會想到那裡，因為醫學院沒有教到鎂的臨床應用和治療應用，所以大家必須回家做功課，自己尋找解決之道。

Mg⁺ 心臟病發之路

第一步：動脈缺乏彈性

冠狀動脈能將充滿氧氣的血液從心臟透過大動脈輸送到心肌，但動脈口徑本身相當細，直徑只有三公釐。只要有個小血塊，或是在痙攣時有小血塊掉落，就會發生阻塞。

鎂能預防血塊的生成與動脈痙攣。這些血管從心臟底部分出去時，分為兩條、四條、八條之後就變得更細小；有些最細小的微血管只有一個紅血球的寬度，這些分支之處就稱為「分岔」。心臟科醫生指出，有85％的斑塊都是從分岔的地方開始形成，會出現這些斑塊往往都與受傷有關，這表示感染等情形會損害血管，造成脂肪的累積，並使發炎的部位鈣化。

血管內皮細胞是形成血管內壁的一層特殊細胞；內皮下層細胞（再下一層）則是非常薄的一層結締組織，含有彈力蛋白，這層組織負責讓動脈維持彈性。很重要的一點是，身體必須有鎂才能擁有健康的彈力蛋白，缺鎂的早期徵兆之一，就是內皮下層細胞缺乏彈力蛋白。西立格和羅薩諾夫已經討論過鎂缺乏症動物之彈性蛋白裡的鈣沉積和以纖維組織取代的現象。

內皮下層細胞的下一層則是平滑肌細胞，這層細胞能讓組織

有力，並且根據鈣／鎂比控制血管的擴張。鈣會讓血管收縮，鎂會讓血管擴張，兩者共同控制血管的壓力與血流量。

最終傳達擴張訊息的則是一氧化氮，但必須有鎂才能發揮作用。飲食中缺鎂的動物，其動脈系統也會失去彈性，而比起其他動脈，冠狀動脈更是需要彈性，因為這些動脈必須隨著心臟的收縮與擴張收放，一旦失去彈性，就會使內皮細胞與內皮下層細胞發炎，發炎的部位通常是擴張時受力最大的分岔處。

你可以想像一下，如果你拿著一支Y型的橡膠管，握住上方的兩個分支，並且模仿心臟施力的情形，將兩個分支拉開，儘可能地用力拉，那麼最脆弱的地方會是哪裡？如果我們把橡膠管放在太陽下曝曬一週，然後再緩緩拉開兩個分支，會發生什麼事？你認為哪裡會最先裂開？最可能裂開的地方，應該是管子一分為二之處或那附近，也就是分岔的地方。如果你的血管失去彈性，最可能出現問題的地方就是分岔處，或是那附近的地方。

第二步：發炎反應

動脈血管壁受傷後就會出現發炎反應，讓白血球細胞和膽固醇堆積在這個地方，以修補傷口。在這個階段，如果血液中的鈣過多而鎂不足，過多的鈣就會堆積在發炎區域的血管壁上，讓這個區域失去彈性，也會讓血液無法流入。這種鈣化作用現在可以靠冠狀動脈掃描來測定。

第三步：心臟病發作

一段時間之後，上述的幾個步驟會讓冠狀動脈變得脆弱，也會開始阻塞動脈，漸漸摧毀這個部分的心肌，最後的結果就是嚴重的胸痛，讓心肌大規模受損，最後造成心臟病發作。

最早證實鎂能治療心臟病的研究來自威爾斯、臺灣、瑞典、芬蘭、日本等地，這些研究都顯示：如果某個地區的飲水與飲食缺鎂，該地居民罹患冠心病的死亡率就會比較高；如果一個地區的飲用水含鈣量高於含鎂量，或是飲食中所攝取的鈣比鎂多，就會有比較多人罹患冠心病。

澳大利亞大學在過去七年內追蹤了1萬4000名男性與女性，發現飲食中含鎂量較低的人，比較容易出現冠狀動脈硬化與心臟病突發的問題。

亞特蘭大疾病防治中心在十九年間追蹤了1萬2000人，最後有4282人死亡，1005人罹患心臟病，其中缺鎂患者的死亡率最高。研究人員保守估計，在1993年死於心因性疾病的50萬人中，約有11％的患者與缺鎂有關。如果能用更精確的方式測量缺鎂的情形——例如進行鎂離子檢驗，就會發現實際數字高出很多，對鎂的需求量也更大。幾十年來，有許多證據顯示，鎂在預防血管壁與動脈血管硬化中扮演了重要的角色，鎂能讓動脈維持彈性，讓血管擴張，避免鈣沉澱，它也是讓心肌等肌肉維持健康的重要成分。

由於上述種種原因，鎂是維持心臟健康不可或缺的成分。在人體中，進行新陳代謝的其中一種關鍵物質是一氧化氮，它是一種相當簡單的化合物，由氮與氧組成，威力卻十分強大。一氧化氮控制了血管的舒張，但這個動作卻必須由鎂來發號施令。

✦ 診斷心臟病最有力的新指標

2005年12月發表的研究報告證實，C反應蛋白（CRP）的出現是診斷心臟病最有力的指標；最理想的C反應蛋白濃度應低於6毫克／公升。在做了更多研究之後，假以時日，C反應蛋白可能會取代膽固醇，成為判別心臟病的重要指標。為什麼這項指標會如此重要呢？因為C反應蛋白是一種發炎指標——受傷與發炎的心血管才是導致心臟病的原因。

這份2005年的研究也檢驗了尿酸，它是嘌呤未完全分解下的產物。富

含嘌呤的食物有鰻魚、鯡魚、腎臟、肝臟、鯖魚、肉汁、肉餡、蚌類和沙丁魚。高尿酸與發炎作用、高血壓、心臟病、受損的血管壁有關。一氧化氮是一種抗發炎物質，它能分解尿酸，因此會被耗盡，於是體內的發炎作用增加了，C反應蛋白濃度也提高了。

雖然研究學者對鎂不予置評，但是鎂在治療升高的C反應蛋白上是很重要的，因為它是非常強效的抗發炎劑。充足的鎂能鎮定每個階段的發炎作用，而唯一的其他選擇，即消炎處方藥，其實是成效不彰的，而且可能造成危險的副作用。我會在第十一章討論到非類固醇消炎止痛藥 (P298)。

2015年有一篇綜述文章〈C反應蛋白、發炎作用和冠狀動脈心臟病〉，在清楚概述了C反應蛋白後指出，它是一項很重要的診斷工具。你可以上網搜尋這篇文章，光是摘要就能告訴你發炎作用對慢性疾病所造成的影響的關鍵資訊。總而言之，有愈來愈多人把高敏感性的C反應蛋白檢驗當作「冠狀動脈心臟病的診斷、管理和預後的臨床指南」。

飲食中的鎂和C反應蛋白值

一篇2013年的整合分析涵蓋了來自十九項研究的53萬2979位參與者，它指出，低鎂飲食和心血管疾病事件的高風險，兩者之間的關係在統計數據上有著重大的關聯性。更引人注目的證據是，較低的血清鎂濃度與心血管疾病全部案件的高風險都有關係。我只希望，要是他們能使用更準確的血中鎂離子檢驗 (P387)，甚至是紅血球鎂濃度檢驗 (P384)，那就太好了。

2014年4月《歐洲臨床營養期刊》裡的一項研究指出，「這篇整合分析和系統性的綜述顯示，透過飲食攝取的鎂和血清C反應蛋白值之間有重大的逆相關性。攝取鎂在慢性疾病上的潛在有利影響，或許就是（至少有一部分）抑制發炎作用。」

鎂補充劑和C反應蛋白值

2006年7月號的《營養研究》期刊中發表的一項美國研究發現，以C反

應蛋白測定，每天攝取鎂補充劑能降低發炎程度。這個消息非常令人振奮，同樣令人興奮的是，研究人員研究的目標是鎂的營養補充品，不僅只是飲食中的鎂而已。這份報告研究了超過1萬人，當中只有21％的人從飲食中攝取足夠的鎂（達到每日建議量），另外有26％的人服用鎂的營養補充品，這組人的C反應蛋白值就比缺鎂的那組低。

動脈粥狀硬化 用鎂避免血管壁吸引壞膽固醇

動脈硬化與動脈粥狀硬化很容易混淆，事實上許多人會混用這兩個詞，動脈硬化是動脈結疤的總稱；動脈粥狀硬化專指脂肪斑塊所造成的結疤或管壁增厚。當脂肪沉積已經造成血管直徑變窄，一塊血栓或動脈痙攣都可能是造成心絞痛、心臟病發作或中風的最後一根稻草。動脈粥狀硬化的併發症在美國占了所有死亡數的三分之一以上，但是它是一種可以預防的疾病。別忘了，在小動脈傷疤上和小動脈脂肪斑塊上的鈣沉積才是真正的罪魁禍首，不過，只要使用達到療效劑量的鎂，它們是可以被溶解的。

心絞痛 戒糖、酒和垃圾食物以防缺鎂

心絞痛是由於心肌缺氧、二氧化碳或其他代謝物堆積，造成胸部或左臂下方產生短暫的疼痛感。這種輕微疼痛、感到壓迫或腫脹感往往出現在運動（特別是在大冷天時）、情緒波動、吃大餐、甚至是做清晰的夢的時候，通常只要休息或口含硝酸甘油片，就能在五分鐘內緩解不適感。

心臟會缺乏輸送氧氣與養分的血液，很可能是因為冠狀動脈阻塞，或是這些小血管發生痙攣。如果症狀變得較為嚴重，這種心絞痛稱為「不穩定型心絞痛」，一旦出現不穩定型心絞痛，就代表心臟病發的機率較高。

另一種心絞痛稱為「變異型心絞痛」，會出現在休息時，而非面臨壓力的時候。詹姆士・B・皮爾斯（James B. Pierce）博士相信自己已找出這種心絞痛的原因，它多半出現在一天中的特定兩個時段：**清晨與傍晚，正好是人體內鎂值最低的時候**。皮爾斯博士估計，約有50％的心臟病發作都與缺鎂有關，他發現比起硝酸甘油舌下片，用鎂來治療壓力所引發的胸痛更有效。事實上，皮爾斯博士知道自己胸痛發作的時間，包括度過壓力很大的一天之後、長途開車時、發怒後等，所以他都會增加鎂的攝取量來預防胸痛出現。

造成胸痛的風險因子包括缺鎂、抽菸、糖尿病、高血脂症、A型人格、靜態的生活方式、飲食習慣不良、冠狀動脈疾病的家族史等。若要診斷心絞痛，並辨別是否為心肌梗塞、不穩定型心絞痛，可在心絞痛發作時拍攝心電圖、進行運動耐力測試（在病患使用跑步機時拍攝心電圖）、冠狀動脈造影（冠狀動脈染色的X光片），以評估冠狀動脈是否通暢。

在心絞痛確診後，醫生的建議總是離不開：戒菸、減重、控制血壓（可能用藥物或不用藥物控制），如果動脈阻塞嚴重，則會放置支架撐開動脈，或者進行繞道手術以繞過阻塞的動脈。

治療心絞痛的最佳方式其實是事先預防，在你的飲食中戒除糖分、酒精、垃圾食物就能幫助你預防心臟病，因為這些食物都缺鎂，只會造成缺鎂的症狀。在你吃了更均衡且未經加工的食物後，就更能增加鎂的攝取量；在補充了鎂與其他對心臟有益的營養品，並擁有健康的飲食和規律運動後，你就有機會避免這種疾病上身。

✛ 心臟病發作 **鎂能讓發作死亡率降低55％**

心肌梗塞或心臟病發作，現在被稱為急性冠心症。它可能造成心肌的永久性損傷，需要立即住院治療。急性冠心症是由動脈粥狀硬化所導致的冠狀動脈疾病，也是由鎂缺乏症所造成或加重的痙攣而導致的冠狀動脈疾病。動

脈可能會被斑塊漸漸損傷，或是被血栓堵塞，抑或兩者皆有，也可能突然間痙攣；過度激動的情緒可能會令這些過程加劇。鎂缺乏症可能導致鈣化的動脈粥狀硬化斑塊、血栓和動脈痙攣，或者使之惡化。

經實驗研究發現，心電圖所顯示的心肌受損程度和驗血結果中特定心臟酵素的增加，可以作為區分心臟病發作和心絞痛的依據。在心臟病發作之後，這些酵素在幾天內會持續增加。急性心臟病發作的立即治療，通常包括用靜脈點滴輸入抗凝血藥物。但是，心臟病發作之後盡快以靜脈注射法給予鎂劑，或許能為心臟提供最佳的保護。口服鎂劑療法也能抑制冠狀動脈疾病患者的血栓形成，無論患者是否同一時間也正以阿斯匹靈進行治療。隨著愈來愈多的醫生閱讀過關於鎂的大量研究報告，他們開始將鎂併入心臟病患者的靜脈和口服治療計畫中。

自1930年代起就有人研究鎂對心臟的功效，並且自1940年代起將鎂用於心臟病的注射治療。鎂的救命功效已經獲得肯定，並且在許多臨床應用和實驗研究中一再被證實。舉例來說，在一項涵蓋七個重要臨床研究的分析報告中，研究人員指出，鎂（每劑5～10公克的靜脈注射）降低急性心肌梗塞死亡機會的機率高達驚人的55％。過去十年來，有好幾項使用鎂的大型臨床試驗皆證實了它益於健康的功效。如果❶在使用其他藥物之前和❷在心臟病發作後立即執行靜脈注射鎂，那麼高血壓、鬱血性心臟衰竭、心律不整或隨後發生的心臟病發作機率，都會大幅地減少。

這類研究中有一個叫做LIMIT-2，它強而有力的證據顯示，<u>早期施用鎂劑能保護心肌、防止心律不整和促進長期的存活率</u>。藉由預防心律問題、擴張血管以增加血流量、保護心肌不受鈣過度堆積的損傷、促進心肌功能、分解任何堵塞動脈的血栓和降低自由基的損害，鎂能改善急性心臟病發作的後果。此外，鎂也可以幫助心臟藥物地高辛（digoxin）更有效地治療心律不整——倘若沒有足夠的鎂，地高辛反而會毒害身體。

另一項極大型的研究ISIS-4並未遵循靜脈注射鎂的建議規範，它的結果便不同於LIMIT-2試驗。在ISIS-4試驗裡，在症狀發生後好幾個小時和開始

產生血栓後才給予鎂劑——而且是在使用了分解血栓的藥物之後。這兩個試驗就像拿蘋果去和橘子比較般那麼迴異。在LIMIT-2和ISIS-4研究之後，有好幾個小型試驗證實，利用靜脈注射鎂來治療心臟病，其恢復效果甚至更好。其中包括一個涵蓋200人的試驗，死亡率降低了74％。

然而，在文獻中，研究人員利用大型的ISIS-4試驗說靜脈注射鎂「在今日無法推薦給心肌梗塞的患者」。遺憾的是，那個有瑕疵的試驗將會扼阻人們在臨床上廣泛的應用鎂，而且時間長達數十年。麥可‧薛希特（Michael Schechter）是一名全心投入於研究鎂的學者，他在無數的臨床試驗中證實了以鎂治療心臟病的益處。他從2000年開始做臨床試驗，持續了好幾個年頭，所有的實驗結果都堅定地指出，鎂是心臟病患者的可行療法和必要療法——儘管ISIS-4試驗和另一項被稱為MAGIC的試驗都說鎂是沒有益處的。

製藥公司想要促銷他們自己的療藥，所以引用ISIS-4試驗，作為硫酸鎂沒有效用的證明；鎂的支持者則是引用LIMIT-2試驗的結果，來證明鎂是有效的。你的醫生也許會受到ISIS-4試驗的影響，覺得鎂在你的健康照護中並不是重要的選項；但是，正在尋找可以取代有副作用的藥療法的心臟科醫生，他們透徹地研究過鎂的功效，而且很成功地運用了鎂。

我希望我能幫你找到這些心臟科醫生。遺憾的是，我在目前的管理式照護制度裡看到很嚴格的管制，阻止醫生在藥物和手術的標準作法外做任何事情，而且執行另類醫療的大多數醫生並未被涵蓋在保險中。這就是《鎂的奇蹟》這種書如此重要的原因，它教導你在藥物和手術之外還有另一種選擇，你可以用來照顧你自己的健康。

心臟病藥物，尤其是利尿劑，最大的副作用之一是鎂缺乏症。我在第二章已經提過，利尿劑會將鎂耗盡 (P074)。如果你有腿抽筋、心悸、失眠、易怒等症狀，就該知道自己有鎂缺乏症；你也可以用紅血球鎂濃度檢驗 (P384) 來檢查你的鎂值，如果你的數值低於0.6毫克／分升，一定要每天服用鎂，每1公斤體重的用量是6～10毫克。把1000毫克的鎂當作每天的基本用量，大部分都會產生腹瀉效應，但ReMag（一種非瀉藥鎂補充劑）不會。

✛✛ （心臟衰竭） **用鎂逆轉心臟病的最終歷程**

在西方世界裡，似乎有心臟衰竭的流行病。但依我所見，心臟並沒有衰竭，而是醫生未能治療鎂缺乏症，這種缺乏症是導致心臟疾病和後續心臟衰竭的根本原因。問題就始於醫生使用這種疾病的名稱，他們似乎沒有意識到，宣布病人有心臟衰竭，正好把病人嚇到心臟停止！

幾位研究人員在2013年7月號的《循環：心血管品質與預後》裡所發表的一篇論文，評論了心臟衰竭病患再入院的高發生率，他們表示，「每年有100萬人因為心臟衰竭而住院，其中，大約有25萬人會在一個月內再回到醫院。就算我們只能讓他們當中2％的人不再回到醫院，那也相當於每年省下至少一億美元。」如果我們能讓每一個人服用鎂，讓他們永遠不用因心臟衰竭而被送進醫院，我們就能省下數十億美元。

高居於心臟衰竭徵兆和症狀榜首的是心臟肥大——尤其是左心室肥大。事實上，左心室肥大是一般心臟不良事件包括心臟衰竭的重大預測因子。一項重要的研究發現，低血清鎂是五年期間左心室質量增加的最強大預測因子之一。為何醫生不用那種測定方法來改善病患的鎂值，以預防心臟衰竭？

現在較常以心導管插入術、電腦斷層掃描或核磁共振和超音波（測定心臟的射血分率）的結合檢查來診斷心臟衰竭。我們可以從射血分率來判斷心肌的力量——尤其是心室——以及它們透過體內動脈和微血管的浩大網絡來泵血的能力。人體內最大量的鎂就在心室裡，現在我們找到好理由了——那些肌肉細胞得依賴鎂和鈣的適當均衡才能發揮良好的功能。如果心室不能適當地射血，我會先留意有沒有鎂缺乏症，就如前述研究中所確認的一樣。

做醫生的不閱讀科學文獻和把鎂納入他們的診斷及治療計畫中，反而是採用標準化的療法，用大約六種藥物來治療心臟疾病——往往用泡殼包裝一起販售，這樣你才不會遺漏任何一劑。那些藥物主要用來控制血壓、膽固醇、血糖和水腫，並促使心臟跳動得更有力——諷刺的是，它們都會造成鎂缺乏症！

更糟的是，有人告訴我，他們的醫生警告他們不要服用鎂，以免妨礙到它們的藥效！病患被警告不要服用跟空氣、食物和水一樣重要的東西，因為那會鬆懈他們對藥物的需求。怎麼會有這種事情？是什麼讓醫生這麼不信任必需營養素、覺得處方藥才能維持生命？

心臟科醫生堅信，心臟病的自然過程就是最後發展成心臟衰竭。那就是他們要讓所有的心臟病患者使用「預防性」的降血壓藥物──史他汀，以及糖尿病藥物的原因，因為他們認為高血壓、高膽固醇和高血糖都是心臟病無可避免的後果。他們未能認清的是，他們開給病人的處方藥才是導致缺乏更多鎂和更多心臟病的原因，並且帶來高血壓、高膽固醇和高血糖的症狀。

我從數不清的病人身上聽到同樣的情節──

你遭受的壓力比平常大，正好遇上了你的年度健康檢查。當新的醫生助理幫你量血壓時，發現血壓變高了。你解釋說，你在看醫生時血壓通常會高一些。然而，醫生助理看著你的圖表並且堅持說，你該服用藥物了，因為你的高血壓只會隨著年齡增長而更糟。你聽到之後嚇壞了，所以你領了利尿劑（會把鎂耗盡）處方箋。一個月後，你回去做追蹤檢查，結果你的血壓更高了，醫生助理說：「你看，幸好我們及時發現，但是現在你需要多兩種藥。」這兩種藥都會造成鎂缺乏症。再過兩個月，你回去驗血，以確保你的肝臟能應付這些藥物，然後出人意料的，你的膽固醇和血糖第一次變高了。醫生助理說，這只是疾病進展的一部分，然後再給你另外兩、三種藥。

這就是鎂缺乏症引發心臟病的惡性循環，而且這個循環會一直失控，除非你開始服用鎂，而且用量要足以產生效用，並且請醫生慢慢減少那些不必要的藥物。

心臟麻痺 低鎂值的早晨、傍晚是發作高峰期

在心臟病突發的患者中，有40～60％的人其實並沒有血管阻塞或心律不

<u>整的病史</u>。造成這種心臟病的兩個主因是冠狀動脈痙攣、嚴重心律不整——例如心室震顫等，而且這兩種情形很可能都是缺鎂造成的。在鎂值過低時，心肌會變得十分敏感，進而導致心律不整的情形出現，必須接受緊急醫療措施處置。

明察秋毫的內科醫生基本上都能判斷缺鎂的情形，並且立刻透過靜脈注射給予病人鎂劑——與LIMIT-2實驗中的處理方式相同。利用靜脈注射鎂來處理心搏過速（心房頻脈）、過早搏動、心房顫動和心室頻脈，都可以獲得良好的反應。

<u>心臟病發頻率最高的時間是星期一早上九點鐘</u>，那是大家開始讓自己上緊發條、迎接一週工作的時候。痙攣所引起的心絞痛問題，往往都出現在每天的同一時間，而且通常是在一大早和傍晚，這時也是我們體內鎂值最低的時候。

導致清晨鎂值降低的原因，很可能是因為夜晚沒有進食，再加上早晨當你的膀胱清空時鎂會隨著尿液排出；傍晚則是因為白天的壓力消耗了鎂，並且尚未透過進食來補充鎂。因此，有心絞痛問題的人應該請教醫生，請醫生為他們進行紅血球鎂濃度檢驗 (P384)，如果得出的結果低於最佳值（低於6.0毫克／分升），他們就應該服用鎂補充劑。更多關於鎂的檢驗請參見第十六章，以及第十八章我對鎂補充劑的推薦。

Mg⁺ 像極心臟病發作的「心碎症候群」

「心碎症候群」是另一種「漏診」，遺漏了現代醫藥能真正幫助病人的機會，有一部分的醫學甚至會欣然承認這種情況的存在——儘管另一部分想對這種狀況秉持更嚴謹的科學態度，使得他們近來已採取動作，將心碎症候群的名稱棄之不用，改叫做「章魚壺心肌症」。

研究人員也試著找出隨著這個症狀出現所產生的病變；他們

認為也許是顯微鏡性冠狀動脈疾病，但是他們真的不知道它是由什麼造成的，也不知道該如何去治療。

專家說，心碎症候群（最常影響六十歲以上的女性）是由強烈的情緒所引起，像是悲傷、憤怒和焦慮，或是由生理壓力，甚至強烈的開心或興奮所引起的。常見的觸發因子是關愛對象的生病或死亡，因此有了這樣的名稱。它的症狀像極了心臟病發作，但是沒有任何冠狀動脈疾病的跡象。

研究人員懷疑，這些患者有副交感神經受損的問題——那是神經系統中負責鎮定的部分，一旦受損，你就無法保持鎮定。當然，我將它視為鎂缺乏症的另一個顯而易見的症狀。服用鎂這種礦物質，能幫助一個人應付嚴重的壓力源。

總是在尋求以藥物解決問題的醫生，會開立乙型交感神經阻斷劑來防止症狀，但是最近的研究發現，這些藥物是沒有用的。這項研究建議，應該研究放鬆的技巧來預防心碎症候群，像是呼吸療法、瑜伽和冥想；然而，其他的醫學流派仍然想用藥物來解決問題。

我會在第十五章談到鎂缺乏症對於年長者的影響，鎂缺乏症會在他們身上引發包括交感神經系統和副交感神經系統的自主神經系統失調，造成迅速站立時的低血壓和臨界性高血壓。在年長的患者身上，過度的情緒激動、興奮、虛弱、睡眠失調、健忘和認知障礙，都是鎂缺乏症裡特別重要的層面。

一個已經有鎂缺乏症的人在受到悲傷和震驚的衝擊時，鎂會以飛快的速度燃燒，於是這個人就會產生冠心症。雖然呼吸運動、瑜伽和冥想也許有益於安撫你的副交感神經系統，但是最好的療法還是鎂。

我怎麼有辦法把證明鎂缺乏症會危及副交感神經系統的研究挖掘出來，但這些醫生卻辦不到呢？

為什麼以藥物解決的方式會是醫生選擇的唯一道路，而且為什麼營養素會被認為是無用的，或者最糟的情況下被視為一種騙術呢？

有極可怕的反營養素遊說活動正在進行，深深威脅著我們的健康和生命。我們唯一的辦法是為自己的健康負起責任，並且保護它。你要知道，在應付所有的壓力和所有類型的悲傷和創傷上，鎂是非常重要的。

我在第三章提到一個案例，一名女性遭受可怕的壓力，並且感到不斷的焦慮，而且伴隨著持續的胸悶。她服用ReMag，然後她的胸悶和夜間抽筋消失了，持續的緊繃感放鬆到她覺得能再應付一次的地步。她最後表示鎂真的幫助她安然度過壓力大到不可置信的日子 (P132)。

我在部落格貼出關於心碎症候群的文章後，收到了幾封女性朋友們寄來的電子郵件，感謝我終於明白指出她們在經歷情緒創傷後所承受的苦痛，她們好感激能得知可以用鎂來減輕她們的生理和情緒症狀。

✦ 心律不整 鎂能讓心肌維持正常的鉀／鈉濃度

在1994年，就有報告指出，鎂有中和心臟受損後所產生的兒苯酚胺以及預防急性心臟病發作的許多後遺症（例如心律不整）的能力。兒苯酚胺是一群生物性胺類的統稱，其中包括腎上腺素、正腎上腺素和多巴胺，它們在人體內的作用是作為神經傳導物質和荷爾蒙。從腎上腺釋放出腎上腺素和正腎上腺素，其實是面對壓力時戰或逃反應的一部分。

兒苯酚胺視其濃度，對心臟具有矛盾效應。2009年的〈過量的循環性兒

苯酚胺和葡萄糖皮質素在壓力誘發的心臟病中所扮演的角色〉這篇文章，對這些效應做了研究，指出低濃度的兒苯酚胺會以促使鈣進入心肌細胞的方式來刺激心臟；然而，過量的兒苯酚胺會使心臟細胞承載太多的鈣，造成心臟功能失調，導致心臟痙攣。

作者群進一步指出，在有壓力的情況下，高濃度兒苯酚胺會氧化並產生自由基。這些氧化物和細胞內的高濃度鈣會引發冠狀動脈痙攣、心律不整、心臟功能失調，以及由細胞粒線體和心肌細胞受損所造成的能量生產缺陷。

我的想法是，細胞的鈣含量過多，用鎂來治療的效果最好。鎂缺乏症會造成心律異常，因為鎂能維持心肌細胞內電解質的正常濃度。鉀、鈉、鈣和鎂的均衡能保持心肌的正常收縮，進而維持正常的心跳。心肌內的中央節律器會製造正常的搏動，並且傳達到整個心臟。

當中央節律器因為血管堵塞所造成的缺氧、藥物（包括咖啡因）、荷爾蒙失調、鎂缺乏症而使它受到損傷或刺激時，會迫使心臟裡比較不適合的其他地方承擔起中央節律器的角色，於是就產了心律不整。這些新的節律器對鎂缺乏症更敏感，但它們對鎂療法是有反應的，這種療法自1943年起就得到成功的結果。

鎂也是在治療心室性心律不整、鬱血性心臟衰竭（心臟無法在每一次的心搏後打出足夠血液）上，以及心臟手術前後（冠狀動脈繞道手術）可為人所接受的療法。所有的這些研究都顯示，心室性心律不整的頻率可因實施靜脈注射鎂而下降，他們支持在心肌梗塞出現後的早期就應該靜脈注射高劑量的鎂。

自1999年之後，我並未擴大研究關於心律不整的這個項目，但在這段期間，心律不整（尤其是心房顫動）已經成為流行病。

2007年，一份巨量分析蒐集了在緊急治療快速心房顫動上實施靜脈注射鎂的功效和安慰劑及醫藥相互比較的資料。資料來自於十二個試驗，總計779名病患。在達成速率控制和律動控制上，鎂是有效的：86％的鎂實驗組和56％的對照組出現了正面反應，而且鎂實驗組對治療的反應快得多了。研

究人員總結說，對於緊急處理快速心房顫動，靜脈注射鎂是有效且安全的策略。而且，相較於醫藥，它沒有副作用。此外，醫生也應該考慮，鎂也許能「治癒」由鎂缺乏症所引起的心房顫動。

在2013年，包括「弗萊明罕心臟研究」在內的研究人員承認，低血清鎂與心臟手術後心房顫動的高風險具有相關性。他們想研究，在弗萊明罕研究的參與者身上，鎂缺乏症是否容易造成心房顫動的現象。從3530名參與者中，他們發現低血清鎂的人大約有50%的機會更容易發生心房顫動。假如用鎂離子檢驗做更精確的鎂濃度測定，結果或許會更高。

我在2015年寫了一本書——《心房顫動：為你的心臟補充礦物質》。這本書源自於我自己推薦將鎂用於心律不整的經驗，那是2012年，當時英國心律協會把心律處理之傑出醫療貢獻獎頒發給我。即使鎂在治療心律不整上的重要性鐵證如山，但我並未看見它出現在醫生的療法中。或者，如果醫生真的建議服用鎂劑，他們開立的也會是沒功效且會產生腹瀉副作用的氧化鎂。《心房顫動：為你的心臟補充礦物質》這本書裡的忠告，已經幫助過無數人重拾他們的健康。

以下我要節錄那本書的內容，將資訊傳達給更多的讀者。

心房顫動

向我諮詢過心房顫動症狀的病患，大部分都為了自己的病況而感到相當沮喪。此外，大多數患者在和醫療體系的互動中，都曾遭受過精神創傷。醫生不給心房顫動患者自然的或其他的選項，他們會立即開立好幾種醫藥，並且建議在心臟顫動的部位做心律調整或心臟電燒術。他們不能為病患帶來任何寬慰，甚至還向病患保證，他們的病是一輩子的，無法治癒，只會隨著時間愈來愈糟。如果病患看似不想服從心房顫動的標準療法，醫生就會想辦法嚇唬他們，警告他們要乖乖吃藥，否則會有中風或心臟病發作的風險。

醫生並未仔細審視鎂在心房顫動中的影響力，因而錯失了幫助病患治療心臟電性失調的機會。

就算醫生承認鎂的功效、也會開鎂劑給病患服用，但他們開的通常是氧化鎂，不但很難被人體吸收，而且會導致一發不可收拾的腹瀉效應，於是醫生更確信鎂是沒用的了！最重要的是，<u>腹瀉會使身體流失更多的鎂，然後更加擾亂電解質的均衡</u>。醫生之所以會把焦點放在氧化鎂身上，那是因為這種化合物被使用在大部分的鎂研究當中，而且他們想當然地認為腹瀉是服用鎂劑的正常副作用。

我部落格裡的一位讀者寄給我以下的故事，敘述她是怎麼發生心房顫動的，但是醫生絕不會承認原因。

2014年6月30日，我發生了異常的疼痛、噁心和嘔吐。經過幾個小時後，下腹部仍然有局部性疼痛，於是我到醫院的急診室，接著又過了幾個小時，我被診斷有急性盲腸炎。

那是一間大型教學醫院，而且那天是7月1日，由於新舊實習醫生輪替的關係，產生了許多額外的問題和延遲！所以，我在急診室待了十八個小時，也就是症狀發生二十四小時之後才被送進手術室。在此時，我的盲腸已經穿孔了。

當我醒來時，除了麻醉止痛靜脈注射藥物和止吐藥物，我也正在打兩種抗生素靜脈注射液——甲硝唑（Flagyl）和左氧氟沙星（Levaquin）。我持續產生嚴重的噁心和嘔吐，但麻醉劑使我很鎮靜，所以我幾乎不曉得週遭發生了什麼事。又持續嘔吐了三天之後，我開始拒絕麻醉劑，結果我的狀況迅速獲得改善。

在我住院的第四天，發生了心房顫動合併心室快速反應，然後住進加護病房。當時我也拒絕了左氧氟沙星，儘管心臟科醫生向我保證它跟我的心律不整沒有關係。讀了你的資料之後，我知道左氧氟沙星是一種會與鎂結合的含氟藥物！

最後他們檢查了我的電解質。血清鎂和鉀都很低——顯然他們在我手術後一直沒去檢查，儘管我持續嘔吐了四天！

在停止使用左氧氟沙星並且服用鎂和鉀、以及短暫的服用抗心律不整藥胺碘酮（amiodarone）之後，我很快地恢復到正常的竇性心律，幾天後我就能回家了。

我停止了所有的醫藥，然後開心地服用ReMag和ReMyte，之後再也沒發生過問題。

我很可能在住院前就有低鎂的狀況，嘔吐和左氧氟沙星都會使它惡化。另外，在此之前，我從來沒有低鉀的問題。

常規醫學沒意識到基本的生物化學和藥物副作用的危險性，其程度真的很讓人震驚。我很幸運，他們沒害死我。

每個禮拜我都會收到許多人主動提供的見證，就像以下的案例：

您的產品大大促進了我和家人的健康。在服用ReMag、ReMyte和RnA滴劑以前，我都要小心應付未確診的心房顫動或心律不整／心悸。有時候它會持續好幾個小時，甚至持續到隔天，把我的每一分精力都榨乾了。但是現在，我再也不會發生這樣的狀況了。

為什麼有這麼多人的心臟跳動得那麼不規律，把醫生都搞糊塗了呢？

❶ 因為80％的人都缺鎂。
❷ 因為當醫生在檢查心房顫動時，他們根本不會去測定鎂值。
❸ 因為醫生沒有問病人是否有喝足夠的水。
❹ 因為醫生不確定病人是否有服用足夠的鎂或其他礦物質，包括他們所攝取的水分裡的海鹽。

我認為目前比較注重心房顫動的原因是，我們有更新的藥來治療其中一

些症狀——特別是藥商正在拓展新血液稀釋劑（抗凝血素）的市場。血液稀釋劑是用於可能產生血栓的心房顫動的主要療法——快速顫動的心臟可能無法正常清空血液，殘留的血液如果不繼續流動，可能會形成血栓，血液稀釋劑不能治癒這個狀況，只能預防血栓的形成。但是，新藥物的副作用可能極具毀滅性，造成不可逆轉的出血。

什麼是心房顫動？

心房顫動是一種最常被確診的心律不整，已達到流行病的比例。在美國，心房顫動的住院治療從2000～2010年共增加了23％。2010年罹患心房顫動的人數大約有520萬人，預計到了2030年會增加大約1210萬個病例。我相信心房顫動案例的增加，與鎂缺乏症人口的增加是兩條平行線。

醫生都相信，大部分心房顫動的案例是繼發於心臟病，所以療法是要醫治那些症狀，試圖改變疾病進展。醫生曾一度把腎上腺刺激和迷走神經放鬆描述為心房顫動的因子，但是他們已不再和病患討論心房顫動的原因，以免徒讓病患憂心。

這件事就發生在我的一個客戶身上，她有心律不整、焦慮和喝涼水後呼吸急促的問題。我向她說明可能的原因之後，她鬆了一口氣，然後說醫生讓她覺得自己瘋了。

Mg⁺ 腎上腺刺激

某些活動可能對腎上腺造成壓力，使它們釋放出過多的腎上腺素：壓力、鍛鍊、使勁和刺激物（咖啡、酒精、菸）。隨著時間的推移，這種反應可能導致血壓增加（藉著收縮血管），進而造成心臟的結構性損傷，而且可能牽涉到節律器的部位，然後干擾心搏速度和節律。

　　這種類型的心房顫動發生在夜間、用餐之後，或是運動後休息時，要不然就是和消化問題有關。迷走神經控制消化道的蠕動和胃液分泌，它是副交感神經系統的一部分，這個系統往往會使心搏降速和擴張血管。

　　當我的心臟跳出多餘的節拍時，我會發出一陣咳嗽。當然，現在那都消失了，因為我有喝足夠的鹽水，並服用鎂和綜合礦物質。

　　醫生說，如果你有心房顫動的現象，那你就有較高的心臟衰竭、血栓和中風的風險。但是，前提是你已經有心臟病，和我談過話的人大部分都沒有心臟病，他們的問題在於鎂缺乏症。

　　遺憾的是，用來治療心房顫動的藥物，它們本身就可能導致心臟病，而心臟病又會提高心房顫動繼續維持下去的可能性。那些有心臟病、高血壓和高膽固醇的患者，其所服用的藥物會造成更多的心臟病，因為那些藥物會引發鎂缺乏症。或許這就是醫生之所以說心房顫動無法治癒的原因，他們不知道鎂缺乏症對許多人來說是可以治癒的。心房顫動較常見於六十歲以上的人，可能是因為隨著我們老化，我們會變得愈來愈缺乏鎂。

　　心臟分為四個腔室，上面兩個是心房，下面兩個是心室。是什麼造成心房顫動呢？在一顆健康的心臟裡，心房裡的電脈衝會受到好幾種礦物質的平衡及相互作用來進行調節，而那些作為電解質的礦物質是鎂、鈣、鈉和鉀。所以，這些礦物質的不平衡是肇因，而使它們平衡便是治癒的方法，這看起來很合理，但醫生迴避了那個議題，或許是因為他們連在一般的電解質檢驗中都不會去測定鎂。只要看看你最近的驗血報告，你就會知道我是對的——他們測定鈉、鉀、鈣和氯化物，但是不包括鎂。

　　使心臟規律搏動的電刺激訊號始於心房，所以，那裡是事情可能發生錯

誤的第一個地方。竇房結是右心房裡的一叢細胞，有製造電脈衝的能力，並且觸發相鄰的細胞攜帶電流，就像電玩小精靈（Pac-Man）那樣前進。電脈衝會跑進房室結裡，然後往下進到心室。

然而，心電活動中有一個很重大的因子鮮少被討論到，那就是——心臟有數個備用節律器。心臟可分為好幾個區域，上頭的細胞叢可以從無到有地啟動電脈衝。

人體是一個很優異的系統，而且有備用的節律器是非常明智的。但是，萬一其中一個備用節律器在鎂缺乏症所引發的痙攣中受到影響，那會發生什麼事呢？它會不規律地發動，可能導致心搏速度增加和心律異常。

導致或觸發心房顫動的三十三大因素

心臟科醫生說，心臟結構受損是心房顫動的常見原因。我在梅約診所的網站上找到一個心房顫動原因的清單，我把它加以擴寫並修飾過。但是，各位必須要記住，造成心臟跳動不規律的是心臟細胞的電性活動失調。所以，與其除去原因，為什麼他們沒有辦法說出每一個項目可能造成心房顫動的原因呢？

我發現，這些原因中的每一個都可能源自於鎂缺乏症，因為鎂缺乏症可能促使肌肉細胞產生危險的痙攣，導致心臟在結構上的變化。你們看到後面就會明白，造成心房顫動的不是一體適用的單一原因，而且在某些案例上可能同時有好幾種原因。

看過清單上三十三種心房顫動的觸發因素後，你會找到最符合你情況的因素。但是請別驚慌，知道心房顫動的觸發因素是很重要的，而你很快便會了解鎂能消除大部分、甚至全部的觸發因素。

❶ 空氣汙染：從裝有植入式去顫器的病患蒐集而來的資料顯示，在空氣汙染期間會發生更多次的心房顫動。來自於車輛和發電廠的極細微粒子會飄入肺部，引發支氣管過敏、咳嗽和心房顫動。建議你在空氣汙染嚴重

的時候待在室內。不過，鎂能預防支氣管痙攣，而且有助於清除肺部汙染。ReAline的成分有助於解除汙染（甚至是重金屬）對肺臟的毒害。

❷ **酒精：**飲酒會刺激腎上腺分泌兒茶酚胺——尤其是正腎上腺素。此外，酒精會導致被釋放出來的腎上腺素儲存在心臟裡。

乙醛（一種刺激心臟的物質）是乙醇的主要代謝物，會提高全身和心肌裡的兒茶酚胺濃度；酒精消退也會導致兒茶酚胺分泌的增加。酒精和上述的代謝物會直接對心臟造成壓力，拖長心電圖上PR、QRS和QT的時間，促進心房顫動。酒精和高血壓有關。某些酒裡含有殘餘的亞硫酸鹽、殺蟲劑和殺菌劑，在敏感的人身上可能觸發反應作用。酒精會耗盡鎂，而且酒精分解後的產物，像是乙醛，會需要鎂來分解它們，然後排出體外。酒精也會為腸道酵母菌供給營養，造成酵母菌生長過快，並且產生一百七十八種毒素，包括乙醛。

❸ **鈣：**攝取鈣補充劑或富含乳製品的飲食，可能會消耗掉你的鎂存量，然後造成與缺鎂有關的健康狀態。當你減少鈣的攝取時，你或許會發現，你心房顫動的發生次數漸漸減少了。

❹ **冠狀動脈疾病：**在美國，受到冠狀動脈疾病影響的人數超過1500萬人，使它成為導致心律不整、心絞痛和心臟病發作最常見的心臟病形式。冠狀動脈疾病大多歸咎於動脈粥狀硬化，當一個由膽固醇、脂肪化合物、鈣和一種叫做纖維蛋白的血栓材料所組成的蠟狀斑塊在動脈裡形成時，就產生了動脈粥狀硬化。然而，在冠狀動脈疾病的研究中，被認為比其他原因都重要得多的，其實是冠狀動脈鈣化。你可以參考第六章關於膽固醇及以史他汀進行治療的資訊 (P188)。

鎂能溶解鈣，但當沒有足夠的鎂或當服用鈣補充劑、吃很多乳製品、服用高劑量的維他命D時，鈣會在人體內沉積，包括動脈，然後造成冠狀動脈疾病。未被吸收的鈣會沉積到組織裡，引發腎結石、膽結石、腳跟骨刺、乳房組織鈣化及冠狀動脈疾病。另一方面，若你攝取太多的鎂，它會產生腹瀉效應，進而促進鎂的排除，因此鎂就不會儲存在體內了。

❺ **脫水**：以充分的純水來補充水分，這對適當的血液循環和心臟功能來說是不可或缺的。然而，在純化水的過程中，我們在消除不好的化學物質的同時，大部分的好礦物質也隨之被消除。所以，水和補充礦物質是相伴的。我建議，取你體重（以磅計）數字的一半，請喝下這麼多盎司的水，並且添加鹽（未精製的海鹽、喜馬拉雅山玫瑰鹽或凱爾特海鹽，每約950毫升¼茶匙）、ReMag和ReMyte，以達到最佳效果。酒精、咖啡和大量運動（包括熱瑜伽）都會造成脫水，也會導致鎂缺乏症；嘔吐和腹瀉也可能造成脫水且耗盡你的礦物質，所以一定要記得補充回來。

❻ **牙齒感染、補牙、牙套和蛀牙**：生物性牙科醫生認同中醫理論──每顆牙齒都有其相對應的經絡。這類型的牙醫師在檢查牙齒的時候，也會檢查在同一條經絡（源自於心臟）上的其他牙齒，所使用的檢驗工具是一種叫做「EAV（electroacupuncture according to Voll）」的穴診儀，但是你得自己研究，去找出能做EAV的可靠整體療法醫生或牙醫。

❼ **糖尿病**：這種疾病會增加高血壓和心臟病的風險，此外，血糖濃度也會影響心跳速率。

❽ **電解質失衡**：鈉、鉀、鎂和鈣等礦物質不均衡，可能改變心臟導電的方式。當細胞內的鎂濃度是鈣濃度的一萬倍時，它只允許特定量的鈣進入細胞，以製造必要的電傳輸，而且在工作完成之後，能馬上將鈣逐出細胞。但在缺乏鎂時，鈣會堆積在細胞裡，引發興奮過度、鈣化和細胞死亡。因為醫生不會以精確的驗血來定期檢驗鎂，所以他們遺漏了鎂的重要性，只去注意鉀和鈉。

❾ **脹氣、腹脹和橫膈膜疝氣**：源自腸胃的機械性壓力會向上推擠心臟正下方的橫膈膜，可能觸發心房顫動。這種壓力可能來自於橫膈膜疝氣，或者向心臟和大血管施壓的脹氣，或是對於迷走神經的刺激。避開糖、酒精和麩質，以及治療酵母菌增生，可能有助於減少脹氣和腹脹。受過訓練、具備修復橫膈膜疝氣技術的手療師或物理治療師，可以利用外在按摩技術來「拉下」橫膈膜。

❿ **麩質與味精過敏：**這個觸發因素也許令你感到驚訝，但是把它列在這裡很重要，因為似乎有許多人會對這類天然化學物質產生不良反應。我曾針對這個主題寫過〈用鎂來解決味精問題〉這篇文章，以下是其摘要。

味精（麩胺酸鈉）、麩質、麩醯胺酸和麩胺酸屬於同一族，都會對我們體內的鎂存量造成威脅，而雜交後的小麥其麩質含量會提高。大部分的加工食品都含有麩醯胺酸，例如味精，但是沒多少人意識到，<u>我們之所以變得那麼容易對麩質和麩胺酸過敏，那是因為我們都非常缺乏鎂。</u>

如果你有吃加工食品，那就很難避開味精。麩醯胺酸和麩胺酸常被視為鹽的替代品，美國食品藥物管理局把它們歸類為「一般認為安全的」或公認安全的。食品中的麩醯胺酸和麩胺酸可以被代謝成等量的麩胺酸鈉，然後到達大腦和心臟——只不過需要花更長的時間，並使得你更難追蹤出你頭痛和心悸的原因。

麩醯胺酸是人體內最豐富的胺基酸，大部分的麩醯胺酸都製造和儲存在肌肉及肺部組織中，它有助於保護消化道黏膜。基於這個原故，有些研究學者提出，發炎性腸道疾病（潰瘍性結腸炎、克隆氏症）的患者體內也許沒有足夠的麩醯胺酸。這項發現造成麩醯胺酸被廣泛使用在腸漏症和各種腸道不均衡的問題上。然而，有兩項臨床試驗發現，服用麩醯胺酸補充劑並不能改善克隆氏症的症狀。

我的朋友羅素・布雷拉克醫生在其著作《神經毒素：害死你的美味》中寫道：「高劑量的單一胺基酸——麩醯胺酸，會被轉化成麩胺酸。」鎂含量低的人，無法阻止麩胺酸大量湧入不受保護的大腦和心臟細胞裡。

《今日心理學》雜誌刊登過一篇文章——〈鎂：原始鎮定劑〉。作者討論到在大腦神經元中的鎂和麩胺酸之間的關係，他說，鎂存在於兩個神經細胞之間的連接點，當中還有鈣和麩胺酸。鎂使人鎮定，鈣和麩胺酸則是具有刺激性的，若這兩者過多，反而會變成毒素。鈣和麩胺酸會活化N-甲基-D-天門冬胺酸受體，而鎂為了守衛受體，會一直把鈣和麩胺酸阻擋在外。作者的結論是：「鈣和麩胺酸會不顧一切地活化受體，好像

沒有明天似的。從長遠來看，這會損害神經元，最後造成細胞死亡。若
發生在大腦，那不是一個容易逆轉或治療的情況。」然而，作者沒有提
到的是，同樣的機制也影響著組成心臟傳導系統的心臟特化細胞。

《今日心理學》指出鎂對於麩胺酸的抑制作用，許多研究都與之產生共
鳴。維基百科分享了這一段資訊：「麩胺酸會使突觸受體受到過多刺
激，這與許多疾病有關。鎂是麩胺酸受體上許多拮抗劑的其中一種，而
且經證實，缺乏鎂與許多麩胺酸受體相關的疾病有關聯。」

我深深相信，食物敏感的解決之道並不是避開愈來愈多的食物，而是要
強化身體處理這些食物的能力。在你的飲用水中添加容易吸收的鎂、綜
合維他命和未精製的海鹽、喜馬拉雅山玫瑰鹽或凱爾特海鹽，對你身體
的基礎結構、功能和電性活動很有幫助，並且夠能讓你的身體適應你的
環境和飲食。當然，牽涉到的因素不只這些，但是請<u>從鎂開始</u>，一旦你
的鎂足夠了之後，再用其他礦物質、益生菌、甲基維他命B和牛磺酸來填
補空缺。

有些對味精和麩胺酸敏感的人，在服用牛磺酸後可以得到紓解。原因可
能是，麩胺酸與半胱胺酸這種胺基酸在人體內形成競爭，搶著被吸取。
半胱胺酸會轉換成牛磺酸，但是當麩胺酸太多時，就沒有足夠的半胱胺
酸去製造牛磺酸了。其所造成的結果是心跳不穩定，因為牛磺酸有助於
調節心跳，它是一種抑制性神經傳導物質，具有抗氧化活性，而且有助
於製造膽汁，以消化脂肪。

⓫ 心臟病發作：心臟是一個很大的肌肉，我們全身鎂含量最高的地方就在
心臟。當鎂缺乏時，心肌可能產生痙攣，造成心絞痛或心臟病發作。當
心臟病發作時，心肌細胞會死亡，取而代之的是疤痕組織。如果疤痕組
織的位置在含有心臟傳導系統的區域或在它附近，而且心臟又缺乏鎂的
話，就可能觸發心律不整。

⓬ 心臟瓣膜異常：有一種心臟瓣膜異常的類型叫做二尖瓣脫垂 (P243)，與缺
乏鎂有關。如果沒有鎂，由兩片瓣葉組成的瓣膜就會變得僵硬，不能完

全閉合，血液便會從合不緊的瓣膜開口漏出去。如果你有足夠的鎂，瓣膜的瓣葉便能放鬆、有彈性，並且完全閉合，防止血液漏出。另一種心臟瓣膜異常的類型是主動脈瓣膜鈣化 (P244)；身體的組成不會鈣化，除非體內的鎂太少，無法使鈣維持在溶解的狀態。

⓭ **高血壓**：當血管壁上的平滑肌因為細胞內有太多鈣且鎂不足而發生痙攣時，血管直徑便會縮小，導致血壓升高。不幸的是，大部分的高血壓患者都依照醫囑服用鈣離子通道阻斷劑，而不是服用天然的鈣離子通道阻斷劑——鎂。鈣離子通道阻斷劑就跟大部分的藥物一樣，會耗掉鎂，但是利尿劑耗掉的鎂更多。為了控制血壓，大部分的人最後要吃三、四種藥，在許多案例中，這只會使問題更糟，因為那些藥物會耗盡鎂——於是讓人容易罹患心房顫動。

⓮ **心臟結構改變**：心臟正常的大小或結構改變，可能影響到它的傳導系統。這種改變的例子包括因高血壓或心臟病後期所導致的心臟肥大。

⓯ **假期中的飲食及睡眠不正常**：你到達目的地之後又累又有時差問題（旅遊是其本身的觸發因素 (P233)），然後，假如它是一個像感恩節那樣的聚會，你的壓力源就是和家人的互動、暴飲暴食及睡眠不足。

⓰ **低血糖**：低血糖可能導致心房顫動。當血糖降到某個程度，身體的機制會觸動腎上腺分泌腎上腺素，去活化和釋放肝臟裡的肝醣。當腎上腺素大量分泌時，可能提高心搏速率，觸發心房顫動。

⓱ **感染**：病毒感染會造成發燒，提高新陳代謝，並且增加心搏速率。感染造成胃潰瘍的幽門螺旋桿菌，也可能促成心房顫動。有人研究用乳香（脂）來治療胃潰瘍，結果非常有效，而且沒有抗生素的副作用。如果你有胃痛問題，可以透過檢查來排除幽門螺旋桿菌的可能性。但是，幽門螺旋桿菌觸發心房顫動的機制是什麼呢？有人說這種感染會造成發炎（藉由C反應蛋白增加來判斷），而我們都知道鎂是一種很棒的抗發炎劑。問題來了——這些感染大部分都發生在缺鎂的人身上嗎？答案很可能是「是的」，因為並不是每個感染者都罹患心房顫動。

⓲ **發炎**：C反應蛋白偏高是發炎的強烈指標。在心房顫動患者的身上，C反應蛋白是非心房顫動患者的兩倍。鎂是人體中最重要的抗發炎營養素。

⓳ **肺部疾病**：患有心房顫動的氣喘患者，比例比非氣喘患者高。氣喘是鎂缺乏症的一種狀況，因為支氣管管壁上的平滑肌會產生痙攣，阻斷呼吸道。最近有一名客戶告訴我，她的肺科醫生說，咳嗽一定會引發心律不整，但是她的心臟科醫生說，咳嗽絕對不會引發心律不整。她不確定自己是先發生咳嗽還是心律不整；這兩位醫生都沒有提到，她可能有鎂缺乏症所導致的迷走神經刺激。

迷走神經及其分支分布於氣管、肺臟、心臟、食管和胃，所以，當你的心臟不規律跳動時，「好動的」迷走神經可能造成你咳嗽。我發生過一模一樣的症狀，所以當這種症狀發生在別人身上時，我看得出來。

另一名客戶跟我說，當她說喝涼水會使她心律不整、上氣不接下氣、讓她為呼吸感到焦慮時，醫生都認為她瘋了。我向她說明，她的迷走神經也許是因為缺鎂而變得高度敏感，當涼水甚至冷掉的食物刺激迷走神經時，就可能引發這些症狀。她聽了之後很是感激。

⓴ **藥物**：可能引發心房顫動的藥物相當多，所以我在此暫且不提。你必須查閱你正在服用的藥物有哪些副作用，看看是否有心房顫動。我看過最奇特的是氟卡尼，它是治療心律不整的藥物——但是它會造成心跳或心搏快速、不規則、猛烈或加速，我想這是因為這種藥含有六個氟原子、它是氟化物的關係。氟與鎂會產生不可逆的結合，使身體得不到鎂。矛盾的是，毛地黃、鈣離子通道阻斷劑、乙型交感神經阻斷劑和抗心律不整藥物，都可能使心律不整的情況更糟。非處方咳嗽藥和感冒藥可能是導致你血壓和心跳增加的刺激物，而血壓和心跳增加可能觸發心房顫動。娛樂性用藥，像是大麻，可能會使你心跳加速好幾個小時。古柯鹼也可能觸發心跳異常。

㉑ **劇烈運動**：醫生說，劇烈運動會釋放腎上腺素，進而觸發心房顫動。但是，更有可能是因為鎂耗盡而導致心臟痙攣和心房顫動。

㉒ **肥胖**：研究顯示，肥胖可能導致心房擴大和牽張，進而觸發心房顫動。有報告指出，人光靠瘦下來，就可以擺脫心房顫動的問題。

㉓ **缺鉀症**：與鎂缺乏症不同，缺鉀症可以靠驗血發現。如果你有低鎂和低鉀的狀況，就算你服用鉀補充劑，你的鉀濃度也不會改善，除非你同時補充鎂。因為醫生不使用檢查鎂的精確檢驗法，所以他們從未發現這個基本問題。

㉔ **接觸刺激物**：人工甘味劑，比方說阿斯巴甜（NutraSweet牌）、蔗糖素（Splenda牌）和乙醯磺胺鉀酸（Sunett牌）等，都和咖啡因、可樂、菸草一樣是刺激物。它們會加速你的心跳，而且如果你也缺鎂，這兩種因素加起來可能導致心房顫動。

㉕ **病竇症候群**：這種狀況被定義為，心臟的天然節律器未能適當運作。這是另一種未被妥善了解的症候群。據說，由於老化、心血管疾病、心臟病發作和高血壓，使得心臟產生疤痕、退化或損傷，於是產生了病竇症候群。所有的這些情況，都會因缺鎂而被觸發或變得更糟。

㉖ **睡眠呼吸中止症**：我曾在〈流行性睡眠呼吸中止症〉這篇文章裡指出，睡眠呼吸中止症的增加和鎂缺乏症及體重增加有關係。治療鎂缺乏症和減重，除了能降低睡眠呼吸中止的發生率，也能減少心房顫動的發生率。

㉗ **造成焦慮和恐慌症發作的壓力**：壓力會燃燒鎂，這會耗竭腎上腺的精力，導致腎上腺素不穩定地大量分泌，進而觸發一陣陣的心搏過速和心房顫動。另外，很激動或很恐怖的夢境所形成的壓力，也有可能引起心房顫動。曾經有位客戶問我，為什麼她的心房顫動通常在半夜發作。我告訴她，即使是夢境也可能觸發腎上腺素大量分泌，因為你的心智認為你「受到攻擊」了。腎上腺素會使你心跳加速，進而觸發心房顫動。

㉘ **手術操作**：心臟手術是觸發心房顫動的主要因素。我想，這是因為心臟在那種壓力下會流失鎂，而且靜脈注射鎂並不是心臟手術的標準療法，所以缺鎂可能直接導致心房顫動。不過，即使是小手術或醫療程序，都可能是生理和情緒上的觸發因素。只要想想白袍症候群──當醫生或護理師幫你

量血壓時，你可能會血壓猛然升高和心跳加速。手術也有可能讓你接觸會耗竭鎂的藥物，使你容易罹患心房顫動。在缺乏鎂的情況下，心跳加速和血壓升高都可能造成心房顫動。在你進行任何醫療程序時，即使是很小的程序，也請一定要讓你的醫生知道你的心房顫動病史。

㉙ **高糖飲食**：糖會耗盡鎂，所以，攝取高糖最後會造成鎂缺乏症。這種飲食可能引發一陣陣的低血糖，也會促進肥胖。

㉚ **甲狀腺功能亢進**：甲狀腺荷爾蒙能調節代謝作用。如果你的甲狀腺製造太多的荷爾蒙，或是你服用過多的甲狀腺藥物，你的代謝作用便會加速——那也包括心跳速度。如果你還有鎂缺乏症，這兩種因素加在一起，可能導致心房顫動。

㉛ **旅遊**：旅途疲勞、時差、脫水、不良飲食習慣、睡眠品質不佳、比平常喝更多的酒、宵夜和忘記服用鎂補充劑，這些因素結合在一起，可能大大增加觸發心房顫動的機會。

㉜ **維他命D**：我們很少聽說鈣補充劑會讓人有心臟疾病的風險，現在，醫生推銷維他命D成為下一個流行的補充劑。當然，維他命D是身體所需的營養素，但是他們似乎有沒有意識到，在高劑量時，它會把太多的鈣拉到身體裡，然後需要更多的鎂把鈣從補充劑形式轉換成活性形式。有很多人向我抱怨，當他們開始服用高劑量的維他命D時（大約每天2000國際單位），就會開始產生一些缺鎂的症狀。這些症狀中有的可能很嚴重，令人擔憂，尤其是當你不知道它們的來源時。

㉝ **酵母菌增生**：會造成這種情況的原因是——高糖飲食、太多抗生素和類固醇藥物，以及影響到太多方面的各種壓力。許多醫生和研究學者也認為，酵母菌是造成我們體內發炎的主要原因：發炎可能觸發心房顫動。酵母菌會製造一百七十八種不同的代謝副產品及廣泛的副作用，酒精便是其中一種副產品。日本的岩田健太郎（K. Iwata）醫生在未攝取任何酒精、但似乎醉酒的人身上診斷出「喝醉」的疾病，並且查出酵母菌增生的狀況。含有酵母菌的糖消化作用，它的另一種副產品是乙醛。乙醛也是酒精的主

要分解（氧化作用）產物，它被認為是飲酒過量所造成的許多問題的真正原因。如果你有酵母菌增生，而且你也飲酒，你或許會發現，你有兩倍乙醛劑量的宿醉和腦袋昏沉。

我一直不知道心房顫動有那麼多觸發因素，直到我開始去研究。這份擴寫清單或許會讓有些人抱怨，任何東西都可能引發心房顫動。但是我真正要說的是，鎂缺乏症可能引發任何事情，而且讓整個情況看起來好像該歸咎於別的疾病，然後你又為了那個疾病而服用會耗竭鎂的藥物。知道心房顫動是可以治癒的，你應該鬆了一口氣。

Mg⁺ 注意！

> 我從未告訴過客戶，他們在開始為身體補充礦物質之前必須停止服用心房顫動的藥物。事實上，在和醫生討論慢慢減少用藥之前，患者應該會感覺身體有比較好，症狀也愈來愈少。

心房顫動中的冠狀動脈鈣化

對抗療法不斷找到更多的線索，指出鎂缺乏症其實是心房顫動的原因。在《循環：心血管品質與預後》雜誌中，一項最近的研究〈冠狀動脈鈣化進程與心房顫動〉指出：「冠狀動脈鈣化平均五到六年的後續變化與心房顫動風險的增加有關。在冠狀動脈鈣化發展速度較快的人身上，相關的風險也更高。」當研究人員分析出所有其他可能的原因時（包括膽固醇），他們發現55％的心房顫動增加風險與鈣在冠狀動脈裡的堆積有關。

這項研究明確證實了鈣是心房顫動的原因，也間接證實了用鎂來治療心房顫動的效用。我已經報告過許多次，鎂會溶解鈣，並且把鈣引導到需要它的骨骼裡。如果你沒有足夠的鎂來做這項工作，鈣就會沉積到軟組織中，包

括血管。或許這項研究也能說服醫生相信，膽固醇並不是冠狀動脈疾病中的壞人——鈣才是。

當然，研究人員無法解釋，為什麼冠狀動脈鈣化的增加與心房顫動有關。Medscape網站針對這項研究做過報告，並且評論說：「發炎作用可能是『必要的環節』，因為慢性的輕度發炎會引發動脈粥狀硬化，而動脈粥狀硬化可能導致心房纖維化。」

說得更確切些，**發炎是鈣化作用的強效引發劑**，那表示，當你缺乏鎂時，鈣會沉積到動脈或其他組織裡。研究學者從未提到，人體內的發炎作用，主因是鈣過多所造成的鎂缺乏症。

當病人的冠狀動脈鈣化積分升高時，醫生要怎麼辦呢？研究人員甚至警告醫生，不要做冠狀動脈鈣化的掃描檢查，因為他們承認，他們沒有能改變疾病進展的有效療法。

《美國心臟病學院雜誌》中有篇文章指出：「儘管早期的資料很被看好，但是直到現在，在任何的隨機對照試驗中，這樣的介入法（尤其是用史他汀療法）並未顯示出冠狀動脈鈣化進展有獲得減緩的跡象……因此，目前在臨床實務上，無法推薦做冠狀動脈鈣化進展的常規定量檢查。」

事實上，同一個雜誌的另一篇報導發現，服用史他汀的冠狀動脈疾病患者，有比較高的冠狀動脈鈣化狀況，那是不同於斑塊惡化或復原的另一種效應。然而，這樣的資訊並無法阻止醫生繼續使用這種無效又有害處的療法去做治療，也無法防止他們最喜歡的心臟病風險因子—— 高膽固醇。事實上，醫生試圖為史他汀辯解，說它們很積極地把比較軟、承載膽固醇又容易破裂的斑塊，轉化成比較穩定的高鈍性鈣化斑塊。遺憾的是，由於史他汀會促進鈣的堆積，所以在服用史他汀的患者身上，冠狀動脈鈣化積分現在已不可能被當成追蹤冠狀動脈疾病惡化或進步的工具。

韓國的研究人員發現，在心血管疾病低風險的韓國人口中，低血清鎂與冠狀動脈鈣化有關。雖然他們的結論依然是還需要進一步的研究來證實這項發現，以及證明低血清鎂和冠狀動脈鈣化之間的因果關係，不過，這是把鎂

當作治療的第一線，用來防止冠狀動脈鈣化、朝正確方向邁進的一步。使用飲食調查的另一項研究發現，飲食中含的鎂愈少，冠狀動脈鈣化的狀況就愈嚴重。

冠狀動脈鈣化的故事還不僅如此。雖然研究人員表示他們不知道原因，但他們在〈動脈粥狀硬化的多種族研究〉的報告中指出，冠狀動脈鈣化與多種和老化有關的慢性病有關。冠狀動脈鈣化積分的升高，與一些非心臟相關疾病有關，像是癌症、慢性腎臟病、慢性阻塞性肺病和髖部骨折等。當冠狀動脈鈣化積分為零時，似乎能保護一個人免於心血管疾病及其他慢性病。

另一篇報告接續了故事的發展，該報告指出，每天至少1份含糖碳酸飲料，可能增加冠狀動脈鈣化的風險。這項研究發現，之前沒有冠狀動脈心臟病的2萬2000名南韓成年人，每週喝5份以上的一般含糖飲料，與不喝含糖飲料的人相比，他們有比較高的冠狀動脈鈣化積分。研究人員的結論是：「我們的發現顯示，攝取碳酸飲料所造成的心血管危機，即使在無臨床症狀階段的動脈粥狀硬化中也很明顯。」這個在冠狀動脈心臟病風險上的發現，和其他可歸因於含糖飲料的風險被擺在一起，包括：高風險的第二型糖尿病、肥胖和心血管疾病。風險增加的其中一個原因是，需要有額外的鎂來代謝糖；另一個原因是軟性飲料中的磷，它是鈣化作用中的貢獻因子。

在研讀這些研究和Medscape網站上的文章時，我似乎就在場邊跳上跳下的，並舉著標語：「請用鎂作為治療冠狀動脈鈣化的療法。」冠狀動脈鈣化的患者需要具有療效劑量的鎂來溶解動脈裡的鈣。

給心房顫動患者的飲食建議

當你有慢性健康問題時，大家眾說紛云，對於要吃什麼和不要吃什麼，總是充滿著矛盾和不精確，而我對飲食的普遍性建議是：

• 刪除酒精、咖啡、白糖、白麵粉、麩質、油炸食物、反式脂肪酸（存在於人造奶油、烘烤、油炸食品和以部分氫化油製作的加工食品裡）。

- 如果你吃動物性蛋白質，要選擇有機的草飼牛、散養雞和雞蛋，還有魚（尤其是野生捕捉的鮭魚）。
- 如果吃蛋奶素，要選擇發酵過的乳製品、去乳糖起司和ReStructure蛋白粉（它沒有酪蛋白，含極低乳糖的乳清蛋白，以及豌豆和米蛋白）。
- 純素蛋白的選擇包括豆類、無麩質穀物、堅果和種籽。
- 吃健康的碳水化合物，像是各種生的、烹調和發酵過的蔬菜，一天2、3片水果和無麩質穀物。
- 納入附錄A（P432）中富含鎂的食物，以及附錄B（P435）中富含鈣的食物。
- 在脂肪和油的方面，要選用奶油、橄欖油、亞麻籽油、芝麻油和椰子油。

　　患有任何慢性病的任何人，都能使用以上的基本飲食建議。不過，在我的心房顫動書裡，我為心房顫動和其他類型的心臟病、腎臟病，以及大多數的一般慢性病設計了以下的飲食擴充指南和詳細說明：

❶ **以未精製海鹽取代食鹽**：標準的醫療建議是減少鹽的用量，因為它有可能造成高血壓。然而，儘管經過數十年的約束，高血壓仍然相當猖獗。還有，醫生講的是食鹽（純氯化鈉），跟我們祖先所使用的海鹽一點兒也不一樣。

　　我建議你真的要限制對罐頭湯和加工肉類的攝取，因為它們的鈉含量很高，也因為過度加工而沒剩多少營養素了。另外，我建議用未精製的海鹽取代食鹽，像是喜馬拉雅山玫瑰鹽或凱爾特海鹽，把它們加到你的飲用水裡。不過這讓很多人感到困惑，因為他們以為鹽有害處。其實海鹽是很健康的，因為它含有七十二種礦物質；食鹽才不健康，因為它是精製的，只含有氯化鈉。以下是水、食鹽和礦物質的攝取指南：

- **水**：取你體重（以磅計）數字的一半，請喝下這麼多盎司的水。如果你有150磅重（約68公斤），你就要喝75盎司（2.2公升）的水。
- **未精製海鹽、喜馬拉雅山玫瑰鹽或凱爾特海鹽**：每夸特飲用水加入¼茶

匙（1夸特約950毫升，你可以以此作為一瓶水）。之後你要在其中一瓶裡加入ReMag和ReMyte。

❷ **關於安全酒精量：**「假日心臟症候群」的名詞首先出現在1978年，指的是狂歡飲酒後心房顫動發作的現象。心房顫動的風險隨著適量和大量的飲酒而增加，我認為鎂缺乏症和酵母菌增生還會讓發作的風險加倍。如果你有心房顫動的問題，那麼你能攝取的安全酒精量是零。

❸ **減少咖啡因：**咖啡因對心臟的刺激作用就像酒精一樣，因此我認同以下的醫療建議：如果你有心房顫動的症狀，從飲食中刪除掉咖啡和濃茶絕對是明智的作法。有些大型研究說那是沒有關聯的，但是我大部分的客戶都表示，咖啡因會加速他們的心跳，而他們不想承擔心房顫動發作的風險。

❹ **每天5份水果和蔬菜：**對於健康的心臟和體重來說，水果及蔬菜能用最少的熱量提供營養、膳食纖維、礦物質和維他命。盡量吃有機的產品，目標是每天5份水果和蔬菜。

❺ **可以吃肉類和乳製品嗎？**醫生會告訴病人，為了保護他們的心臟，他們應該避免奶油、起司、全脂牛乳、冰淇淋、含油脂的肉、加工和油炸食物裡的飽和脂肪。我認同避免冰淇淋、加工食品、以蔬菜油炸過的食物。但是，由有機牛乳製成的發酵乳製品（優格、克菲爾發酵乳）非常健康，能提供你天然的益生菌。最新流行的高蛋白飲食法——原始飲食法——發現，含高動物蛋白的飲食對於減重和治療酵母菌增生是非常健康的；原始飲食法的提倡者極力建議散養的肉品來源，以避免工廠化農場的動物體內含有荷爾蒙和抗生素。

❻ **膽固醇真的不是敵人：**你的醫生對膽固醇的態度若是和一般趨勢一樣，他會要你限制對蛋的攝取，或是只吃蛋白。不過，膽固醇真的不是敵人（P184）。你可以用你的飲食來試驗，並且透過RequestATest.com定期做膽固醇檢驗。

❼ **選擇低汞的魚：**由鮮魚製成的魚油，已被證實能降低心臟病的風險。不

238

過，你還需要選擇低汞的魚。「自然資源守護委員會」（NRDC）是你的優質資源。列在自然資源守護委員會清單上的魚包括：鯷魚、鯰魚、鰈魚、無鬚鱈魚類、黑線鱈、鯡魚、鮭魚、鱒魚、白魚、黃線狹鱈、鯖魚、沙丁魚和鯧魚（https://www.nrdc.org/stories/smart-seafood-buying-guide）。自然資源守護委員會說，應該避免養殖鮭魚，因為那可能含有高量的多氯聯苯。

❽ **選擇不含麩質的全穀**：當大部分的自然健康世界正在放棄全穀時，醫療社群卻鼓勵你放棄白麵包，改吃全穀麵包和麵食，而我的建議介於兩者之間。我建議你避免含有麩質的穀物，但應該攝取小米、藜麥、糙米、蕎麥和莧籽。燕麥雖然不含麩質，但是幫它們加工的設備或許也處理過麩質，所以燕麥可能會被麩質粒子汙染，然後影響到患有嚴重麩質不耐症（乳糜瀉）的人。

❾ **別碰麩胺酸和味精（麩胺酸鈉）**：還記得心房顫動的眾多觸發因素嗎？因為麩胺酸和麩胺酸鈉被公認為安全的鹽替代品了──我們有必要避免這些一般稱為味精的添加劑 (P228)。由於大眾對味精的強烈反對，所以有些公司賦予味精不同的名稱。在MSGTruth網站上有一長串的清單，裡頭列出了受味精汙染的食物（https://www.msgtruth.org/what-food-should-i-avoid）；這是由前食品加工工程師暨食品科學家卡蘿‧荷恩蓮（Carol Hoernlein）在2002年創建的行動網，她想說出食品添加劑的真相。

❿ **份量控制**：我們在餐廳點的超大份餐點，和在家裡的再來一份，其實是最容易增加體重的方式。選擇較小份的餐點和在兩餐之間等待四到六小時，對於減重來說很好。如果你的身體在兩餐之間想要一些熱量，它會去代謝儲存在你肝臟裡的葡萄糖，也就是肝醣──我稱它為肝零食！

⓫ **健康烹調**：使用清蒸、烘烤、炙燒和水煮的方式烹調，能讓你遠離以蔬菜油進行油炸的不健康。<u>如果你真的很想煎蛋或炒蛋，就用椰子油。</u>

⓬ **飲食與藥物的藥效**：你的醫生或許會告訴你，如果你有服用抗凝血劑華法林（warfarin，治療心房顫動的血液稀釋劑），那麼你就必須避開綠色

葉菜，因為它們含有大量的維他命K，可能妨礙華法林的功效。當你服用藥物時，別想喝葡萄柚汁或吃葡萄柚。葡萄柚汁含有一種叫做柚皮素的物質，可能會干擾到抗心律不整藥物——例如胺碘酮和多非利特——的功效。葡萄柚汁也可能加速肝臟裡的某些排毒路徑，並且更迅速地分解你吃下的藥物，減低藥效。

⓭ **補充鎂**：要是我們能從飲食中獲得足夠的鎂那就太好了，但這是不可能的，因為土壤中的鎂已被耗盡，不再有足夠的鎂來提供給我們的食物，以滿足我們的需求。大多數的人沒有辦法一天吃到約100公克的海帶，許多人認為一天100公克的堅果太容易使人變胖——那就是為什麼我建議以補充劑的形式來攝取鎂的原因。

⓮ **視情況補充鉀**：為了維持心臟正常的電傳導，鎂和這種礦物質的電解質很重要。每天都吃蔬菜的人不容易出現缺乏鉀的情況；使用利尿劑治療高血壓、吃醫院的供餐、服用藥物和長時間流汗（大部分是運動員）都可能產生缺鉀症。慢性缺鉀症可能導致心律不整、低血壓和便祕。對於低血鉀的人，我推薦ReMyte和高鉀高湯 (P440)。

心室早期收縮

「心律不整抑制試驗」（Cardiac Arrhythmia Suppression Trial）是一項雙盲、隨機的對照研究，目的在檢驗這個假說：在心肌梗塞後以心律不整藥物抑制心室早期收縮，可降低死亡率。這項研究自1986年持續至1998年，涵蓋了二十七個中心與1700位以上的患者。

這項研究使用了兩種處置方式：恩卡胺和氟卡尼或安慰劑；莫雷西嗪或安慰劑。研究人員發現，這些藥物不像預期中能降低死亡率，反而提高了死亡率。恩卡胺在1991年下市，因為它不但沒有預防作用，反而造成太多的心律不整；莫雷西嗪最終也在2007年下市。氟卡尼仍在使用中，但是我個人對它是舉紅旗的，因為它是一種帶有六個氟原子的氟化物，可能會與鎂結合，讓心臟得不到它所需要的鎂。氟卡尼的副作用就包括心搏過速和心律不整。

有一位年近五十的男士，在他二十歲時開始產生症狀，以下是他的詳細病史。就在展開諮詢前，他為孩子寫下遺囑和幾封信，因為他確信自己不久於人世。

那是二十歲左右的事，有一次在打棒球時，我伸手去接球，之後我的心臟突然跳動得非常快速。

我必須到急診室去，但當時他們束手無策，只能乾等症狀緩和下來。我的心搏過速，速率是每分鐘兩百多下，這實在很嚇人。二十四小時之後，在一位牧師的祝福下，我的心跳終於恢復到正常的速率。

他們先把我送回家，然後由一位心臟科醫生追蹤我的情況。他讓我以二十歲的「高壽」服用0.25毫克的地高辛（目前已不再用於心房顫動，因其有較高的死亡風險）和10毫克的思特來錠，那是一種乙型交感神經阻斷劑，並且告訴我要避免所有運動。

在接下來的幾年裡，我發生過幾次需要急診醫治的心搏過速。隨著時間過去，他們已經能用一種鈣離子通道阻斷劑，維拉帕米，來阻止心搏過速。

最後我換了心臟科醫生，然後遵照醫囑服用氟卡尼（品名：Tambocor〔律博克〕），現在我知道它一種氟化物，而且會使鎂耗竭得更嚴重。他們建議我到紐約市的哥倫比亞長老會醫院做心電檢查。

那時是1995年，我三十歲，已經服藥八年了。還有，當時我有嚴重的恐慌症，那是鎂缺乏症的另一種症狀，可能是因為氟卡尼把我體內的鎂掠奪光所引起的。在長老會醫院時，他們找出一條副神經線，他們說就是它造成我的心搏過速，然後他們做了切除術，結果非常成功。我不用再服任何藥物，也就是醫生說我不再需要它們了。

2003年，當我在後院做事時，我又發生心搏過速的狀況，現在他們告訴我說，有時候切除術需要再做一遍。這次我是在紐澤西州紐瓦克市的聖米迦勒醫院做的，一切都很順利，不再心搏過速，不再吃藥。然而我仍然有心室早期收縮的問題，但是心搏過速不再持續。

　　在2003年第二次切除術之後的幾年裡，有幾次突然發生心室早期收縮的狀況，然後持續了幾週，有時候甚至長達數月。於是我上網尋求幫助，然後開始服用藥片形式的鎂劑。鎂似乎改善了我的症狀，我很少再發生心室早期收縮。

　　然後，2014年的某一天，我突然感覺到有急迫的尿意，但上完廁所後那股急迫感仍未消失。這種狀況持續了好幾週，於是我去看泌尿科，醫生檢查我的血液和攝護腺，然後說一切正常。我也做了核磁共振，結果顯示在我的輸尿管中有一顆非常小的結石。醫生建議我喝大量的水，我照著做，認為它最後被沖走了。現在我知道，腎結石和輕度鈣化的膀胱組織也許是導致這些症狀的原因。

　　在回想的時候我了解到，在尿急症狀和腎結石事件發生前不久，我和一位醫生有約，他說我的維他命D很低，建議我服用4000國際單位的量。所以我把自己的鎂耗竭得更嚴重，而且我的心室早期收縮和痙攣問題也更糟糕了。那時候我只服用幾個月的維他命D，但當時沒有去想到為什麼在我停用維他命D之後，心室早期收縮的狀況便改善許多。

　　在我心室早期收縮每況愈下的那段期間，我去看了心臟科醫生，然後他們要求我住院，讓我接受壓力測試和新的心臟超音波檢查。

　　檢查結果一切正常——除了心室早期收縮，心臟每跳三下就發生一次，這讓我又驚嚇又沮喪。他們開一種叫做美托洛爾的乙

型交感神經阻斷劑給我，此外還有凱帝心徐放錠，那是一種鈣離子通道阻斷劑，但是都沒有用。

　　就在此時，我發現狄恩的網站。我立刻訂購了ReMag並開始服用。頭一、兩天我便感到有些緩解，幾天之後，我只會偶爾發生痙攣。

　　同一時間，我去看一位心律不整專家，他說並不建議心室早期收縮患者做切除術。他開了氟卡尼給我，但我沒服用，因為當時我已經知道它是一種氟化物，可能會更危害我的鎂。開始補充鎂，讓我第一次產生更舒服、更有希望的感覺，我知道，鎂就是我健康中所遺漏的環節。

　　現在我服用ReMag、ReMyte、ReAline和RnA滴劑已經二十六個月了，我不再需要服用任何醫藥。謝謝您！

✦ 二尖瓣脫垂 用鎂幫助強壯心肌

　　我在前面心房顫動觸發因素的清單中提到二尖瓣脫垂 (P229)，當然，並非每個有二尖瓣脫垂的人都有心房顫動的問題。二尖瓣脫垂與鎂缺乏症有關係，它是心室在心臟收縮時，瓣膜無法完全閉合的失調症。

　　用聽診器診斷時，可在血液流經開啟的瓣膜時聽見雜音。在心臟超音波普及之後，二尖瓣脫垂的病例開始顯著增加，尤以年輕女性最多，她們去看醫生的原因是她們覺得心臟有奇怪的感覺。

　　對抗療法迄今尚無有效治療二尖瓣脫垂的方式。當病情輕微或只有中度時，有時患者幾乎不會出現任何症狀。然而，病人若是得到這種診斷，往往會讓他們誤以為自己有心臟病。而且，他們通常會被警告，做過牙齒治療後應該服用抗生素，以防止細菌進入血液，流到脫垂的瓣膜上，造成感染的可能性。

這是一種相當罕見的情況，有些醫生並不贊成這樣過度使用抗生素，但是，對於沒有警告和保護其病人的牙醫來說，這仍然是在信任度上的強大威脅。這種對抗生素的過度使用，已造成人們酵母菌增生的狀況。

梅爾文・沃巴赫（Melvyn Werbach）醫生是《營養對疾病的影響》一書的作者，他相信二尖瓣脫垂是種過度診斷，並認為這其實是一種缺鎂的疾病，只要用鎂來治療就能有很好的成效。心臟的瓣膜是透過肌肉來拉直，而心肌和身體其他部位的肌肉一樣，要有鎂才能維持正常運作。由於鈣鎂比過高，因此造成了二尖瓣痙攣，無法適當閉合，於是血液倒流，使心臟聽起來有雜音。

西立格醫生指出，二尖瓣脫垂病人中，有85％的人鎂值都偏低。在有明顯二尖瓣脫垂症狀的141位病人中，有60％的人鎂值都過低，而對照組中卻只有5％的人鎂值過低。在給予這組病患鎂劑五週之後，病人胸痛、心悸、焦慮、疲倦、暈眩、呼吸困難等症狀就減少了50％。許多客戶告訴我，在他們開始服用鎂補充劑之後，他們的心臟科醫生便不再偵測到二尖瓣脫垂的心臟雜音了。

✦✦ 主動脈瓣狹窄 置換瓣膜前先補鎂試試看

在我的醫療訓練中，以往我總是認為主動脈瓣狹窄是一種需要外科手術治療的疾病，已經超出營養療法的範圍。然而，主動脈瓣狹窄更適當的定義是主動脈瓣膜鈣化，因為鈣沉積在心臟的主動脈瓣膜上，而這些沉積物所造成的縮狹就叫做狹窄症，降低了流經瓣膜的血流。

一項2013年的研究評論說，主動脈瓣狹窄是一種常見的疾病，而置換瓣膜是唯一獲得確認的療法。但是，這項研究的意圖是調查及描繪造成主動脈瓣狹窄的礦物質沉積，以了解主動脈瓣膜鈣化和狹窄症的機制。他們從置換手術中取下三十個主動脈瓣膜作為樣本，然後用光譜儀進行分析，那些被取

下的瓣膜顯示有發炎狀況和磷酸鈣沉澱物。當鎂鹽被導入試管中的瓣膜組織上時，鎂離子便取代鈣離子，移除了鈣沉積物。研究人員的結論是：「用鎂鹽來治療這些病人，或許能減緩瓣膜置換後的主動脈瓣狹窄的進程。」我不禁要狂吼，為什麼不先服用鎂補充劑來防止鈣的沉積——為什麼要在置換掉真的瓣膜後才去保護一個人工瓣膜？

所有的心臟瓣膜——三尖瓣、肺動脈瓣、二尖瓣和主動脈瓣——都可能鈣化，但是主動脈瓣所受到的影響是最大的。

✦ 螯合治療時更要補充鎂

在動脈粥狀硬化的治療上，替代療法同樣可以更充分的利用鎂。螯合療法是一種使用像是EDTA（乙二胺四乙酸）、DMPS（2,3-二巰基丙磺酸）或DMSA（2,3-二巰基丁二酸）等化學物質進行靜脈注射或口服所做的治療，可以把黏在動脈壁上的斑塊裡的重金屬和（顯然還有）鈣排出來。

坦白說，我覺得這種療法比較不像是替代療法，它既具侵略性又價格昂貴，反而更像是對抗療法。我知道這種螯合療法有很多相關文章，也有許多人蒙受其益，但是很遺憾的，我就是不能正眼看它，因為鎂就能防止鈣的沉積了，我覺得用鎂來預防比較合理，也不那麼花錢。足量的鎂就能保持鈣溶解於血液裡，如此一來，鈣就無法沉積到動脈斑塊上，或是變成腎結石和膽結石。

螯合療法的缺點是，除了鈣以外，其他礦物質也會被移除掉，因此必須用靜脈注射礦物質補充回去。我擔心的是，並非所有被移除掉的礦物質都能被適當地補充回去，以至於產生長期的礦物質缺乏症。

ReMag是比靜脈注射鎂更有效的產品，ReMyte是一種能被完全吸收的綜合礦物質補充劑，有了這兩樣東西，當我們需要螯合療法時，我們便有更安全的另類選擇。

✛ 扭轉心臟病

飲食建議

請參考本章前面「給心房顫動患者的飲食建議」(P236) 中的指南。

營養補充品建議

- **ReMag**：使用以皮米為單位的極微小而穩定的鎂離子，就能達到具療效的量而不產生腹瀉效應。先從每天¼茶匙（75毫克）開始，漸漸增加到每天2～3茶匙（600～900毫克）。把ReMag添加到1公升的水中，在一整天裡偶爾啜飲一下，以達到完整的吸收效果。

- **ReMyte**：以皮米為單位、極微小粒子的十二種礦物質溶液。每次½茶匙，一天三次，或取1½茶匙，和ReMag一起添加到1公升的水裡，啜飲一整天。

- **維他命E（綜合生育醇）**：每次400國際單位，一天兩次，我覺得Grown by Nature這個品牌最好。

- **山楂果滴劑**：每次20滴，一天兩到三次。

高膽固醇和動脈粥狀硬化患者可再添加

- **菸鹼酸（維他命B$_3$）**：在醫生的指示下，先從一天250毫克的劑量開始，慢慢增加到最多一天4公克的量。請不要使用與肝臟損傷有關的緩釋型菸鹼酸。

- **ReAline**：維他命B群加上胺基酸。每天兩次，每次1粒膠囊。它含有食物性B$_1$和四種甲基化維他命B（B$_2$、B$_6$、甲基葉酸和B$_{12}$），再加上左旋蛋胺酸（穀胱甘肽的前驅物）和左旋牛磺酸（有益於心臟和減重）。

- **複合維他命C**：從食物性來源中攝取，一天兩次，每次200毫克，或是製作你自己的脂質維他命C（參見附錄D的脂質維他命C配方 (P439)）和抗壞血酸，一天兩次，每次1000毫克。

- **維他命D$_3$**：每天1000國際單位或曬太陽二十分鐘，或服用Blue Ice Royal（來自發酵的鱈魚肝油和純奶油油脂），以補充維他命A、D和K$_2$。每天兩次，每次1粒膠囊。

- **ReCalcia**：以皮米為單位的穩定鈣離子、硼和釩。如果你從飲食中攝取不到足夠的鈣，就每天服用1～2茶匙（1茶匙提供300毫克的鈣）。可以和ReMag及ReMyte一起服用。

第8章
寬了腰圍又
要命的糖胖症

肥胖、X症候群與糖尿病是一系列疾病的一部分,如果沒有透過良好的飲食習慣、服用適當的營養補充品(尤其是鎂)、運動、減壓來阻止,這些疾病可能會演變成心臟病。和你想像得不一樣的是,這些問題並不是個別獨立的疾病,它們背後的共同原因就是缺鎂。

最近我們的醫學字典裡增加了一個新字,叫做糖胖症。這個詞所反映出來的意義是,若一個人超過標準體重約13.5公斤超過十年,很可能就會得到糖尿病。罹患X症候群的人都相當肥胖,而且具有胰島素阻抗的問題,他們正邁向糖尿病之路,同時還有高血壓、高膽固醇、高三酸甘油酯的問題。

遺憾的是,我們目前的醫療體系對初級預防並不感興趣。醫生會一直等到你的血壓升高、膽固醇升高、血糖也在正常值以上時,才會建議用藥物療法來壓抑症狀。事實上,他們現在確實更常談到預防,但是那意味意著勸病人服藥,避免發展成高血壓、高膽固醇和高血糖。

我深信,與其把數十兆美元花在沒效用藥物的臨床試驗上,不如拿去創造健康、充滿礦物質的農田、發展有機食物、大眾運動中心,並且縮減五天工作制,便可能拯救上百萬條性命。但是我在騙誰呀,我們的資本主義和市

場經濟不是這樣運作的。人不為己，天誅地滅，那表示你必須對我告訴你的事情認真看待——鎂缺乏症是造成地球上死亡和失能的主要原因之一。

Mg⁺ 關於鎂和肥胖，你必須知道的事……

❶ 鎂能幫助身體消化、吸收並利用蛋白質、脂肪、碳水化合物。

❷ 胰島素要打開細胞膜讓葡萄糖進入時，非得有鎂不可。

❸ 鎂能阻止肥胖基因發揮效用。

✦ 鎂與體重的關聯

鎂和綜合維他命B都是能產生能量的營養素，不僅能活化酵素，以進行消化、吸收，還能好好利用蛋白質、脂肪、碳水化合物。如果缺乏這些必要的能量營養素，就會使食物無法獲得妥善的利用，導致人體產生許多症狀，例如低血糖、焦慮、肥胖。

對食物的渴望和過度進食，很可能單純是一種吃飽之後還想繼續進食的渴望——因為**身體希望能獲得加工食品中所沒有的營養素**，但你繼續吃只會得到更多增加體重的卡路里，對營養素的需求無濟於事。

當胰島素引領葡萄糖進入細胞的化學反應時，也非得有鎂不可，這樣才能讓葡萄糖產生身體所需的能量。如果沒有足量的鎂來進行這項工作，細胞外血液中的胰島素與血糖都會升高，過多的血糖會轉變為脂肪，儲存在人體中導致肥胖，而過多的胰島素則會讓你得到糖尿病。

壓力與肥胖間的關聯不容小覷。處在壓力下，身體產生的可體松會傳遞訊號，使身體停止新陳代謝，這就好像身體覺得遭受攻擊，必須貯存包括脂肪在內的所有資源，不會在任何誘因下放手；鎂則能緩和壓力造成的效應。

有一連串的研究揭露發炎與肥胖之間的關係，而〈肥胖、發炎與胰島素阻抗之間的關係之最近發展〉這篇文章提供了極佳的綜述。該篇文章的作者群指出，肥胖與免疫系統的慢性活動有關，後者會導致白色脂肪組織（白色脂肪儲存能量，棕色脂肪燃燒能量、製造熱能）的輕度發炎、隨後的胰島素阻抗和削弱葡萄糖耐受性，之後便可能發展成糖尿病。實驗室試驗顯示，各種不同發炎分子的增生，會對身體產生局部和全身性的影響。雖然這些發炎指標在減重後便減少了，但是它們已對身體造成了傷害；其中一項指標介白素-6「可能誘發肝臟合成C反應蛋白，於是促進心血管併發症的發生」。

無數研究指出，具有抗氧化作用的鎂能降低發炎指標C反應蛋白、腫瘤壞死因子α和介白素-6的濃度。鎂也能促進脂聯素的分泌，那是一種在脂肪細胞中製造出來的荷爾蒙，有助於調節這些細胞的發炎作用，因此有助於防止體重增加、第二型糖尿病和心臟病。脂聯素濃度會隨著體重增加而下降，體重減少則會促進脂聯素分泌，《營養學雜誌》的一篇研究報告指出，鎂是維持脂聯素濃度的關鍵——鎂對於維持正常體重很重要的另一個理由。

✦ 別再把錯全推給基因

大家都認為肥胖來自遺傳，因此你誤以為有些壞習慣沒什麼關係，反正都是壞基因的錯。然而，你其實也在這個問題上摻了一腳。

動物實驗證實，如果一隻有肥胖基因的老鼠缺乏維他命B，肥胖基因就會表現出來，於是老鼠會變胖。但是，如果餵食老鼠充分的維他命B，肥胖基因便不會表現出來，因此老鼠會維持苗條。身體裡每一種代謝作用，都需要維他命和礦物質作為代謝輔因子，如果沒有這些物質，便會產生症狀。一項2014年的研究發現，攝取速食餐——高脂高糖、低膳食纖維、低維他命B和低維他命D——的老鼠會變得肥胖和產生糖尿病。研究人員也在DNA甲基化中發現了可能從第一型糖尿病逐步升級成第二型的變異。

《美國臨床營養學雜誌》刊登過一篇關於鎂對基因影響的研究報告，其作者群做出了幾項重要的結論，其中一項是：鎂顯然能降低空腹胰島素濃度。以下是他們在鎂對基因影響方面所做的結論：「基因表現模組揭露了二十四個基因的正調控與三十六個基因的負調控，其中包括與代謝和發炎路徑有關的基因。」我要強調，上述研究證實了鎂對基因表現有相當重要的影響。這是在肥胖研究上的巨大突破，但是我能想像得到，讀過這篇研究的醫生並不多，就算他們讀過，也沒多少人會開始使用鎂。

腹部肥胖 缺鎂＋過多胰島素，腰圍就粗

中廣身材與缺鎂、無法妥善運用胰島素有關，也讓你邁向了X症候群之路。只要拿皮尺量一下，你就知道自己是否符合X症候群的前提：如果男性腰圍超過40吋（約102公分），女性腰圍超過35吋（約89公分），你罹病的風險就相當高。

西立格與羅薩諾夫醫生在合著的《鎂因子》中提到一份報告，指出血液中有一半的胰島素都會被輸送到腹部組織當中，並推論：當身體分泌愈來愈多的胰島素來處理高糖分飲食，腰圍就會增加，以處理多餘的胰島素。

與肥胖有關的大部分疾病，也與發炎作用有關。2020年〈慢性病中的鎂、發炎與肥胖〉這篇文章，把鎂加到這層關係中。作者群指出，有中度或輕微鎂缺乏症的人會呈現慢性發炎壓力，這可能「在很大程度上促使動脈粥狀硬化、高血壓、骨質疏鬆症、糖尿病和癌症等慢性病的發生」。

X症候群 鎂有助於胰島素的正常代謝

許多人相信，X症候群是長期缺乏營養——尤其是鎂缺乏症——所導致

的結果，只不過人們給了它一個花俏的名字。與X症候群有關的疾病包括高膽固醇、高血壓、肥胖、高三酸甘油酯和高尿酸。

高三酸甘油酯通常發現於膽固醇升高的時候，而且當一個人攝取高糖飲食時（每天吃含有高果糖玉米糖漿的蛋糕、糕點和汽水），也可能提高他的三酸甘油酯——甚至連飲食中過量的水果也可能造成高三酸甘油酯。

高尿酸的產生，主要源自於缺乏維他命B和消化酵素所造成的蛋白質分解不完全。我們在X症候群裡所看到的這些複合因子，看起來都是胰島素阻抗所引起的，那是胰島素代謝失調（由鎂缺乏症造成）的一種產物，最後可能導致糖尿病、心絞痛和心臟病發作。

如之前所提過的，鎂是代謝路徑（例如三羧酸循環，它讓胰島素把葡萄糖引入細胞，使葡萄糖參與製造人體所需的三磷酸腺苷能量）的必需營養素。如果缺乏鎂，葡萄糖進入細胞的通道就無法開啟，進而造成以下問題：

❶ 血糖升高。

❷ 血糖轉換為脂肪儲存，因此造成肥胖。

❸ 升高的血糖值造成糖尿病。

❹ 肥胖對心臟造成壓力。

❺ 過多的血糖會與特定蛋白質結合（蛋白質糖化），造成腎臟的傷害、神經病變、失明、其他糖尿病併發症等。

❻ 產生胰島素阻抗的細胞不會讓鎂進入細胞。

❼ 缺鎂情形更嚴重時，就會造成高血壓。

❽ 缺鎂會造成膽固醇堆積，這兩種情形都會造成心臟病。

率先提出X症候群一詞的是傑羅德・瑞文（Gerald Reaven）醫生，他指出，這種問題很可能是今日許多心血管疾病的元凶。毫無疑問地，缺鎂是導致這些症候群的跡象與徵兆的主因，其造成了三酸甘油酯過高、肥胖、胰島素代謝干擾等問題。如我之前說明過的，醫生在醫學院裡不會學到關於鎂的

代謝作用，所以他們一直沒有注意到，X症候群呈現出來的現象可能正是鎂缺乏症的結果。

胰島素阻抗

胰島素的工作是打開細胞膜上的一些受體位點，讓葡萄糖進入，以成為細胞的能量。如果細胞對胰島素的升高毫無反應，並且拒絕讓葡萄糖進入細胞，這就稱為「胰島素阻抗」，如此一來，血糖就會升高，身體也會製造愈來愈多的胰島素，然而卻是徒勞無功。此時，葡萄糖與胰島素在體內流竄，不只會造成組織受損，也會過度使用與浪費鎂，增加罹患心臟病與第二型糖尿病的風險。

細胞對胰島素不產生反應的主因之一，就是缺乏鎂。確實有一些研究報告顯示，第二型糖尿病病患的慢性胰島素阻抗與鎂的減少有關，因為要讓葡萄糖進入細胞，就非得有鎂不可。其他的研究也證實，在胰臟釋出胰島素後，細胞中的鎂通常會做出回應，打開細胞讓葡萄糖得以進入，但如果缺鎂再加上發生胰島素阻抗，正常的機制就不會運作。然而，身體中的鎂值愈高，細胞對胰島素的反應就愈敏感，也愈有可能逆轉這個問題。

心血管代謝症候群

康乃爾大學的賴瑞・雷斯尼克（Larry Resnick）數年來不斷從事心臟與鎂的相關研究，並提出了一個X症候群的別名——心血管代謝症候群（CVMS），簡稱為代謝症候群。他描述的方式就更接近事實了，他指出這些情況的特點都是鈣鎂比過高（別忘了，太多鈣會自動造成缺鎂）。

普遍來說，美國人飲食中的鈣鎂比都相當高，也因此造成體內鈣鎂比過高。在全世界的中年男子中，心臟病發作率最高的國家就是芬蘭，該國人民飲食中的鈣鎂比也相當高：4：1.8（部分原因是，芬蘭的起司攝取量是世界第三高，而起司中的鈣非常高）。在這份報告裡，美國人飲食的鈣鎂比據說是3.5：1。

研究鎂的專家西立格醫生指出，美國人的飲食過於強調鈣的攝取，卻忽略了鎂是否充足，因此鈣鎂比很快就會飆到6：1。如我之前所提過的，傳統飲食建議的2：1比例已遭到推翻。如果要逆轉X症候群，也許需要每天從飲食中攝取600毫克的鈣，並額外補充600毫克的鎂。

代謝症候群

雷斯尼克醫生指出，X症候群的成因並非長期胰島素過高，而是鎂離子過低，因為<u>造成胰島素阻抗的根本原因是鎂值過低</u>。如之前所說明的，只有當細胞中的鎂充足時，胰島素才會打開細胞，讓葡萄糖進入；如果沒有鎂，就會發生胰島素阻抗。研究報告清楚地指出，飲食中缺鎂的動物會出現胰島素阻抗，人類也會面臨同樣的風險。有些研究人員做出結論，認為高血壓和胰島素阻抗都是細胞缺鎂的表徵之一，構成X症候群（心血管代謝症候群，簡稱為代謝症候群）——的各種狀況都有著同樣的起因，也就是缺鎂。但是，大多數醫生會把這些風險區分開來，然後分別用不同的藥物去治療。

X症候群的缺鎂情形來自於缺鎂的飲食，以及胰島素增加迫使尿液排出鎂，這種惡性循環會讓人損失愈來愈多的鎂，造成更多X症候群的症狀。

Mg⁺ 醫學上的困惑

依我看，用這麼多不同的名字來代表同一件事，真的是太令人困惑了：X症候群、胰島素阻抗、心血管代謝症候群和代謝症候群。它們之中沒有一個變成常用詞彙或診斷標準的原因是，在醫學上還沒有出現可以治療它們的藥物。對抗療法想把它貼上一種疾病的標籤，然後用藥物來對付它。由於這些症狀大部分與生活型態、飲食和缺乏礦物質有關，並沒有單一藥物可以治療它們，所以它們在大多數情況下都被忽略了。

一份針對青年進行十五年研究的報告指出，飲食中的鎂含量愈高，或是額外補充的鎂較多，就愈不容易出現代謝症候群。預防與治療X症候群的基礎，在於讓體內的鎂恢復到正常值。令人遺憾的是，糖尿病、高血壓、高膽固醇已經讓許多人付出慘痛的代價，即使已到了這樣的程度，在服藥的同時補充鎂仍然有許多好處，能有效控制並減輕已經出現的症狀。

常有人問我：「要花多少時間才能擺脫鎂缺乏症？」很難說，因為每個人鎂缺乏症的原因都不一樣。不過，一組體重過重的人每天服用350毫克的鎂補充劑，持續二十四週後，他們的血清鎂濃度增加，動脈硬度也下降了。值得注意的是，在第十二週時血清鎂的值還沒有變化，要經過六個月後才會有明顯的改變。研究人員的結論是：「這多少能夠指出，一個人的鎂濃度和鎂儲存量若要提升得花多久的時間。」

糖尿病 病患需比一般人補充更多鎂

在前面關於胰島素阻抗、X症候群、心血管代謝症候群和代謝症候群的內容裡，糖尿病已經出現很多次，但現在我們要特別把焦點放在它身上。

糖尿病是美國的第七大死因（在臺灣為第五大死因）。今日美國的糖尿病患者已經多達1600萬人（臺灣為220萬人左右），由於人口逐漸老化、年輕人嗜吃高糖分餐點，因此罹病者增加的比例相當驚人。

Mg⁺ 關於鎂和糖尿病，你必須知道的事……

❶ 缺鎂很可能是糖尿病的預兆。
❷ 糖尿病患者需要的鎂比一般人多，損耗的鎂也比一般人多。
❸ 胰島素的製造、運作、輸送都需要鎂。

糖尿病的主要三種類型

糖尿病主要可分為兩型：

約有10％的患者為第一型，必須靠胰島素才能維持正常的生活，第一型糖尿病通常在兒童期發病，可能是胰臟受到病毒感染，使製造胰島素的功能受到傷害或喪失，因此患者必須靠注射胰島素才能補充胰島素的流失。

第二型糖尿病並非胰島素依賴型，好發於四十五到六十五歲之間的體重過重者，第二型糖尿病患者的體內其實已經有胰島素，而且往往相當多，但是身體的細胞顯然與之對抗，讓胰島素無法發揮應有的功能，無法打開細胞膜讓葡萄糖進入細胞以產生能量。

除此之外，還有第三種糖尿病叫做妊娠糖尿病，這種糖尿病持續的期間通常不會太久。

病患在懷孕前可能是葡萄糖不耐症的隱性患者，而且未被診斷出來。通常在遇到懷孕的壓力時才表現出來，而且已經有鎂缺乏症的女性也許較常發生——因為並非每一名懷孕的女性都會產生妊娠糖尿病。鎂離子檢驗證實了懷孕本身會造成鎂的大量損耗，更嚴重者會追加演變成妊娠糖尿病。然而，血中鎂離子檢驗只能作為研究工具；次佳的選擇則是接受紅血球鎂濃度檢驗 (P384)或EXA檢驗 (P390)，兩者都是診斷妊娠糖尿病患者是否缺鎂的重要工具。更多關於鎂的檢測請見第十六章。

身體耗盡鎂，或是鈣過多，都可能使孕婦在妊娠期容易併發血管問題，透過靜脈注射鎂能同時改善母親與嬰兒的健康情形。如果在整個懷孕期間鎂持續耗竭，母體可能會產生子癲前症或子癲症（水腫、高血壓、癲癇發作），用靜脈注射鎂可以有效治療。

糖尿病常見症狀

糖尿病的症狀為吃得多、喝得多、尿得多。第一型糖尿病患者出現的第一個症狀很可能是體重減輕，但第二型糖尿病患者往往過重。過多的排尿會同時將糖分和鎂排出體外；透過尿液和汗液排出的過多糖分會成為白色念珠

菌的食物，造成皮膚出現紅疹（往往出現在胸部下方及腹股溝處），女性可能會出現陰道念珠菌感染，男性則是發生陰莖感染的問題。

糖尿病常見的併發症包括神經受損——稱為糖尿病神經病變，其多半影響病患的足部，讓患者出現麻木、刺痛、燒灼、疼痛的感覺；動脈粥狀硬化與心臟病；眼部與腎臟微血管受到傷害，造成視力受損（美國人失明的主因即是糖尿病）與腎臟疾病；糖尿病足部潰瘍，產生感染、壞疽、遭到截肢的機率都會增加；男性會有不舉的問題。這些併發症都與缺鎂有關，因此這些病患應接受敏感度較高的鎂檢測，並且補充鎂。

當心多效藥丸

美國心臟學會很擔憂糖尿病患者中愈來愈高的心臟病發生率。他們在網站上報告了下列數據，證實心血管疾病和糖尿病之間有強烈的相關性：

- 六十五歲以上的糖尿病患者，至少有68％死於某種形式的心臟病，另外有16％死於中風。
- 在成年人裡，糖尿病患者罹患心臟病或中風的機會是非糖尿病患者的二到四倍。
- 美國心臟學會把糖尿病視為心血管疾病的七大可控制風險因子之一。

美國心臟學會列出以下風險因子：

- 高血壓
- 膽固醇異常和高三酸甘油酯
- 肥胖
- 缺乏體力活動
- 血糖過高或超出正常範圍
- 抽菸

解決之道是什麼呢？

大多數醫生都想利用治療糖尿病來預防心臟病和高血壓，因為他們所受的訓練便是如此。在2016年的〈預防心血管疾病和高血壓的多效藥丸的效用〉這篇文章裡，作者群想要製造「一種低成本的多效藥丸，它含有四、五種仿制藥（即學名藥、非專利藥物——相對於專利藥、原廠藥而言），而且這些仿制藥具有降低心血管風險因子的已知功效」。當那些藥物具有已知副作用時，服用藥物來預防疾病似乎是不可行的。研究人員甚至承認，他們用這種方法只得到「挺好的結果」。

「挺好的結果」並未給予我任何信心去支持我們應該用四、五種治療糖尿病的藥來預防心血管疾病的看法。我很擔心，那個多效藥會使更多的鎂被排出體外，然後成為糖尿病引發心血管疾病的真正原因。根據所有目前找得到的科學文獻，包括我在寫本書時所參考的六百多個文獻，我認為多效藥是治療這種健康問題最糟糕的方法，應該用飲食、運動和鎂來對付它。

用鎂來預防、治療糖尿病和糖尿病的症狀

關於我們所知道的鎂和糖尿病，一篇2016年的報告做了一個很好的總結。評論者證實，早在數十年前醫生就已經知道鎂缺乏症與第二型糖尿病之間有很密切的關係。他們知道，當鎂值低時，糖尿病就會迅速惡化，而且很可能產生併發症。研究也顯示，鎂值低的病人，因為他們的胰臟 β 細胞活動力減低，所以製造的胰島素較少，使細胞更具胰島素阻抗性（對胰島素的敏感性降低）。

他們的報告說，服用鎂補充劑能促進葡萄糖代謝和提升胰島素敏感性。鎂的許多作用是錯綜複雜的，包括在胰島素分泌前調節葡萄糖激酶、三磷酸腺苷敏感性的鉀離子通道、胰臟 β 細胞裡的L型鈣離子通道。除此之外，胰島素受體所必需的磷也取決於鎂，這使得鎂成為胰島素阻抗性發展上的直接因子。

這不只是一種單向關係，因為胰島素是鎂離子體內平衡的重要調節器。

在腎臟裡，胰島素負責開啟決定排放多少尿液鎂的腎鎂離子通道。結果，第二型糖尿病和低血鎂患者就進入一種惡性循環：低血鎂引發胰島素阻抗，而胰島素阻抗會降低血清鎂。

該報告的最後「為未來的研究提供新方向，也確定了之前被忽略的低血鎂症促成因子」。在看到所有指出糖尿病需用鎂治療的鮮明證據後，為什麼研究學者不能說「請服用鎂」就好了？依我看，不再有必要做那麼多花錢的研究──那些錢應該花在把鎂補充劑分配給需要的人，結果會更好。

有許多文章都支持這篇2016年回顧性報告的結論，我無法一一討論。我注意到這些文章裡，有許多不是在美國寫的。美國這個國家的人正深陷於西方飲食和生活型態中，於是發展出一些慢性疾病，例如糖尿病，而醫生還在努力找出原因。

Mg⁺ 如果你的醫生叫你服用鎂改善糖尿病……

如果有醫生因為你患有糖尿病而叫你服用鎂，請和我聯繫。我會把那天視為一個特殊的日子，因為我以為醫生不會注意關於鎂的研究，也不會把它運用在臨床上。

關於糖尿病和鎂，最重要的幾點是：

• 糖尿病患者的鎂濃度過低。
• 糖尿病患者本身容易有心臟病、高血壓、肥胖、胰島素阻抗和高膽固醇的問題。
• 鎂能預防和治療心臟病、高血壓、肥胖、胰島素阻抗和高膽固醇。

研究鎂補充劑對血糖濃度影響的臨床試驗並不多，有一項在2015年的

試驗證明了鎂能降低血液中的葡萄糖濃度。那是一項隨機雙盲安慰劑對照試驗，受試者包括116位男性和未懷孕的女性，年齡介於三十到六十五歲之間，他們都有低血鎂問題，而且剛被診斷出糖尿病前期。受試者接受30毫升濃度5％的氯化鎂口服液（相當於382毫克的鎂），或是無藥劑成分的口服液安慰劑，每天一次，持續四個月。結果顯示，鎂補充劑會降低血清葡萄糖濃度，改善糖尿病前期和低血鎂成人患者的血糖狀態。

　　但願這些結果可以鼓勵醫生，讓他們向所有糖尿病前期和糖尿病患者推薦鎂補充劑。

缺鎂會增加孩子得糖尿病的風險

　　今日有愈來愈多的年輕人被診斷出第二型糖尿病。有一項研究說，年輕人占了新發糖尿病患者的20～50％。研究人員推測，這種現象是小兒族群的肥胖率問題愈來愈高所致。他們寫道，年輕的肥胖者自1960年代以來就一直增加。研究人員沒有給任何建議，只說還需要做更多的研究來確認增加的原因。我們憑常識就知道，一天到晚坐著滑手機、玩電腦遊戲、吃垃圾食物和含糖飲料的孩子們體重一定會增加，而增加的體重會造成胰島素的壓力和負擔，進而導致胰島素阻抗。

　　米拉格洛絲・葛洛莉雅・胡塔博士（Dr. Milagros Gloria Huerta）是佛羅里達州的一位內分泌學家，她證實鎂缺乏症是糖尿病發生率增加的原因之一。她和她的團隊發現，鎂缺乏症與肥胖兒童的胰島素阻抗有關。胡塔博士和同事對肥胖和非肥胖兒童進行了測試，然後發現，相較於非肥胖兒童，肥胖兒童從膳食中攝取的鎂比較低，而且血清鎂值也比較低。她的結論是：「服用鎂補充劑或多攝取富含鎂的食物，也許是肥胖兒童用來預防第二型糖尿病的一項重要工具。」

預防併發症

　　缺鎂會增加糖尿病患者罹患心血管疾病、眼部病變、神經損傷的風險，

補充鎂能預防這些風險。對糖尿病患者來說，最重要的一點是，胰島素要發揮作用時非得有鎂不可；<u>如果缺鎂，胰臟就無法分泌適量的胰島素，進入血液中的胰島素也無法發揮作用</u>。儲存在肌肉和肝臟裡的醣若要製造能量，鎂也是這個過程中的必需輔因子。這些說明了為什麼糖尿病患者常常抱怨能量不足的問題。

細胞需要鎂才能打開通道讓血糖進入，如果鎂量不足，糖分就會待在血液裡，當血糖升高後，就會出現糖尿病的症狀，其中一種症狀就是多尿。糖尿病患者尿液中的鎂值會升高，進一步造成鎂的耗損，最終成為耗盡鎂的惡性循環。

研究報告顯示，第一型糖尿病患者的血糖值只要稍有改善，就能減少鎂的損失，並且增加高密度脂蛋白膽固醇（好膽固醇），減少血清中的三酸甘油酯。只要鎂的流失量減少、血清中的三酸甘油酯降低、好的膽固醇增加，就能降低第一型糖尿病患者罹患心血管疾病的風險。

糖尿病之國

在非西方國家的文化中，大部分的傳統飲食皆為未經加工處理的食品，含糖量不高，但只要有一代的人採取了典型的西方飲食——含糖量很高且多為精製的麵粉，出現糖尿病的機率就會變高，這一點適用於全世界各地的人，從因紐特人到與世隔絕的非洲人、印度人和中國人，都不例外。我誠心建議剛得知自己罹患糖尿病的人，請立刻停止食用含糖與其他精製碳水化合物的食品，大家都知道，唯有避開這些不健康的垃圾食物，才能有效降低罹患糖尿病的機率，但醫學界宣導這個觀念的速度卻很慢，也由於這個原因，肥胖與罹患第二型糖尿病的兒童日益增加。

從孩童時期就開始了

導致兒童肥胖和第二型糖尿病增加的部分原因，在於不良飲食。過去十年來，飲用非酒精性飲料的兒童倍增，光是飲用汽水與其他含糖飲料，每天

就多攝取了15～20茶匙的糖。這些大受歡迎的飲料占美國所有飲料的四分之一，在2000年時，美國售出的飲料超過567億7995公升。2011年，「飲料行銷委員會」報告說，美國人平均喝167公升左右的軟性飲料，相較於1998年的平均220公升來說，有所減少。

2001年，路維德博士（Dr. Ludwig）在知名醫學期刊《柳葉刀》中發表的一篇報告揭露，**每天一份額外的軟性飲料，讓孩子多了60％變胖的機會。**法國衛生醫療研究機構的法蘭斯・貝里斯（France Bellisle）醫生指出，路維德博士的研究提供了具有說服力的新證據，證實了糖分與兒童體重增加之間的關係。她說，在路維德博士的報告之前，「許多流行病學研究都推斷，攝取碳水化合物，甚至蔗糖，都和身體肥胖沒有關係……（而且）攝取大量的碳水化合物、蔗糖，抑或兩者都有的兒童和成人，都比他們的同儕還要瘦。」從前的研究，大部分是由製糖企業所資助，因此他們不斷地把兒童肥胖歸咎於缺乏運動。他們說，糖頂多造成蛀牙。

我認為相當遺憾的是，第一篇關於糖和體重增加的研究，竟然花了那麼久的時間才得到金援和發表。太多的孩子和大人已經對糖上癮了，而且一上癮就戒不掉。

繼路維德的研究之後，有一連串的研究和一項2016年的整合分析也得到了相同的結論：「我們針對前瞻性世代研究（和隨機對照試驗）的系統性回顧和整合分析所提供的證據，表明了兒童和成人攝取（添加糖的飲料）會增加體重。」然而，研究人員並未提供解決方法。

實驗室中有關糖尿病的發現
- 服用75公克的葡萄糖液兩小時之後，血糖值大於、等於200毫克／分升（11.1毫莫耳／公升）。
- 有糖尿病症狀者的抽樣血糖值大於、等於200毫克／分升（11.1毫莫耳／公升）。
- 膽固醇過高和高密度脂蛋白濃度過低。

• 血液中的鎂離子過低。

我們從其他重要的研究報告得知，肥胖兒童出現胰島素阻抗問題——也就是糖尿病的預兆——的比例，比正常兒童高出五十三倍。美國疾病管制局關於兒童肥胖症的網頁引用了2012年的數據，數據顯示：

• 過去三十年來，肥胖問題在兒童族群中已成長為兩倍以上，在青少年族群中已成長為四倍。
• 美國六到十一歲的肥胖兒童，從1980年的7％，到2012年已增加到將近18％。
• 在同一個時段裡，十二到十九歲青少年的肥胖比例，從5％增加到將近21％。
• 在2012年，超過三分之一的兒童和青少年有過重或肥胖的問題。

糖危機

我們每人每年吃的糖愈來愈多，難怪有愈來愈多人出現糖尿病症狀、胰島素阻抗和鎂缺乏症。梅默特・奧茲博士（Dr. Mehmet Oz）在他的著作《你，要飲食控制》中說道：「每人每年平均攝取約68公斤的糖——在1700年，平均只有3.4公斤左右。那是二十倍之多！」

他提到：「當一般稍微過重的人吃糖時，他們平均將能量中的5％儲存起來待用，會代謝掉60％，並且把巨量的35％以脂肪形式儲存起來，以後可以轉換成能量使用。」更令人震驚的是，在動物和健康成人身上所做的研究，證實了在吸收20茶匙的糖之後，免疫系統對感染的反應大幅降低，可以持續超過五小時之久。

糖有一部分的危險是，你或許連自己吃了多少糖都不知道。在成分表中的度量單位是毫克，然而，大部分的美國人習慣以茶匙為單位，所以我們的眼睛也許無法計算總量。在聽到一瓶汽水裡的糖有8～10茶匙時（1茶匙相當

於4.2毫克），大家都驚訝的不得了。更令人震驚的是大部分甜味優格裡的含糖量，大多數人都以為它是健康食品。

我必須提醒大家：**過多的糖分可能以好幾種方式造成鎂缺乏症**。加工過的糖去除掉了維他命和礦物質，只留下沒有營養價值的熱量。由亞伯拉罕・霍夫博士所發表的一項營養學研究報告——發起人為霍夫博士，與分子矯正醫學專家李路斯・保林（Linus Pauling）合作——指出，糖在精製的過程中被去除了93％的鉻、89％的錳、98％的鈷、83％的銅、98％的鋅和98％的鎂；這些礦物質全都是維持生命所需的營養素。此外，為了吸收糖而不對人體造成危害，身體還必須使用到原本儲存起來的礦物質和維他命。

根據娜塔莎・坎貝爾—麥克布萊德的著作《腸道與心理症候群》所述，處理一個葡萄糖分子，需要用到二十八個鎂原子。如果你要分解一個果糖分子，則會需要五十六個鎂原子。這個方程式對身體來說是多麼的不均衡又不易維持。身體無法利用糖，就會造成丙酮酸和其他糖類等多餘的產物累積在大腦、神經系統和紅血球裡，不僅干擾細胞的呼吸作用，還會加速退化性疾病的產生。

在飲食中添加糖，也會導致體內酸性過多。為了中和酸性，身體必須從它的庫存裡拿出鹼性礦物質鎂、鈣和鉀。如果情況很嚴重，甚至可能得拿骨骼和牙齒裡的鎂和鈣來使用，這會導致蛀牙和軟骨病，甚至是骨質疏鬆症。

總而言之，鎂在胰島素的分泌和功能上扮演了關鍵性的角色，如果沒有鎂，糖尿病便是無可避免的後果。嚴重的鎂缺乏症常見於糖尿病及其併發症，包括心臟病、眼睛受損、高血壓和肥胖。當糖尿病的療法中含有鎂時，就能防止這些問題，或者減少到最低程度。我們也知道，某些地區的水裡含有豐富的鎂，因此形成了對糖尿病的抵抗效應。

補充鎂能讓身體對胰島素產生反應，增加葡萄糖的耐受度，並且降低紅血球細胞膜的黏性。用鎂來治療糖尿病所引發的周邊血管病變也有很好的效果。然而，如果長期的傷害已經形成，由於許多症狀都是不可逆的，因此即使補充了足夠的鎂與相關營養素，也無法改變現況。

扭轉糖尿病
飲食建議

當你有慢性健康問題時，大家眾說紛云，對於要吃什麼和不要吃什麼，總是充滿著矛盾和不精確，而我對飲食的普遍性建議是：

- 刪除酒精、咖啡、白糖、白麵粉、麩質、油炸食物、反式脂肪酸（存在於人造奶油、烘烤、油炸食品和以部分氫化油製作的加工食品裡）。
- 如果你吃動物性蛋白質，要選擇有機的草飼牛、散養雞和雞蛋，還有魚（尤其是野生捕捉的鮭魚）。
- 如果吃蛋奶素，要選擇發酵過的乳製品、去乳糖起司和ReStructure蛋白粉（它沒有酪蛋白，含極低乳糖的乳清蛋白，以及豌豆和米蛋白）。
- 純素蛋白的選擇包括豆類、無麩質穀物、堅果和種子。
- 吃健康的碳水化合物，像是各種生的、烹調和發酵過的蔬菜，一天2、3片水果和無麩質穀物。
- 納入附錄A (P432) 中富含鎂的食物，以及附錄B (P435) 中富含鈣的食物。
- 在脂肪和油的方面，要選用奶油、橄欖油、亞麻籽油、芝麻油和椰子油。
- 使用安全的甜菊糖，它是用生長在南非的植物葉子所製造。在保健食品商店或網路上都找得到。
- 不要使用代糖「阿斯巴甜」，它可能加重血糖控制問題，並且導致體重增加、頭痛、神經受損和眼睛受損，因為它有一部分是由木醇製造而來，而木醇會被分解成甲醛。
- 來自於燕麥麩、亞麻籽和蘋果等食物的膳食纖維，具有維持血糖平衡的保護效果。
- 若要確認哪些食物會引起過敏，就從飲食裡刪除可疑的食物（乳製品、麩質、玉米），一週後在飲食中先加回一種可疑的食物，然後吃一天，測試你的反應和血糖。如果你對它過敏，你的血糖值會升高。<u>注意！測試的餐點裡不能含有你對它曾經出現強烈反應的食物，一定要避免。</u>

營養補充品建議

- **ReStructure蛋白粉**：一種含乳清、豌豆、米蛋白粉的低升糖複合碳水化合物及脂質均衡代餐。每天使用1～2份。

- **ReMag**：使用以皮米為單位的極微小而穩定的鎂離子，就能達到具療效的量而不產生腹瀉效應。先從每天¼茶匙（75毫克）開始，漸漸增加到每天2～3茶匙（600～900 毫克）。把ReMag添加到1公升的水中，在一整天裡偶爾啜飲一下，以達到完整的吸收效果。

- **ReMyte**：以皮米為單位、極微小粒子的十二種礦物質溶液。每次取½茶匙，一天三次，或取1½茶匙，和ReMag一起添加到1公升的水裡，啜飲一整天。

- **ReCalcia**：以皮米為單位的穩定鈣離子、硼和釩。如果你從飲食中攝取不到足夠的鈣，就每天服用1～2茶匙（1茶匙提供300毫克的鈣）。可以和ReMag及ReMyte一起服用。

- **ReAline**：維他命B群加上胺基酸。每天兩次，每次1粒膠囊。它含有食物性B_1和四種甲基化維他命B（B_2、B_6、甲基葉酸和B_{12}），再加上左旋蛋胺酸（穀胱甘肽的前驅物）和左旋牛磺酸（有益於心臟和減重）。

- **維他命E（綜合生育醇）**：400國際單位，一天兩次。

- **複合維他命C**：從食物性來源中攝取，一天兩次，每次200毫克，或是製作你自己的脂質維他命C（參見附錄D的脂質維他命C配方 P439 ）和抗壞血酸，一天兩次，每次1000毫克。

- **維他命D_3**：每天1000國際單位或曬太陽二十分鐘，或服用Blue Ice Royal（來自發酵的鱈魚肝油和純奶油油脂），以補充維他命A、D和K_2。每天兩次，每次1粒膠囊。

- **Omega-3脂肪酸**：每天3公克。

- **大蒜**：每天1～3瓣。

第9章

月來月煩的
生理期疾病

Mg⁺ 關於鎂和經前症候群，你必須知道的事……

❶ 有些女性在生理期前特別想吃巧克力，雖然它含鎂量很高，但市售產品通常含有糖和脂肪，所以並不適合經常食用，請用生可可取代。

❷ 用來治療經前症候群的百憂解已換新名字註冊專利——西拉酚（Sarafem）。經前症候群是缺鎂引起的，並非缺乏西拉酚。

❸ 鎂是用來對付經前症候群及經前頭痛的安全療法。

瑪芮每月一次的巧克力癮

　　瑪芮不知道她每個月的這個時候是怎麼了，但她總是會感到焦慮和易怒，並且狂吃巧克力。她原本想要保守這個祕密，但最近有位同

樣身為女性的同事開始對她進行不太恰當的評論，還嘲笑她有個「邪惡的雙胞胎」。接著有一天，午餐和她同坐的安妮跟她提起某個女性發起的經前症候群支持團體，她們自助的方式之一，就是記錄自己的症狀。

經前症候群 用鎂安撫荷爾蒙

瑪芮接下來幾個月的日誌清楚地記錄了自己的症狀，包括焦慮、體液滯留、想吃甜食和巧克力、心情起伏很大、易怒、脹氣、水腫、頭痛、乳房疼痛等，這些症狀會在月經來臨前慢慢加劇，直到月經來的那一刻才停止。

鎂離子與荷爾蒙

梅爾文‧沃巴赫醫生表示，服用鎂的營養補充品很可能是解決經前症候群的好方法。一項研究報告顯示，共有192位女士每日服用400毫克的鎂來治療經前症候群，當中有95％的人乳房脹痛減輕了許多、體重不再明顯增加，89％的人神經不再那麼緊繃，43％的人頭痛也不那麼嚴重了（沃巴赫醫生及其他研究人員也建議女性每日服用鎂時，應同時服用50毫克的維他命B$_6$，以利鎂的吸收）。不過，我並不贊同高劑量的維他命B，因為那些都是合成品。我寧願看到人們服用甲基化的維他命B，或是來自於食物的維他命B、富含維他命B的營養酵母片。

紅血球鎂濃度檢驗 (P384) 的結果顯示，**有經前症候群的女性體內含鎂量皆偏低**。血清中的含鎂量只有在極度缺鎂時才會偏低，但即便如此，實驗中的40位婦女在月經來臨前一週，也出現了血清鎂驟降的問題。在一個針對32位婦女所進行的小型實驗裡，發現口服鎂劑是治療經前症候群情緒起伏的有效方式，用鎂來治療就能減輕頭痛、嗜吃甜食、低血糖、暈眩等經前症候群的問題。

在另一個創新的研究裡，研究人員讓受試者在正常月經循環的不同時間接受抽血檢驗，以了解月經不同階段的鈣鎂比值。在月經週期開始的第一週，鎂離子的比例相對來說比較高；在月經中期的排卵期左右，鎂值就會明顯降低；在第三週，當血清中的黃體素達到最高點時，鎂離子與血清鎂的數值都會大幅降低。

除此之外，血清中的鈣鎂比也會在排卵及第四週經期開始時上升，經前症候群的症狀正是這種鈣鎂比不平衡造成的。不過，只要補充適量的鈣與鎂就能輕鬆應付經前症候群：**大部分的女性應每日攝取500～700毫克的鈣（來自於飲食）、600～900毫克的鎂，但須注意應分為數次服用。**鈣的食物來源包括乳製品、綠色蔬菜、全穀、堅果、種籽和大骨湯 (P438)；如果你不吃乳製品，無法從飲食中獲得足夠的鈣，可以服用ReCalcia以獲取300～600毫克的鈣。

一份相當仔細的研究顯示，雌激素與黃體素這兩種荷爾蒙會影響體內鎂離子的比例，這也說明了為何鎂能減輕經前症候群——包括偏頭痛、脹氣、水腫等。當腦血管中的肌肉細胞暴露在雌激素濃度低的環境裡，並不會干擾鎂離子的值，相反的，如果暴露在雌激素濃度高的環境裡，鎂離子就會比對照組減少30％。當肌肉細胞暴露在黃體素濃度低的環境裡，會增加鎂離子的濃度，但如果暴露在黃體素濃度高的環境裡，細胞中的鎂離子就會明顯降低。**雌激素或黃體素的濃度愈高，鎂離子的值就會愈低。**

這項實驗的資料顯示，一般而言，女性荷爾蒙雌激素和黃體素濃度較低時，能幫助腦血管的肌肉細胞維持正常的鎂離子含量，讓血管發揮正常功能。但是，如果黃體素和雌激素的濃度過高，就會大量消耗鎂離子，很可能會造成腦血管痙攣與血流量降低，因而造成經前症候群與偏頭痛，甚至有導致中風的風險。上述這些發現都有助於說明為什麼偏頭痛的女性往往多於男性，以及為何偏頭痛多半出現在月經週期的後半，也就是雌激素與黃體素升高的時候——同理，我們也有理由相信，避孕藥裡的高雌激素與黃體素可能會導致鎂的耗竭及其一系列相關症狀。

經前症候群四大類型

　　已故婦產科醫生蓋伊‧亞伯拉罕著作等身，他大力提倡應進行經前症候群的大型研究，並指出下列四類經前症候群的表現方式雖各有不同，但都與荷爾蒙的波動有關。可惜的是，他所制定的標準並未得到廣泛的認同。

❶ **經前症候群A（焦慮）**：出現心情起伏、神經緊繃、易怒、焦慮等症狀，與雌激素較高、黃體素較低有關。

❷ **經前症候群C（嗜吃）**：出現食欲增加、頭痛、疲勞、頭暈、昏倒、心悸等症狀，與攝取較多碳水化合物及較少前列腺素E_1的食物（來自於魚類、堅果類、種籽類）有關。

❸ **經前症候群D（憂鬱）**：出現憂鬱、哭泣、健忘、困惑、失眠、毛髮旺盛等症狀，與雌激素較低、前列腺素較高、睪固酮升高有關。

❹ **經前症候群H（多水）**：包括體液滯留、體重增加、肢端腫脹、乳房變軟、腹部腫脹等症狀，與過多的醛固酮（一種腎臟的荷爾蒙，會造成體液滯留）有關。

　　瑪芮的症狀就涵蓋了三類。她接受治療後的結果相當好，治療方式包括平衡荷爾蒙並補充缺乏的營養素。她每天服用一大匙的亞麻籽油，當中含有omega-3脂肪酸、鎂、維他命B_6，並增加飲食中的鈣攝取量。必需脂肪酸是身體製造荷爾蒙的重要材料，但需要鎂及維他命B作為當中的輔助因子。

經前症候群與憂鬱

　　女性可能在月經前感到憂鬱，不過，那是由荷爾蒙波動和鎂缺乏症所引起的生化憂鬱。許多醫生與藥廠往往認為經前症候群由心理因素造成，應使用選擇性血清素再吸收抑制劑來治療，如富魯歐西汀（百憂解、西拉酚）。但是別忘了，缺乏富魯歐西汀並非造成經前症候群的原因，缺鎂才是。透過補充鎂來治療經前症候群，並不會造成任何副作用。事實上，研究結果發現

鎂能正面影響血清素的活動，以改善憂鬱與經前症候群的問題，但西拉酚並無法做到。

然而，西拉酚的故事還不只如此。這種藥物在每個西拉酚分子裡都含有三個氟離子，當西拉酚在體內被分解時，它會釋放出可以與鎂結合的氟離子，然後使經前症候群更嚴重。對於這些藥的功效，有些人是這麼說的：它們不會使你的症狀消失，只是會讓你再也不在乎症狀！

改善經前症候群
飲食建議

當你有慢性健康問題時，大家眾說紛云，對於要吃什麼和不要吃什麼，總是充滿著矛盾和不精確，而我對飲食的普遍性建議是：

- 刪除酒精、咖啡、白糖、白麵粉、麩質、油炸食物、反式脂肪酸（存在於人造奶油、烘烤、油炸食品和以部分氫化油製作的加工食品裡）。
- 限制動物性蛋白質，尤其是你月經來的前一週。紅肉含有花生四烯酸，會抑制黃體素的產生，然後造成發炎症狀，不僅令經前症候群更為嚴重，也可能導致經痛。如果你吃動物性蛋白質，要選擇有機的草飼牛、散養雞和雞蛋，還有魚（尤其是野生捕捉的鮭魚）。當你吃、喝或吸入與雌激素相仿的合成荷爾蒙、殺蟲劑或其他化學殘留物質時，你的體內可能會出現雌激素優勢。
- 如果吃蛋奶素，要選擇發酵過的乳製品、去乳糖起司和ReStructure蛋白粉（它沒有酪蛋白，含極低乳糖的乳清蛋白，以及豌豆和米蛋白）。
- 純素蛋白的選擇包括豆類、無麩質穀物、堅果和種籽。
- 吃健康的碳水化合物，像是各種生的、烹調和發酵過的蔬菜，一天2、3片水果和無麩質穀物。
- 必需脂肪酸，食物來源（魚、堅果和種籽，包括亞麻籽）比加工過的營養補充劑健康多了。它們有助於預防經前症候群，除非你有鎂缺乏症——要

是沒有鎂，必需脂肪酸就不能被適當地代謝掉，也無法鎮定經前症候群的
易怒、發炎及經痛。

- 在脂肪和油的方面，要選用奶油、橄欖油、亞麻籽油、芝麻油和椰子油。

　　一份調查研究比較了經前症候群女性與非經前症候群女性，結果指出，
經前症候群族群攝取了極多的糖、較多的碳水化合物、乳製品、鈉和較少的
鎂、鋅、鐵，比例如下：

- 白糖的攝取量比一般人多275％。
- 乳製品的攝取量比一般人多79％。
- 鈉的攝取量比一般人多78％。
- 鎂的攝取量比一般人少77％。
- 精製碳水化合物的攝取量比一般人多63％。
- 鐵的攝取量比一般人少53％。
- 鋅的攝取量比一般人少52％。

　　如果以同樣的重量來計算，巧克力的含鎂量比其他食物都來得多，因此
假如妳出現想吃巧克力的衝動，那就是缺鎂的徵兆。生理期前嗜吃巧克力的
情形相當常見，因為這是女性月經週期中鎂含量最低的時候，但我會請大家
不要吃太多摻和了糖和脂肪的巧克力，要改吃生可可、更多堅果、全穀物、
海鮮、綠色蔬菜，並補充鎂劑。當飲食中的含鎂量足夠了，想吃巧克力的
衝動就會消失。你仍然可以是一個巧克力愛好者，用我的巧克力凍食譜（右
頁）來好好享愛它。

營養補充品建議
- **ReMag**：使用以皮米為單位的極微小而穩定的鎂離子，就能達到具療效
  的量而不產生腹瀉效應。先從每天¼茶匙（75毫克）開始，漸漸增加到每

天2～3茶匙（600～900毫克）。把ReMag添加到1公升的水中，在一整天裡偶爾啜飲一下，以達到完整的吸收效果。

- **ReMyte**：以皮米為單位、極微小粒子的十二種礦物質溶液。每次取½茶匙，一天三次，或取1½茶匙，和ReMag一起添加到1公升的水裡，啜飲一整天。

- **維他命E（綜合生育醇）**：每次400毫克，一天兩次，Grown by Nature的品牌最好。

巧克力凍

| 材料

1大匙可可粉

2大匙椰子油

¼茶匙「Just Like Sugar」、甜菊或楓糖漿粉

6片2吋大的凍香蕉片

| 作法

1.把前三樣食材放到一只小淺盤裡混合勻均，即巧克力醬。接著，放入一片凍香蕉，裹上巧克力醬，可以裹一次或好幾次。油脂狀的可可在裹上凍香蕉時會馬上變硬。

2.以同樣的方式，將其餘的香蕉片裹上巧克力醬。完成品可以立即食用，或是放回冰凍箱裡待用——如果你可以等那麼久的話！裹上巧克力醬的香蕉片香脆、滑順又可口。

3.如果喜歡的話，你還可以在巧克力醬裡加上椰蓉或碎堅果，以獲得更多的享受！

- **ReCalcia**：以皮米為單位的穩定鈣離子、硼和釩。如果你從飲食中攝取不到足夠的鈣，就每天服用1～2茶匙（1茶匙提供300毫克的鈣）。可以和ReMag及ReMyte一起服用。

- **ReAline**：這是維他命B群加上胺基酸的一種補充品。每天兩次，每次1粒膠囊。它含有食物性B_1和四種甲基化維他命B（B_2、B_6、甲基葉酸和B_{12}），再加上左旋蛋胺酸（穀胱甘肽的前驅物）和左旋牛磺酸（有益於心臟和減重）。

- **必需脂肪酸**：在這裡我推薦以下這一種組合：❶Blue Ice Royal（來自發酵的鱈魚肝油和純奶油油脂），以補充維他命A、D和K_2。每天兩次，每次1粒膠囊；❷亞麻籽油，每天兩次，每次1大匙（切記需冷臟保存）；❸野生捕捉的魚。

- **奶薊**：250毫克，一天三次，為肝臟解毒。

- **黃體素乳霜**：在使用黃體素乳霜前，先請自然療法或整體療法醫生以唾液檢驗來評估你的荷爾蒙。每三到六個月就要檢驗一次，因為萬一使用過量，反而會造成鎂的耗竭。

✛✦ 經痛 月經來之前就開始補鎂計畫

　　鈣可以是止痛劑兼肌肉鬆弛劑，但是造成這種效果的原因，可能是因為服用鈣會使鎂被排出細胞、進入血液，以抵銷血液中的鈣。鎂在血液中會直接抵達受傷的組織處以治療疼痛，所以，服用鈣就能透過這種方式來減輕經痛，直到鎂耗盡為止。

　　然而，<u>在月經來之前事先服用鎂劑、不補充鈣，就能避免所有的疼痛發生</u>。有一系列針對婦女所進行的歐洲研究指出，在她們服用高劑量的鎂後，減輕了長期以來的經痛問題。

　　請自飲食中攝取600毫克的鈣，同時額外補充600毫克的鎂，請服用具有

療效、不會有腹瀉效果的ReMag。我偏好食物來源的鈣或ReCalcia，因為一般來說，鈣補充劑不容易被細胞吸收，結果往往是鈣沉積到軟組織、器官和動脈裡，造成動脈粥狀硬化、膽結石、腎結石、乳房組織鈣化和纖維肌痛症等鈣化問題。

當疼痛很嚴重時，可以多服用鎂（300毫克，一日數次，總量在900～1200毫克之間），或是把3茶匙（900毫克）的ReMag放到1公升的海鹽水裡，用瓶子裝好，啜飲一整天。更多關於鎂的療法請見第十八章。

有些女性會發現，在經前減少肉類的攝取就能預防痙攣，但妳可能不會發現的是，在減少肉類的攝取時，就有機會攝取更多富含鎂的食物，因此能減輕經痛。

✦ 更年期 只補鈣讓停經症狀更嚴重

在醫生只建議所有停經婦女應補充鈣的這個時代，以下的報告能替許多人帶來希望。

我部落格的一位讀者寫信給我，分享了有關鎂與更年期的親身經驗，她說她發現停經的三十四種症狀與缺鎂的症狀恰好相同，所以她開始補充鎂。三天之後，她覺得自己的身體正常多了，白天熱潮紅的次數從一天二十次左右降到一天不到十次，症狀也比較不嚴重了，而夜間盜汗的次數從每晚十次降到三次以下，失眠的症狀也消失了，焦慮不安、心跳加快、憂鬱、皮膚有昆蟲爬行感與疼痛等問題終於不再困擾她。

自從她三年前進入更年期之後，這些問題日益嚴重，但在補充鎂十天之後，她的症狀幾乎消失殆盡，最後她說：「鎂是奇蹟，每個人，尤其是更年期婦女都應該知道鎂。」

然而，很遺憾的是，停經期婦女接收到的處方往往只有鈣，沒有鎂，因此停經症狀會變得更加嚴重。

多囊性卵巢症候群 用鎂同時控制胰島素阻抗

多囊性卵巢症候群的病人往往同時也有胰島素阻抗與葡萄糖不耐症的問題——鎂缺乏症的兩種明顯症狀。我最近接受了一位年輕女士的電話諮詢，她說醫生之所以建議她服用糖尿病藥物，並非因為她有糖尿病，而是因為她有多囊性卵巢症候群的問題，藥物應該能減輕胰島素阻抗的情形。多囊性卵巢症候群的病人往往也有高血壓、糖尿病、心臟病的風險。

由於低鎂離子和鈣鎂比過高往往與胰島素阻抗、心血管疾病、糖尿病、高血壓有關，因此有份針對多囊性卵巢症候群患者所進行的實驗，目的在於找出靜脈注射鎂的影響。相較於對照組，多囊性卵巢症候群患者的鎂離子與血清鎂值明顯較低、鈣鎂比值較高，因此提供了有力的證據讓她向原本的醫生提出建議：每天應服用至少300毫克的鎂補充劑兩次，以治療胰島素阻抗與多囊性卵巢症候群的問題。

第10章
一定要小心
的懷孕大小事

以前的產婆總口耳相傳，告訴孕婦懷孕期間要多補充鎂鹽（硫酸鎂），因此，說鎂扮演了迎接新生命來到這世界的角色，一點也不為過。受孕、懷孕、分娩時，孕婦需要的是自然、營養和照料，而非藥物介入——這個重要的教訓，我是從產房中看到以靜脈注射鎂就能阻止子癇水腫、高血壓和癲癇發作才學到的。鎂這種強大而安全的天然藥物可以做到的事情，其實比目前我們所允許的還要多。

╋ 不孕症 留心準父母的缺鎂現象

　　法蘭西斯‧M‧布登傑（Francis M. Pottenger）醫生所做的貓咪實驗證明了：如果想要懷孕，必定要有充足的養分。

　　布登傑醫生從1932年開始進行為期十年的實驗，對象是不同族群的貓咪。他餵其中一群貓熟食，其他兩群吃生肉和生牛奶。吃熟食的貓到了第三代就出現了不孕的問題，相較之下，吃生食的貓則沒有這種問題。這個簡單

的研究不僅點出了鎂的重要性，也說明需要各種營養素才能懷孕。我不知道這些結果是不是和人類經驗相通，但是我確實知道，**加熱食物的溫度若超過沸點，不僅會破壞維他命，也會摧毀鎂和酵素**。雖然有些礦物質會留下來，但是營養素之間的均衡關係卻被破壞殆盡。

家醫科醫生雪莉‧羅傑斯（Sherry Rogers）是過敏、氣喘、免疫方面的專家，對環境醫學相當有研究，也是美國營養學院的成員。她表示，就像偏頭痛是腦部動脈痙攣所造成的一樣，輸卵管上的平滑肌痙攣也可能會造成不孕，這也說明了為什麼有些女士在攝取營養均衡的飲食並補充鎂之後就懷孕了──懷孕時人體需要大量的鎂，因此，**補充鎂來提升受孕機率也能讓受精卵更加健康**。

除此之外，男性方面的不孕症也與缺鎂有關。精液中含有大量的鎂與鋅，然而，不孕男性體內的鎂卻相當低，慢性攝護腺炎或攝護腺感染的患者更是如此。

✦ 子癲前症與子癲症 用鎂保護母子健康

瑪莉懷孕的過程可說是一波多折。首先，她增加了太多體重，有頭痛的問題，腳踝和手也變得腫脹，同時也覺得頭部緊繃且呼吸短促。在懷孕八個月回診時，她出現了血壓過高、反應過度活躍的情形，尿液中也出現了蛋白質，這些都是子癲前症的症狀，又稱為妊娠高血壓或妊娠毒血症。

避免產房中的癲癇發作

孕婦中有7%的人會出現子癲前症，子癲前症基金會指出，每年世界各地有超過7萬6000名孕婦因此死亡。子癲前症的病程變化相當快速，包括高血壓、神經過度反應、水腫、頭痛、視力改變、蛋白尿等，種種問題會不斷加劇，最後造成癲癇，此時便稱為子癲症。

　　子癲症是一種相當嚴重的疾病，會造成過早分娩、生產，並使新生兒罹患腦性麻痺。醫生跟瑪莉說臥床休養是唯一能降低血壓的方式，但是，若在她即將分娩時血壓仍居高不下，就會替她施打靜脈注射的鎂劑。即使知道鎂可能是她所需要的療法，但是在她的症狀變得更嚴重之前，醫生根本沒想到要去檢驗她的血鎂濃度或給予她鎂療法。

降低母親與嬰兒發生問題的機率

　　根據子癲前症基金會的資料，全世界每天有1400名婦女（也就是說，每年超過50萬人）死於與懷孕相關的問題。另一個網站指出，就大部分的女性而言，子癲前症的症狀常被誤認為純粹是懷孕所造成的轉換和改變。然而，頭痛、視力模糊、上腹疼痛和無來由的焦慮，都可能是更嚴重的子癲症症狀之前兆，而這些症狀都可能是鎂缺乏症所造成的。

　　子癲前症的結束與子癲症的發生，只是程度上的問題，需要精確的臨床觀察。高血壓、癲癇、劇烈水腫、排尿減少、視力模糊、噁心和腹痛，都必須經過醫生的評估。子癲前症基金會指出，子癲症的唯一療法是分娩。不然的話，他們只建議臥床休息和持續觀察。

　　事後，該基金會提到由「混雜試驗探究小組」在2002年所做的一項研究。在這項研究中，研究人員發現：「在受到控制的環境裡，經由受過訓練的人員施做靜脈注射硫酸鎂（$MgSO_4$），可以緩和子癲前症的症狀，並且減少由子癲症所引起的癲癇發作達56％。」他們接下來的聲明應該是療法中首次被提及的事情：「在美國，硫酸鎂自1950年代起就是一項標準的治療選項，然而，國際間並未廣泛地運用它。」

　　混雜試驗發生在2002年，過了十年之後，才又有另一項研究開始評估子癲前症中的鎂值。

　　這項研究的執行者是孟加拉的一群研究人員，他們所關切的是，即使有過無數的研究，他們始終未能更進一步發現子癲前症的原因或療法。他們總共評估了108名受試者，其中66名被診斷出子癲前症。與對照組相比較之

下，子癲前症中等至嚴重等級的女性，其血清鎂值平均數大幅滑落。除此之外，相較於子癲前症程度中等的女性，程度嚴重的受試者其鎂值還會大幅減少。研究人員推斷，懷孕期間的血清鎂值減少，也許是子癲前症病因的可能促發因子，因此營養補充劑也許能有效預防子癲前症。

請注意，血清鎂是選擇性的檢驗項目（P388）；如果使用的是更精確的檢驗方法（紅血球鎂濃度（P384）或血中鎂離子濃度（P387）），我相信會有更多女性被診斷出子癲前症，並且得到適當的治療。

雖然靜脈注射鎂是由懷孕引起之高血壓的治療方法之一，但是在整個懷孕期間，都應該用口服鎂劑來預防子癲前症和子癲症的症狀。許多研究學者和臨床醫生建議，懷孕中的婦女應該做紅血球鎂濃度的追蹤檢驗，並且服用300～600毫克的鎂補充劑。

Mg⁺ 注意！

在添加任何補充劑之前，一定要和婦產科醫生或醫療提供者確認——即使我們已知長久以來鎂對母體和胎兒是安全的。

研究結果指出，如果準媽媽在整個懷孕期間定期服用鎂劑，便能預防分娩期間和產後的併發症，而且有助於預防早產。

臨床試驗證實，服用氧化鎂的準媽媽，生下的寶寶比較大也比較健康，而且子癲前症、早產、嬰兒猝死、腦性麻痺和先天性缺陷的發生率會比較低。然而，最近的研究很明顯地指出，氧化鎂能被身體吸收和利用的比率只有4％。因此我們可以合理推測，倘若鎂的形式更容易被人體吸收，極可能提供更有效的效果。

幸好，瑪莉請教了一位熟悉子癲前症的助產士，那名助產士非常清楚如何在懷孕期間服用鎂，他們檢視了瑪莉所服用的營養補充品，發現當中的含

鎂量僅有150毫克——她需要服用360毫克以上才符合食衛署建議孕婦的每日攝取量。那位助產士建議瑪莉每日服用400毫克的鎂，並且多吃一些富含鎂的食物。

效果比藥物更好更安全

自1900年代初期起，用靜脈注射硫酸鎂來治療子癲症的效果就相當好，但在1960年代，新出現的利尿劑及抗痙攣藥物讓硫酸鎂的地位受到威脅，藥商不斷進行昂貴的實驗來比較硫酸鎂與他們的抗高血壓及抗痙攣藥物。

大部分的研究顯示，鎂的效果其實比人工合成的藥物更好，因為它能減少嬰兒與母親的死亡率，而且絕對安全；其中一位研究員表示：「食用的鎂能大幅改善胎兒的健康情形，這點證明了懷孕期間補充鎂的好處。」

瑪莉在改變飲食方式後，發現自己有了許多好的轉變，例如背部和脖子緊繃的情形改善了，也不再有便祕（懷孕後常見的問題），同時也比之前更有活力，水腫和浮腫的情形也消失了。最後，她頭部緊繃的問題減輕了許多，血壓也開始下降。

她後來和婦產科醫生提到自己的改變，對方向她道歉，說自己沒注意到瑪莉的鎂值，同時也提醒自己要多注意其他病人，看看她們所服用的營養補充品是否含有足夠的鎂。

✦ ＋ 嬰兒猝死症 在飲用水裡添加鎂來避免

缺鎂會造成嬰兒猝死症，症狀和心因性猝死的成年人相同，但只要給予母親及嬰兒適量的鎂，就能預防這種情形的發生。缺鎂也可能造成嬰兒的肌肉緊繃、痙攣或肌肉無力，在臉部朝下躺下之後，可能會因為頸部無力而無法轉頭，造成窒息的嚴重後果。

嬰兒猝死症的三重風險因子交互影響，說明了潛在風險同時發生的可能性：❶柔弱的新生兒出現缺鎂的情形（鎂缺乏症的症狀）；❷新生兒在重要的調整與發展期間出現極度易怒及心跳、呼吸不穩的情形；❸無法應付外在的壓力因素，例如尖銳的聲音、過多的動作或反應、天氣寒冷、天氣過熱、疫苗接種（鎂缺乏症的症狀）。這三項風險因子同時存在時，就會引發類似休克的情況，造成呼吸停止、失去意識、心跳緩慢。

研究人員發現，有許多嬰兒猝死症其實可以避免，只要在嬰兒出生後最脆弱的第一週及頭幾個月給予口服的鎂即可，可選擇在嬰兒的飲用水中加入ReMag鎂溶液。

巴黎聖文森的保羅醫學院教授暨國際鎂研究發展協會主席尚・杜拉赫博士表示：「母親每天補充300毫克的鎂既簡單又經濟，絕對應該這麼做，此外，補充鎂對母體與胚胎發展及嬰兒出生的好處已有目共睹。」他呼籲應進行大規模的實驗，研究補充鎂對懷孕婦女及哺乳中的婦女之影響。我的建議是，懷孕中和哺乳中的婦女不需要等到另一項臨床試驗的結果出現，只要服用鎂就好了，它是健康懷孕期間的必需營養素，既安全又重要。

腦性麻痺 硫酸鎂能降低90％腦麻的發生

在懷孕末期，如果胎兒發生腦內出血的情形，可能會造成腦性麻痺，原因可能是母親本身有高血壓，或是透過另一種機制，使氧氣無法進入嬰兒正在形成的大腦，另外，也有可能是因為早產或出生時體重不足。

腦性麻痺發生後會造成嬰兒腦部損傷，以致無法適當控制肌肉的運動，腦部會給肌肉矛盾的訊號，因此肌肉就會僵住不動、抽搐或無力，造成失能且無法治癒的情形。

出生時有腦性麻痺的嬰兒，近半數也有智能不足的情況。相較於出生體重正常（3000～3500公克）的嬰兒，出生體重極低（低於1500公克）的嬰

兒出現腦麻的機率為一百倍；腦麻病例中，有四分之一皆發生在出生體重極低的嬰兒上。美國有超過100萬名腦性麻痺患者，每年耗費的醫療資源約為五十億美元。

由於腦性麻痺無法治療，因此，馬里蘭州貝斯達國衛院的精神科醫生卡林‧B‧尼爾森（Karin B. Nelson）表示，預防腦性麻痺可說是「真的真的非常有必要」。1995年，尼爾森醫生與同事進行了一項創新的研究，發現在加州四個醫學中心裡，出生體重極低的嬰兒發生腦麻的情形較低，這是因為他們的母親<u>在生產前接受了硫酸鎂的注射</u>。

當時擔任國家神經問題與中風研究院主任的札克‧W‧海爾（Zach W. Hall）博士指出，「這個有趣的發現，意味著只要透過簡單的給藥就能大幅降低腦性麻痺的發生，進而避免困擾了數以千計的美國人的終身殘疾。」研究人員計算出來的結果，也有相當驚人的發現：<u>硫酸鎂能降低90％腦麻發生的機率，以及降低70％智能不足的發生率</u>。研究人員推測，鎂可能在腦部發展中扮演著關鍵性的角色，因此能預防嬰兒在出生前發生腦出血的問題。

戴安‧山德爾（Diane Schendel）醫生隔年在亞特蘭大進行的研究，也發現相當類似的結果。那些接受硫酸鎂注射的母親所生下的嬰兒，發生腦麻的機率降低了90％，發生智能障礙的機率也降低了70％。研究結果發現，共有113名嬰兒的母親在生產前接受硫酸鎂注射，在嬰兒一歲時，只有1名出現腦性麻痺、2名出現智能不足，相較之下，母親未接受硫酸鎂注射而產下的405名嬰兒中，共有22名出現腦性麻痺與智能問題。

研究人員因此推測，<u>鎂能預防胎兒腦部出血，或是避免腦部供氧不足所造成的傷害</u>，對那些接受氧氣治療以矯治在子宮內發生問題的嬰兒來說，鎂也能保護他們的肺部。一項2000年的文獻回顧發現，氯化鎂也許比硫酸鎂更能保護腦部。

除了替準媽媽和哺乳中的媽媽補充鎂之外，還有其他的介入法能防止出生時體重過輕的嬰兒其後續的腦損傷。其中一種療法是，在出生後的幾個小時或幾天內，由合格的治療師進行專業的頭薦骨平衡按摩。自然療法師能幫

忙找出可能使症狀惡化的食物源或空氣過敏原，並且為哺乳中的媽媽推薦健康飲食和營養補充品。要特別留意的是，<u>許多兒童專用的非處方營養補充劑都含有合成的甘味劑——阿斯巴甜</u>，它含有強力的神經毒素。你不該讓孩子接觸到這種化學物質。

腦性麻痺兒童的營養補充品

- **ReMag**：使用以皮米為單位的極微小而穩定的鎂離子，就能達到具療效的量而不產生腹瀉效應。先從每天¼茶匙（75毫克）開始，漸漸增加到每天2～3茶匙（600～900毫克）。把ReMag添加到1公升的水裡或果汁裡，讓嬰兒或小孩啜飲一整天，以達到完整的吸收效果。

- **ReMyte**：以皮米為單位、極微小粒子的十二種礦物質溶液。每次取¼茶匙，一天兩次，或取½茶匙，和ReMag一起添加到1公升的水裡或果汁裡，啜飲一整天。

- **ReAline**：維他命B群加上胺基酸。每天1粒膠囊，混在蘋果醬或其他食物裡食用。它含有食物性B_1和四種甲基化維他命B（B_2、B_6、甲基葉酸和B_{12}），再加上左旋蛋胺酸（穀胱甘肽的前驅物）和左旋牛磺酸（有益於心臟和減重）。

- **複合維他命C**：從食物性來源中攝取，一天兩次，每次200毫克，或是製作你自己的脂質維他命C（參見附錄D的脂質維他命C配方 P439 ）和抗壞血酸，一天兩次，每次1000毫克。

- **必需脂肪酸**：Blue Ice Royal（來自發酵的鱈魚肝油和純奶油油脂），以補充維他命A、D和K_2。剪開膠囊，把內容物混到食物中，每天一次。

第 11 章

鈣多缺鎂，
傷骨又傷腎

Mg⁺ 關於鎂、骨質疏鬆症、腎結石，你應該知道的事……

❶ 要預防與治療骨質疏鬆症，鎂與鈣同樣重要。

❷ 鎂能讓鈣溶解在血液中，以免鈣形成腎結石或沉積在身體的軟組織裡。

❸ 因骨質疏鬆而服用鈣卻沒有同時服用鎂，可能會造成腎結石。

骨質疏鬆和腎結石的雙重折磨

木芮兒真的想不透，為什麼自己有骨質疏鬆症，同時又有腎結石的問題。

最近的骨質密度測試顯示她有骨質疏鬆的問題，但現在她卻又因為三顆腎結石而住院。把這些原本沉澱在她體內又硬又尖的結晶體

打出體外時，過程真是疼痛不堪。她因為骨質疏鬆而服用大量的鈣，這使她結石的情況加劇。木芮兒的泌尿科醫生在分析了她的腎結石之後，告訴她不要再吃任何乳製品，同時也不要再服用鈣片，但是木芮兒卻非常擔心骨質疏鬆的情形會惡化。

木芮兒來找我之後，我清楚地告訴她七種有助於維持骨骼健康的營養素，包括鎂在內——其重要性不亞於鈣。美國紐約希拉庫斯骨質教育計畫的主持人蘇珊・布朗（Susan Brown）博士提出了警告，告訴大家：「在缺鎂的情況下服用鈣，會造成鈣沉澱在軟組織當中，沉澱在關節處就會造成關節炎，沉澱在腎臟則會造成腎結石。」布朗博士建議，<u>每日只要服用450公克的鎂，就能預防與治療骨質疏鬆症</u>。

✦ 骨質疏鬆症 顧骨本，鎂比鈣更重要

研究報告顯示，有骨質疏鬆症的女性，其飲食中的鎂量往往比平均值要來得低。

稍微缺鎂就會引發問題

缺鎂可能會讓鈣的新陳代謝打折，也會阻礙身體製造維他命D，讓骨質疏鬆的問題更為嚴重。以下是我在第二章裡提過的清單，不過它是擴充的版本。它指出鎂的多因子角色，而且值得一再提醒：

• 適量的鎂能促進鈣的吸收與代謝。

• 鎂能刺激降血鈣素的分泌，這種荷爾蒙能維持骨骼的結構，並且將鈣從血液與軟組織中抽離，回到骨骼當中，以預防某些形式的關節炎與腎結石。

- 鎂能抑制副甲狀腺素，避免這種荷爾蒙破壞骨骼。
- 鎂能將維他命D轉換為活化的形式，以幫助鈣的吸收。
- 要活化製造新骨骼的其中一種酵素，非得有鎂才能發揮作用。
- 鎂能調節鈣的運送。
- 此外，維他命K_2也是很重要的，它和鎂在協助將鈣導入骨骼的作用中扮演著重要的角色。

　　由於鎂扮演了以上所有的角色，難怪只要稍微缺鎂就可能造成骨質疏鬆。此外，如果體內的鈣過多，尤其是像木芮兒那樣補充了太多的鈣片時，就會嚴重阻礙鎂的吸收，造成骨質疏鬆症惡化，也可能造成腎結石、關節炎、心臟病，以及膽結石、腳跟骨刺和乳房組織鈣化。

　　大部分的人，包括醫生，並不了解細胞中鈣鎂平衡的重要性。沒有足夠的鎂，鈣就無法建構骨骼或防止骨質疏鬆。道理就是這麼簡單。

　　如果我們的骨骼完全是用鈣做的，它們就會很容易碎掉，就像掉到路旁的粉筆一樣，輕易地摔個粉碎。然而，有了正確比例的鎂之後，骨骼便有了適當的密度和基質，讓它更具彈性，對碎裂也更具抵抗性。因此我也很擔心，許多老年人之所以有骨質疏鬆症，就是因為他們有太多的鈣，但沒有足夠的鎂。

鎂之外的其他原因

　　其他影響骨質疏鬆症病程發展的重要因素，還包括飲食、藥物、內分泌失調、過敏、缺乏維他命D、缺乏運動等。

　　在仔細研究骨質疏鬆症的文獻後，我發現長期攝取過少的鎂、硼、葉酸及維他命D、K_2、B_{12}、B_6等，都會造成骨質疏鬆。同樣地，長期攝取大量蛋白質、食鹽、酒精、咖啡因也會讓骨質變差。典型的西方飲食（高蛋白質、食鹽、精製與加工過的食品），再加上靜態的生活型態，都會使骨質疏鬆症的發生更為普遍。

骨骼的組成裡，礦物質占了60％，大部分是鈣和磷，另外，鎂提供了復原因子。骨骼也包含水和基質蛋白，像是形成支架、讓礦物質沉積在上頭的膠原蛋白。膠原蛋白是身體裡最豐富的蛋白質，占了骨基質的90％左右。你可以在優質飲食中獲取到維持膠原蛋白適當結構和功能的一些因子，像是從有機食物中攝取動物性蛋白質和好吸收的礦物質及維他命。

在2014年〈純素食者能擁有健康的骨骼嗎？〉這篇回顧性研究中，甚至沒有提到骨骼對動物性膠原蛋白的需求。作者群發現，純素食者的飲食可能缺乏蛋白質、鈣和維他命D，並告誡說——就像過去許多人說過的那樣——純素食者必須非常小心地規劃飲食，才能滿足所有的營養需求。他們的結論是：「為了更全面地了解素食對骨骼健康的影響，還需要做更多的研究。」

木芮兒在檢視自己的生活型態後，才發現一切都是自己造成的。她每天要喝5杯咖啡、3杯葡萄酒，還抽20根菸，這些都會消耗鎂與鈣，其他的養分則必須幫忙解毒，不是不堪負荷就是被排出體外。此外，因為她總是在趕時間，吃的多半是缺乏營養的速食，加上她還喝很多汽水——含有許多糖與磷，這兩種成分都會消耗鈣和鎂；而且，她也不太曬太陽，因此維他命D也不足。

但木芮兒一點也不覺得氣餒，而是往好處看，至少現在的她知道要改變自己的生活型態，以及需要補充什麼營養品。不久之後，她就揮別了腎結石的問題，整體健康也迅速改善了許多，兩年後，她的骨質不再流失，骨質密度也開始增加了。

骨質疏鬆症的誤解

骨質疏鬆既非老化的正常現象，也不是老化必然的問題：人體骨骼的設計能伴我們一生。

雌激素不是主要元凶

大家都誤以為女性之所以罹患骨質疏鬆症，是因為缺乏鈣和隨著年齡增

長而遞減的雌激素，因此醫生在治療骨質疏鬆症時，便會開立雌激素、鈣和避免骨骼細胞分解的藥物。〈2000年國衛院骨質疏鬆預防、診斷、治療普查說明〉彙編了研討會裡八位專家的意見，但在完稿中，卻未提到缺鎂是造成骨質疏鬆的因素之一。

然而，一項2014年的整合分析證實了血清鎂濃度與停經後的骨質疏鬆症之間是有關聯的，他們用七項研究中的1349名停經婦女證明了這一點。整體而言，停經後的骨質疏鬆症女性，其血清鎂濃度比健康的對照組還低。研究人員推斷，低血清鎂似乎是停經族群骨質疏鬆症的風險因子。

別被藥商給騙了

由於藥商贊助了絕大部分的骨質疏鬆症研究，因此沒有任何一個大型臨床實驗去研究鎂與骨質生成的關係──或許永遠也不會有。只要給人們錯誤的希望，使他們認為藥廠能做出某種神奇的「子彈」並且能「治癒」骨質疏鬆症或其他慢性疾病，他們就會忽略與健康問題相關的飲食與營養因素。

有研究結果指出，福善美（Fosamax，一種雙磷酸鹽藥物）會造成顎骨退化，這證明了這種治療骨質疏鬆的藥物，以及所有雙磷酸鹽類的藥物，都可能造成骨質易碎的問題。

這種顎骨退化的副作用，令牙醫生拒絕幫服用福善美的婦女做植牙手術。福善美的功能在於摧毀蝕骨細胞，這種細胞會隨著骨骼老化而分解骨骼，而在新的骨骼形成時，這些細胞也會雕塑它，讓它成為強壯又穩定的基質。雖然福善美能防止骨骼分解，但是藥商並未考量到蝕骨細胞具有人體所需的骨骼重塑功能。沒有蝕骨細胞，骨骼的發展就沒有根據的藍圖，於是鈣便會雜亂無章地到處沉積。

從X光照片來看受福善美影響的骨骼，乍看之下是很緻密的，但是當你仔細觀察時就會發現，沒有蝕骨細胞的重塑能力，骨骼的內部結構完全雜亂無章──這些骨骼既易碎又容易斷裂。

做醫生的不該奉承福善美，反之，應該研讀一項2013年在《營養生物化

學雜誌》中所發表的研究，這篇討論指出，鎂對促進蝕骨細胞的形成有直接的影響。

在前一版《鎂的奇蹟》裡，我提過有一項動物研究，證實了鎂的耗竭會改變骨骼和礦物質的代謝作用，然後造成骨質流失和骨質疏鬆症。在這項2013年的研究中，研究人員承認，鎂缺乏症發生得很頻繁，而且會導致骨質流失、骨骼生長異常和骨骼虛弱──但是他們想證明這是怎麼發生的。他們透過動物模型發現，鎂缺乏症會抑制蝕骨細胞的活動──這便是福善美的作用機制。他們推測，被改變的蝕骨細胞數量和活動，也許是造成鎂缺乏症患者骨骼變化的因素。

相較於對照組，鎂缺乏症相當常見於患有骨質疏鬆症的女性。但是，當女性服用足夠的鎂之後會怎樣呢？

- 在一項研究中，停經後的婦女每天服用250～750毫克的鎂，兩年後她們的骨質疏鬆症便不再惡化。在未使用其他方法的情況下，這些婦女有8％的人骨質密度提高了。
- 給予一組更年期婦女氫氧化鎂補充劑，兩年後她們骨折的狀況減少，骨質密度大幅增加。
- 另一項研究顯示，每天服用乳酸鎂來獲取180～300毫克的鎂，兩年後有65％的婦女完全擺脫疼痛，而且腰椎不再持續退化。
- 相較於對照組，有好幾組實驗組中的女性在施以鎂結合荷爾蒙替代療法後，骨質密度便提高了。
- 另一項研究顯示，如果你服用雌激素且攝取較低的鎂，鈣補充劑可能會增加你血栓形成的風險（可能導致心臟病發作的血栓）。

鈣不是唯一解藥

可惜的是，在數十年前，骨質疏鬆症的治療被簡化成高喊「補鈣」的戰爭。在每個關於骨質疏鬆的討論中，鈣一直是主角，它被添加到許多食物裡

（包括柳橙汁和穀片），而且是頂級銷量的營養補充品，不過，它輝煌的日子似乎就要結束了。

在1990年代晚期，有位學者指出，有些研究並不支持停經後服用大量的鈣，因為其嚴重的後果可能是導致軟組織鈣化。所有額外的鈣都會沉積在軟組織裡，造成動脈粥狀硬化、膽結石、腎結石、腳跟骨刺和乳房組織鈣化，而不是被引導到骨頭裡。

這項警告得到馬克‧柏蘭德的研究支持，我在第二章裡提過他 (P092)。柏蘭德發現，服用鈣補充劑的女性有較大的心臟病風險，因為鈣會堆積在動脈裡，造成動脈粥狀硬化。

這裡的重點是，過去二十年來所有的鈣補充劑，都無法阻止至今仍然困擾著我們的骨質疏鬆症的流行。

我要再次提到，**骨骼不是只跟鎂有關係**——儘管你可能因為我的強調而有這樣的印象。骨骼有60％是礦物質，大部分是鈣和磷，再加上鎂（提供復原的要素）、水和一種有機的基質蛋白，尤其是膠原蛋白。我們的骨骼是礦物質與蛋白質的機能性交織，我們不能期望只用一、兩種變數就能處理它的問題。相反的，我們應該盡量吃優質飲食、運動，並且吸收各種營養素，好讓我們的身體和骨骼能照顧好自己。

骨質疏鬆症藥物

有鑑於之前討論過的鈣與心臟病之關聯，我很想知道英國國家骨質疏鬆指南小組的建議治療方針，結果實在讓我大失所望，因為他們在2013年的報告當中對鎂隻字不提。

雖然他們不再像往昔那樣強調鈣的重要性，但在不提鎂的情況下，這只意味著未來的方向是：研發更多新藥來治療婦女的骨質疏鬆問題。鎂對骨骼健康的重要性明明不容小覷，但大部分的醫生卻忽略了這點。

〈英國國家骨質疏鬆症指南〉首先公布了一些製藥公司聲稱能降低脊椎骨折的藥物（另外還有一些預防髖骨骨折的藥物），包括雙磷酸鹽類、保骼

麗（denosumab）、類副甲狀腺激素肽、雷洛西芬（raloxifene）、補骨挺疏（strontium ranelate）。報告中其實提到了這些藥物固有的風險：

❶ 請勿併用兩種或以上的藥物，以免造成不明的副作用。

❷ 有些藥物價格昂貴。

❸ 雙磷酸鹽類藥品「福善美保骨錠」的回收，是因為它會造成骨骼礦物質密度減少與骨更新（bone turnover，亦可稱為骨質代謝）減少——這表示你服用了福善美保骨錠後就必須終生服用，否則會造成更多骨質流失與骨骼退化。

在報告的最後，列出了服用鈣與維他命D的指南，上面這麼寫著：「我們推薦足不出戶、住在住宅區或養老院的長者服用鈣和維他命D補充品，以輔助其他治療骨質疏鬆的方式。」接著卻提出警告：「鈣補充品可能會造成心血管疾病，雖然目前仍有爭議，但建議你從飲食中增加鈣的攝取並單獨補充維他命D，而不是同時服用鈣補充劑與維他命D。」

這份指南當中完全沒有提到鎂，也沒有提到能增強男女骨骼的睪固酮。然而，請放寬心，現在的你還不用急著一頭栽入睪固酮荷爾蒙補充劑的未知世界裡。

鎂與睪固酮

2011年發表的一份研究報告，以399位年長男性作為研究對象，發現體內的鎂含量與睪固酮及另一種合成荷爾蒙——類胰島素生長因子-1（IGF-1）——有著強烈的關聯性。只要睪固酮增加，就會自動促使雌二醇增加，因為這是睪固酮通過腎上腺素與性腺的天然類固醇通道之時，自然會形成的產物。

在另一項研究中，研究了三組男性。其中兩組服用相同劑量的鎂，攝取量為10毫克／公斤／天。第一組是慣於久坐不動的男性，第二組是跆拳道運

動員，每天鍛鍊一・五到兩小時。第三組也是跆拳道運動員，但是不服用鎂補充劑。服用鎂且練習跆拳道的那一組，游離睪固酮和總睪固酮增加的量最多。服用鎂補充劑的第二組也看得到睪固酮的大幅增加。

2015年，有一項研究調查「中年與老年男性的血清鎂濃度與代謝及荷爾蒙失調之間的關係」。研究人員發現：鎂濃度較高的男性，有正常的總睪固酮濃度；有代謝症候群的受試者，其血清鎂濃度比沒有代謝症候群的患者低；第二型糖尿病患者的血清鎂濃度，比非糖尿病患者低；在動脈高血壓患者身上也看到同樣的情況——血清鎂比非動脈高血壓患者低。鎂濃度愈高，BMI值（身體質量指數）、腰臀比、腹圍和動脈血壓就愈低；較高濃度的鎂與較高的總睪固酮、較低的低密度脂蛋白和較低的總膽固醇有關。研究人員推論：「低血清鎂濃度也許會造成總睪固酮缺乏、動脈高血壓、糖尿病，然後導致代謝症候群。」

由身體製造的天然雌激素，對骨骼的形成也很重要——我之所以強調天然雌激素，那是因為合成的並不具備同樣的強健骨骼的功效，在使用合成雌激素替代療法時，會增加罹癌的風險。

為什麼我這麼擔心不恰當的骨質疏鬆療法呢？最近關於骨質疏鬆的統計數字涵蓋了1984～1993年的資料，顯示這種疾病在過去十年來所增加的比例為700％，相當驚人。既然我們發起對抗骨質疏鬆的戰爭已有相當長的時間，為何還會發生這種事？答案就是我們選擇了不正確的武器，這些武器甚至會對自己造成傷害。

在一項針對1988～2003年間骨質疏鬆症的國際趨勢的研究報告中，研究人員追蹤骨質疏鬆療法和看診數量。他們報告說，看診數量在1994年（130萬人次）到2003年（630萬人次）之間增加了四倍。這樣的增加在時間上正好吻合鈣補充劑的普遍使用，以及口服雙磷酸鹽類（福善美）和選擇性雌激素受體調節劑雷洛西芬的問世。在1994年以前，主要療法的選擇就是鈣和雌激素。在1994～2003年之間，以雙磷酸鹽類治療骨質疏鬆症的醫囑從14％增加到73％，以雷洛西芬治療骨質疏鬆症的醫囑則從0％增加到12％。

在兒童的骨骼中，鎂比鈣更重要

當孩子因為過敏、便祕、腹痛或經常感染而從飲食中刪掉乳製品時，家長們會驚訝地說：「如果小孩不吃乳製品，骨骼如何獲得鈣？」但是他們卻從來沒問過和鎂有關的問題。

在2013年，終於有項研究指出，鎂的攝取與吸收是兒童骨骼健康的重要指標，研究人員發現，<u>從乳製品獲得的鈣量，和骨骼整體的礦物質含量或密度相關性不大</u>。

這項研究發表於美國華盛頓舉行的小兒醫學年會上，證實了鎂的重要性，它提到鎂和鈣能相輔相成，發揮更好的效果，也能調節兒童體內的鈣量，讓鈣直接進入骨骼。如果沒有鎂的輔助，鈣會沉澱在兒童的腎臟、冠狀動脈、軟骨裡，而非進入最需要鈣的骨骼和牙齒中。

位於休斯頓的貝勒醫學院，其首席研究學者暨小兒科教授——史蒂芬・亞伯拉罕（Steven A. Abrams）醫生指出，鈣很重要，但是<u>除了鈣攝取量極低的兒童和青少年之外，鈣還不如鎂來得重要</u>。

研究人員還大膽地指出鈣「不如鎂來得重要」，這實在是一大突破，能讓人了解鎂對骨骼健康的影響有多大。在過去，推薦給兒童和成人的只有鈣而已。

治療骨質疏鬆症

骨質疏鬆症是一種退化性疾病，有人說它無法治癒，但是，假如你避開你能掌控的風險因子，並且攝取各種強健骨骼的營養素、多運動，即使你已經有症狀，還是有機會阻止骨質疏鬆。預防是最好的防禦，關鍵要素如下：

• 吃均衡、高蛋白、富含營養素的飲食。
• 從飲食和ReCalcia中攝取鈣，服用ReMag以攝取鎂，並且從ReMyte和ReAline中獲取建構骨骼的因子。
• 每天做點運動。

• 避開咖啡因、酒精和抽菸。

飲食建議

　　當你有慢性健康問題時，大家眾說紛云，對於要吃什麼和不要吃什麼，總是充滿著矛盾和不精確。我對飲食的普遍性建議是，除了以下幾點，還要包括高蛋白飲食、許多蔬菜和含有大量鎂、鈣、鉀的無麩質穀物——有助於維持骨骼礦物質的密度。

• 刪除酒精、咖啡、白糖、白麵粉、麩質、油炸食物、反式脂肪酸（存在於人造奶油、烘烤、油炸食品和以部分氫化油製作的加工食品裡）。

• 如果你吃動物性蛋白質，要選擇有機的草飼牛、散養雞和雞蛋，還有魚（尤其是野生捕捉的鮭魚）。

• 如果吃蛋奶素，要選擇發酵過的乳製品、去乳糖起司和ReStructure蛋白粉（它沒有酪蛋白，含極低乳糖的乳清蛋白，以及豌豆和米蛋白）。

• 純素蛋白的選擇包括豆類、無麩質穀物、堅果和種籽。

• 吃健康的碳水化合物，像是各種生的、烹調和發酵過的蔬菜，一天2、3片水果和無麩質穀物。

• 納入附錄A（P432）中富含鎂的食物，以及附錄B（P435）中富含鈣的食物。

• 在脂肪和油的方面，建議要選擇使用奶油、橄欖油、亞麻籽油、芝麻油和椰子油。

營養補充品建議

• **ReMag**：使用以皮米為單位的極微小而穩定的鎂離子，就能達到具療效的量而不產生腹瀉效應。先從每天¼茶匙（75毫克）開始，漸漸增加到每天2～3茶匙（600～900毫克）。把ReMag添加到1公升的水中，啜飲一整天，以達到完整的吸收效果。

• **ReMyte**：以皮米為單位、極微小粒子的十二種礦物質溶液。每次取½茶

匙，一天三次，或取1½茶匙，和ReMag一起添加到1公升的水裡，啜飲一整天。

- **ReCalcia**：以皮米為單位的穩定鈣離子、硼和釩。如果你從飲食中攝取不到足夠的鈣，就每天服用1～2茶匙（1茶匙提供300毫克的鈣）。可以和ReMag及ReMyte一起服用。

- **ReAline**：維他命B群加上胺基酸。每天兩次，每次1粒膠囊。它含有食物性B_1和四種甲基化維他命B（B_2、B_6、甲基葉酸和B_{12}），再加上左旋蛋胺酸（穀胱甘肽的前驅物）和左旋牛磺酸（有益於心臟和減重）。

- **複合維他命C**：從食物性來源中攝取，一天兩次，每次200毫克，或是製作你自己的脂質維他命C（參見附錄D的脂質維他命C配方 (P439)）和抗壞血酸，一天兩次，每次1000毫克。

- **必需脂肪酸**：我推薦一種組合❶Blue Ice Royal（來自發酵的鱈魚肝油和純奶油油脂），以補充維他命A、D和K_2，每天兩次，每次1粒膠囊；❷亞麻籽油，每天兩次，每次1大匙（需冷臟）；❸亞麻籽油和來自於ReStructure蛋白粉的omega-3脂肪酸；❹野生捕捉的魚。

- **維他命D_3**：每天1000國際單位或曬太陽二十分鐘，我推薦可以服用Blue Ice Royal。

荷爾蒙療法

有些醫生建議停經後的女性使用黃體素。不過，唯有經檢驗證明缺乏時，才能考慮荷爾蒙療法。你要找一位做荷爾蒙檢驗的醫生（最好是唾液檢測），而且他要能開立生物等同性黃體素的處方箋。

✦ 關節炎 缺鎂是風險因子

在第一版《鎂的奇蹟》裡，書中連和關節炎有關的一段文章都沒有。不

過，也是從那時候開始，我從用鎂治療關節炎的人們那裡得到了一些驚人的見證。其中一個令人驚艷的見證來自於喬，他在2016年的感恩節那週來到我的廣播節目，因為得到新的身體而向我致謝。

僵直性脊椎炎讓喬快要負擔不起藥物

喬從十五歲開始罹患僵直性脊椎炎，他說他的關節很恐怖，他的紅血球沉降速率（血液的發炎指數）迅速攀升，早上幾乎無法下床，必須從地上爬到浴室。他說他無法再繼續工作，他有一堆藥要吃，但再也負擔不起，而且身體狀況愈來愈糟。

後來奇蹟發生了，他遇到一位朋友，對方告訴他，他所需要的只有狄恩醫生的ReMag和RnA滴劑。他聽從建議，採用我的「全身重建」計畫和我的五種補體配方，在六個月內就能騎著單車在住家附近到處轉，讓每個人都嚇一跳。

喬以為自己永遠不可能再回到健身房，但是他說有了補體配方之後，尤其是ReStructure蛋白粉，他健身時比年紀小他一半的人更有活力和韌性。

許多人以為，關節炎會隨著你老化自然到來，但事實並非如此，關節炎只代表關節發炎，它是一個名詞，不是一種疾病。但是，如果我們感到哪裡疼痛，往往就以為是關節炎，然後讓它在我們的身體生根，因為它在人生過程中是正常的。

被診斷出關節炎的一個不幸後果是，你得到的處方往往是注射類固醇或非類固醇消炎藥來止痛。要當心，這些藥物現在與心房顫動、心房撲動、心臟病發作和中風有關。

事實上，在2005年，美國食品藥物管理局發出一項警告，指出非類固醇消炎藥物像是布洛芬（ibuprofen）和萘普生（naproxen）會提高心臟病發作或中風的風險，但是我想沒有人會注意到。

2015年，美國食品藥物管理局把警告提升到非類固醇消炎藥物的短期使用，哈佛健康部落格的葛瑞哥利・可夫曼醫生（Dr. Gregory Curfman）稱之為不尋常的一步，因為非類固醇消炎藥物的使用太普遍了。可夫曼醫生表示道：過去十五年來，專家一直知道非類固醇消炎藥物會增加心臟病發作和中風的風險。他還說，有研究顯示這些藥物可能升高血壓並且造成心臟衰竭。

事實上，光是偉克適（Vioxx）這一種藥物，在一個五年期內，就與至少十四萬件心臟病發作的案例有關。偉克適最後在2004年下市，心臟病風險也終於得到徹底的研究，並且可見於所有的非類固醇消炎藥物。

美國食品藥物管理局2015年的警告擴張到非類固醇消炎藥物的短期使用，因為心臟病發作和中風的風險也許在幾週內就開始了。使用的劑量愈多和使用的時間愈久，其風險就愈大；已經患有心臟病的人風險更高。2011年發表於《英國醫學期刊》的一項研究推論，非類固醇消炎藥物與心房顫動和心房撲動風險的增加有關。對於新使用者來說，這類藥物的關係最為強烈，他們面臨的是提高40～70％的風險。

我認為非類固醇消炎藥物攻擊的目標是心臟，因為它們會大量消耗鎂，而且在已經有鎂缺乏症的人身上，它們也許會把這種副作用展現到更大的程度。人體在很缺乏鎂時，可能會發生心房顫動和心房撲動。關節發炎可能是鎂缺乏症引起的，如果你有關節炎，你的關節也因為鎂缺乏症而發炎，那麼醫生開給你的處方藥可能往往令你更嚴重，甚至還會傷害你的心臟，那將變成一個無法停止的惡性循環。

一位七十八歲、罹患關節炎的老婦人把她的病歷遞給我：

　　去年冬天我迎接七十八歲生日，我的雙手受到關節炎的侵犯，我對這件事一點兒也不意外。疼痛處大部分在我的大姆指指

根，而且左手比右手還痛，因為我是左撇子，在按摩工作中比較常用到。情況嚴重時我幾乎完全無法用到我的手，因此在二月時（儘管我不喜歡這個主意）我同意注射類固醇。它解決了立即性的問題，左手姆指現在很好，但是在過去兩個月裡，我的右手姆指愈來愈痛。

我不想再繼續使用類固醇了，於是上週我決定每天早晚要在我的右手姆指上噴兩次ReMag。您猜怎麼著？不只疼痛幾乎消失，姆指似乎也因為肌腱緊實而縮短了，現在我可以伸展得更長。也許那不算奇蹟，但相當接近了！我仍然會感到劇痛，但是雙手感覺更自在了，那是一定要的，因為我一直用它們來緩解別人的緊張。

在這個版本的《鎂的奇蹟》中，我發現最新的研究顯示，在以鎂來預防和治療關節炎方面，科學已經跟上人們的經驗了。

2016年，在《生命科學》中發表的一篇文章〈揭開鎂在骨關節炎中的角色〉，揭露了鎂在治療骨關節炎中的重要性。研究人員說，鎂缺乏症被認為是骨關節炎發生和惡化的主要風險因子。他們發現，鎂缺乏症在「跟骨關節炎有關的好幾個路徑中都很明顯，包括發炎介質、軟骨損傷、生物合成軟骨細胞的缺陷、異常鈣化和止痛劑效果減弱的增加」。他們參考動物研究的實驗室和臨床證據，那些證據指出，鎂的營養補充品能對骨關節炎提供有效的治療。

《風溼病學雜誌》在2015年刊登了〈血清鎂濃度與X光骨關節炎之間的關係〉這篇研究。在這項橫斷研究中有2855名受試者，研究人員用精確度較差的血清鎂檢驗法來測量鎂值，並且用特定的X光標準來判定關節炎。他們發現血清鎂濃度和骨關節炎之間有重大的關係，總結說，當血清鎂濃度下降時，膝蓋骨關節炎的發生率便提高。這項研究也發現，在飲食中攝取的鎂愈少，膝蓋骨關節炎的發生率就愈高。

✛✛ 腎結石 鎂可以避免鈣沉澱

　　腎結石比我們想像的更常見，大約有十分之一的人在他們的一生中會出現腎結石。諾曼副甲狀腺中心在副甲狀腺、副甲狀腺疾病和副甲狀腺手術方面，一直是世界級的領導權威。他們對於高血鈣也知之甚詳，因為高血鈣是副甲狀腺機能亢進和腎結石的徵兆。

　　他們在關於腎結石的網頁上提到：「副甲狀腺機能亢進是腎結石成因中的第一名，因此，每一個有腎結石的人都必須做副甲狀腺的檢驗。所有有腎結石的人，將近半數在頸部都有一個良性的副甲狀腺腫瘤，必須將它切除，否則會繼續形成腎結石。」更多關於副甲狀腺機能亢進的資訊請參見第二章 P099。

　　尿液中的微渣如果太濃以至於無法通過腎臟進入膀胱時，就會造成所謂的腎結石。在一般人身上，腎結石是很常見的，但是大部分的腎結石是以很微小的「碎石」形式，所以常常是在你不知情的情況下通過了腎臟。造成腎結石的風險因子包括高血壓病史、體重驟降、慢性脫水、飲食中攝取的鎂量不足等。

　　有1%的屍檢顯示結石出現在尿道中，證實了結石很普遍，也證實了大部分的結石都小到能通過輸尿管而不會被察覺。白人男性中約有15%會產生腎結石，所有女性中則有6%會產生結石，這些人當中約有半數人的結石會再復發。在美國，每年每1000人中就有1位出現嚴重的結石，會卡在尿道中疼痛不堪，因而必須住院。這種疼痛會從下背部開始，接著向腹部、生殖器或向下往大腿內側等處擴散。

腎結石的種類

　　大部分腎結石的成分都是磷酸鈣、草酸鈣或尿酸，你腎結石的成分可經由分析收集到的結石得知（醫生會要你尿在一個細篩上）。

　　男性的結石多半含有鈣，往往與家族遺傳有關。在所有的結石當中，

磷酸鈣與草酸鈣兩種所占的比例即高達85％。尿酸結石約占所有結石的5～10％，尿酸結石大部分都出現在男性體內，半數患者同時也有痛風的問題。剩下5％則是較為罕見的結石，多半是在腎臟感染時形成。

醫生可透過尿液分析與X光照片診斷腎結石。如果只有一些鈣結晶或小結石，往往不需要治療，可透過止痛劑與肌肉鬆弛劑來消除結石通過時所產生的疼痛；較大的結石需透過手術或碎石的方式（運用特殊的超音波儀器將結石碎成小塊）取出。

腎結石的成因

以下為造成腎結石的幾項因素：

❶ **尿液中的鈣增加**，這是因為飲食中含有大量的糖、果糖、酒精、咖啡、肉類。這些酸性食物會從骨骼中汲取鈣來中和酸性，並且透過腎臟代謝。此外，如果服用鈣時沒有額外補充鎂，也會造成尿液中的鈣增加。

❷ **尿液中的草酸過高**，很可能與攝取了過多富含草酸的食物有關，例如大黃、菠菜、唐萵苣（又稱莙薘菜）、生西洋芹、巧克力、茶、咖啡等。這些食物中所含的草酸會和鈣結合，形成無法溶解的草酸鈣，因而造成結石。但是，請別因此放棄所有的綠色蔬菜，進而失去它們有益健康的營養素。有很多低草酸鹽的綠色蔬菜可以補足你必須避開的項目。然而，當你吸收到足夠的鎂時，它可能會與草酸鹽結合，形成極易溶解的草酸鎂，然後被順暢地排出體外。

❸ **脫水**會造成尿液中的鈣與其他礦物質的濃度增加。每天依你體重磅數的一半，喝下相同數量盎司的水（每夸特〔約950毫升〕水加入¼茶匙的海鹽），就能適當地沖洗腎臟。如果你流了較多的汗，卻沒有補充足夠的水分，就會增加尿液的濃度。

❹ **汽水含有磷酸，會導致某些人產生腎結石**，這是因為磷酸會自骨骼中汲取鈣，並且讓鈣沉澱在腎臟裡。

❺ **高普林**（酒精、肉類、魚類中所含的物質）**的飲食**可能會造成尿酸型腎結石。

　　腎結石與缺鎂有許多共同的成因，包括飲食中含有過多的糖分、酒精、草酸、咖啡等。一項重要的動物實驗顯示，自飲食中攝入過多的果糖（來自高果糖玉米糖漿，以此作為甜味劑）會大幅增加腎結石的生成機率，在飲食中攝取的鎂量過低時更是如此。

　　美國農業部提出警告，指出年輕人特別容易從飲料中攝取大量的果糖，因此也攝入了許多熱量，卻很少吃富含鎂的綠色蔬菜。飲料中所含的磷酸也會消耗體內儲存的鎂，造成骨質流失。

　　鎂的功能之一，就是讓鈣維持溶解在血液中的狀態，以免形成固態的結晶，即使身體偶爾脫水，只要體內有足夠的鎂，鈣依然能維持溶解在血液中的狀態。

　　鎂是治療腎結石的關鍵，如果你體內沒有足夠的鎂來幫助鈣溶解，那麼最後就會出現各種鈣化的形式，造成結石、肌肉痙攣、纖維組織炎、纖維肌痛症，甚至是動脈粥狀硬化（動脈的鈣化）和乳房組織鈣化——乳房組織鈣化有時候會被誤認為乳腺管原位癌，反之，乳腺管原位癌有時候也會被誤認為乳房組織鈣化。

　　我擔心的是，因過度使用口服鈣補充劑而造成的乳房組織鈣化，可能被誤診為乳腺管原位癌，要做一遍又一遍的X光檢查、乳房攝影術和乳房切片檢查，才能排除乳癌。

缺鎂與腎結石高度相關

　　早在數十年前，喬治‧邦斯（George Bunce）醫生的臨床實驗結果就證明了腎結石與缺鎂之間的關係。那年是1964年，邦斯醫生指出，若病人有反覆出現結石的病史，每天給予420毫克的氧化鎂便能有效改善這種情形。

　　當血液中的鈣多於鎂時，就可能形成腎結石。讓我們再看一遍第二章裡

一個簡單的實驗，便能證明這個論點。打開1顆含有鈣粉的膠囊，看看有多少溶於30毫升的水中，結果大部分都沉澱在玻璃杯底。然後，打開1顆含有鎂粉的膠囊，慢慢地拌入鈣水中。當你讓鎂介入時，剩下的鈣便溶解了，鈣變得更易於溶於水。如果血液中有足夠的鎂去適當地溶解鈣，就不會在腎臟裡形成結晶物。

幾份較早期的研究報告也顯示，氫氧化鎂能預防結石的形成：

• 過去十年來總共有480顆結石的55名患者，接受了每日500毫克氫氧化鎂的治療，並接受兩到四年的追蹤。經過治療後，平均結石發作率從每年0.8降到0.08，而且有85％的患者在後續追蹤中不再復發，而對照組裡有59％的患者繼續形成結石。

• 一項使用氧化鎂和維他命B_6（一種天然的利尿劑）、並接受四年半到六年追蹤的研究顯示，149名患者的結石形成率降低了，從平均每年1.3顆降到0.1顆。

• 在另一項研究中，56名患者接受200毫克的氫氧化鎂治療，每天兩次。兩年後，其中45名的腎結石不再復發。另外沒有服用鎂的34名患者中，兩年後有15名復發。

• 還有幾項研究指出，25％以上的腎結石患者，其尿液中的鎂濃度異常低，而且尿液中的鈣濃度異常高。服用鎂補充劑能矯正這種異常情況，並預防結石復發。研究人員承認，對男性施以氧化鎂或氫氧化鎂療法能大量減少腎結石復發，而且感覺上，鎂療法似乎能阻止軟組織繼續鈣化，甚至具有預防功效。

• 利尿劑是治療腎結石的主要藥物，但在抑制腎結石的形成上，鎂似乎和利尿劑一樣有效。我認為鎂療法更有效，因為利尿劑會把鎂消耗殆盡，增加腎結石的機會。避免鈣、服用利尿劑和機械性的介入，已經構成目前對抗療法治療腎結石的方式，但完全沒有留意到鎂。

• 一項2005年的回顧性研究提到，雖然氧化鎂和氫氧化鎂被視為治療腎結石

的有效療法，但是在雙盲隨機安慰劑對照試驗中，檸檬酸鎂被證實更有效得多，減少腎結石復發率達90%。

- 流行病學的發現完成了腎結石復發及它與低鎂攝取量之關係的描繪。舉例來說，格陵蘭的疾病模式包括心臟病、腎臟和尿道結石的低發生率，少有糖尿病案例和一點點的骨質疏鬆症，這一切可能都與格陵蘭飲食的低鈣高鎂有關。

改善腎結石
飲食建議

在預防腎結石方面，補充水分當相重要。

- 提高水的攝取量，來為你的身體補充水分。依你體重磅數的一半，喝下相同數量盎司的水。如果你的體重是150磅（68公斤），就每天喝75盎司（2.2公升）的水。
- 在飲用水裡添加未精製的海鹽、喜馬拉雅山玫瑰鹽或凱爾特海鹽，每夸特（約950毫升）添加¼茶匙。

我建議從療程一開始就展開嚴格的飲食法，看看光靠飲食能多有效。然後你可以實驗一下，加入一些「禁止的食物」，看看你的身體會有什麼樣的反應。

我最嚴格的飲食建議如下：

- 刪除酒精、咖啡、白糖、白麵粉、麩質、油炸食物、反式脂肪酸（存在於人造奶油、烘烤、油炸食品和以部分氫化油製作的加工食品裡）。
- 如果你吃動物性蛋白質，要選擇有機的草飼牛、散養雞和雞蛋，還有魚（尤其是野生捕捉的鮭魚）。
- 純素蛋白的選擇包括豆類、無麩質穀物、堅果和種籽。

- 如果吃蛋奶素，要選擇發酵過的乳製品、去乳糖起司和ReStructure蛋白粉（它沒有酪蛋白，含極低乳糖的乳清蛋白，以及豌豆和米蛋白）。

- 吃健康的碳水化合物，像是各種生的、烹調和發酵過的蔬菜，一天2、3片水果。納入附錄A （P432）中富含鎂的食物；高鈣食物通常也含有豐富的鎂，請見附錄B （P435）裡的高鈣食物清單。

- 在脂肪和油的方面，建議選擇使用奶油、橄欖油、亞麻籽油、芝麻油和椰子油。

- 如果你有尿酸結石，那就刪除高普林食物，像是酒精、鰻魚、鯡魚、扁豆、肉類、香菇、內臟、沙丁魚和貝類。

- 如果你有草酸結石，要減少攝取草酸含量高的食物：甜菜根、紅茶、可可、蔓越莓、堅果、荷蘭芹、番茄、大黃、菾蓬菜和菠菜。

- 檸檬、柳橙、 梨和醋栗中的檸檬酸，會溶解草酸鈣和磷酸鈣，預防結石的形成。

營養補充品建議

- **ReMag**：使用以皮米為單位的極微小而穩定的鎂離子，就能達到具療效的量而不產生腹瀉效應。先從每天¼茶匙（75毫克）開始，漸漸增加到每天2～3茶匙（600～900毫克）。把ReMag添加到1公升的水中，啜飲一整天，以達到完整的吸收效果。

- **ReMyte**：以皮米為單位、極微小粒子的十二種礦物質溶液。每次½茶匙，一天三次，或取1½茶匙，和ReMag一起添加到1公升的水裡，啜飲一整天。

- **ReAline**：維他命B群加上胺基酸。對腎結石患者來說B$_6$很重要，而ReAline就含有B$_6$。每天兩次，每次1粒膠囊。它含有食物性B$_1$和四種甲基化維他命B（B$_2$、B$_6$、甲基葉酸和B$_{12}$），再加上左旋蛋胺酸（穀胱甘肽的前驅物）和左旋牛磺酸（有益於心臟和減重）。

- **ReStructure**：它是一種低普林的蛋白粉。

腎臟病 從避免鎂到需要鎂

在初版的《鎂的奇蹟》中，我連專門探討腎臟病的章節都沒有，這主要是因為<u>過去數十年來給腎臟病患者的唯一營養建議就是避免鎂</u>！然而，這幾年來，我得知腎臟就跟別的器官一樣需要鎂，而對鎂的攻擊根本不具科學價值。鎂是生物必需營養素，在腎臟病中全面避免鎂，已經造成了無法形容的苦難。

美國國家衛生研究院承認「腎臟病的負擔愈來愈重」。統計數據顯示，腎臟病案例急遽攀升，每10個美國成年人裡，就有1個受到它的影響。

但是今天，醫生是怎麼診斷出腎臟病呢？

也許他們把腎臟病的診斷標準（腎絲球過濾速率）設得太低，就像他們處理血壓和膽固醇的方式。標準放寬的結果是，有更多人發現自己被診斷出前期糖尿病、前期高血壓和前期腎臟病，然後嚇個半死，因為他們得知自己發生了無藥可救的慢性病。

當更多人被網羅在前期腎臟病的疾病之中，意味著這些患者會得到相關疾病的藥物治療——比方說，看來與腎臟病密不可分的心臟病、高血壓和糖尿病。

藥物濫用會引發腎臟病

我認為腎臟病的增加，有一部分是由於處方藥物的肆虐，但是醫生不會承認是他們的療法造成了傷害。

一項發表於2009年的研究徹底檢視了由藥物所引發的腎臟病問題，指出腎臟可能受到大量治療劑的傷害。醫學博士琳達・芙婕特（Linda Fugate）參考了2009年的回顧性文章，列出引發腎臟損傷的前十類藥物 P307 。自那時候起，有更多的藥物牽涉其中，而且長期使用藥物（而非審慎的短期使用）會導致累進傷害的證據也愈來愈多。還有一項2016年的研究指出，用於治療胃灼熱的氫離子幫浦抑制劑，也許會造成腎臟損傷。

Mg⁺ 造成腎臟損傷的前十類藥物

❶ 抗生素，包括有磺胺類藥物、賽普沙辛（ciprofloxacin）、甲氧西林（methicillin）和汎克黴素（vancomycin）。

❷ 鎮痛劑，包括乙醯安酚和非類固醇消炎藥物：阿斯匹林、布洛芬、萘普生及其他只能憑處方箋才能取得的藥物。

❸ COX-2抑制劑，包括celecoxib（品名：希樂葆Celebrex）。這個類別裡的兩種藥物——rofecoxib（品名：偉克適Vioxx）和Valdecoxib（品名：Bextra）——由於含有心血管毒素，都已經下市。COX-2抑制劑的研發對胃而言比較安全，但是在腎臟損傷的風險方面，跟其他非類固醇消炎藥是一樣的。

❹ 對付胃灼熱的氫離子幫浦抑制劑，包括奧美拉唑（omeprazole／品名：Prilosec）、埃索美拉唑（esomeprazole／品名：Nexium、Esotrex）、蘭索拉唑（lansoprazole／品名：Prevacid）、半托拉唑（pantoprazole／品名：Protonix）、雷貝拉唑（rabeprazol／品名：Rabecid、Aciphex）。

❺ 抗病毒藥物，包括艾塞可威（品名：Zovirax），用於治療疱疹病毒感染。此外還有indinavir和tenofovir，用於治療愛滋病。

❻ 高血壓藥物，包括有卡托普利（captopril／品名：卡普特錠Capoten）。

❼ 類風濕性關節炎藥物，包括infliximab（品名：Remicade）、chloroquine和hydroxychloroquine（後兩者用於治療瘧疾、全身性紅斑性狼瘡及類風濕性關節炎）。

❽ 鋰鹽，用於治療躁鬱症。

❾ 抗癲癇藥物，包括有phenytoin（品名：癲能停Dilantin），以及三甲雙酮（trimethadione／品名：Tridione），用於治療癲癇等疾病。

⓾ 化療藥物，包括干擾素、pamidronate、順鉑（cisplatin）、卡鉑（carboplatin）、環孢素、tacrolimus、奎寧、絲裂黴素 C、bevacizumab；以及抗甲狀腺藥物，包括硫月尿酮（propylthiouracil），用於治療甲狀腺亢進。

那篇研究的作者們呼應了我的心情──**任何藥物應該只在有醫療需要時使用，而不是被當成一種預防措施。**他們說：「研究結果強調了只在有醫療需要時才使用氫離子幫浦抑制劑的重要性，而且必須將使用期間限制到最短──許多患者因為治療需要而開始服用氫離子幫浦抑制劑，而且繼續服用的時間比需要的時間還久。」醫生往往未採用較天然的方式去預防症狀復發，反而叫病人繼續服藥，只為了「以防萬一」。

缺鎂讓末期病人愈病愈重

報名聯邦醫療保險專款計畫以對付腎臟病末期的病人數目，從1973年的1萬人，到了2012年已暴增到駭人的61萬5899人。醫學界茫然不解的說，他們無法解釋為什麼有那麼多人受到影響。

儘管在腎臟病末期的治療上投入了大規模的資源，並且認為透析治療的品質已經有所進步，但是病人仍持續大量死亡、發病和降低生活品質。如果透析治療取代了腎臟的功能，那麼大家應該會覺得比原本更好才對。我認為**症狀逐步擴大的原因之一可能是鎂缺乏症**，而且鎂缺乏症只會隨著時間日益惡化，因為接受透析治療的患者要避免鎂補充劑，但是，他們透析液中的鎂值又太低了。

反而警告病人避開鎂!?

腎臟病的徵兆包括高血壓、尿蛋白偏高和腎絲球過濾速率偏高。高血壓是很常見的腎臟病原因，但依我看，高血壓最常見的原因是鎂缺乏症和鈣

過多。鈣若不是問題，有什麼原因讓醫生用鈣離子通道阻斷劑來治療高血壓呢？他們告訴腎臟病患者要控制血壓，但如果你被警告要遠離鎂，你要怎麼做到控制血壓？反之，醫生都叫病患服用會耗掉更多鎂的降血壓藥物。

尿液中的蛋白是腎臟病最初期的徵兆之一，尤其是如果你也有糖尿病的話。糖尿病為人所知的醫學病徵之一是低鎂值，所以，如果你有腎臟病，而你又不能服用鎂，那麼你的血糖值就會隨著你的鎂值降低而愈來愈高。然後你會服用糖尿病藥物，於是造成更嚴重的鎂缺乏症。

醫生建議每年做腎臟血液檢驗，有助於腎臟病的早期診斷，所以它是可以治療的。那麼醫學上的療法是什麼？用藥物預防高血壓和糖尿病。在我研究過的所有醫療網站裡，都沒有提到用鎂來預防和治療高血壓或糖尿病。然而，這些網站很清楚地指出，腎臟病通常是慢慢惡化的，最終的結果是腎衰竭（腎臟病末期）和心臟衰竭——所有的網站都警告病人要避開鎂。

我在簡介中以三篇關於腎臟的回顧性文章，來展開對鎂和腎臟病關係的探討。前兩篇文章出自於《臨床腎臟雜誌》2012年2月號——〈鎂在疾病中的角色〉 P035 和〈鎂的基本原理〉 P034 。事實上，它們都是該期期刊增刊號《鎂——多種功能但常被忽略的元素：慢性腎臟病的新展望》裡的文章，這本增刊號專門介紹鎂在腎臟病中的角色，我會在下文 P310 列出當中文章的標題，以顯現出它內容的規模。

大部分的文章在網路上都可以免費取得，所以你可以和你的醫生分享那些文章。你也許會很驚訝地發現，把一些經同儕審查的期刊裡的文章拿給你的醫生看，可能會大大地改變他對鎂療法的接受度。

〈鎂與透析治療：被忽略的陽離子〉 P035 則是2015年的回顧性文章，作者群發現，在治療腎臟病和將鎂用於透析治療患者方面，對鎂的需求需要重新評估。

在1993年，很早期的時候，有人曾嘗試過評估腎臟病對鎂的需要。我之所以知道鎂對腎臟病的重要性，得歸功於這個令我大開眼界的故事，而說故事的人是知名的鎂研究學者柏頓‧亞圖拉博士。

《鎂——多種功能但常被忽略的元素：慢性腎臟病的新展望》裡的文章

❶ 主編的話：鎂好到什麼樣的程度？

❷ 鎂的基本原理

❸ 調節鎂平衡：從人類遺傳性疾病中學到的教訓

❹ 鎂在疾病中的角色

❺ 鎂對第三期和第四期慢性腎臟病及透析治療患者的影響

❻ 鎂與慢性腎臟病患者的結果：探討血管鈣化、動脈粥狀硬化和
　 疾病倖存者

❼ 以鎂作為慢性腎臟病的療藥

　　許多年前，亞圖拉博士要求一位同事，也就是腎臟病的專家馬克爾博士
（Dr. Markell）檢驗他的腎臟病患者的鎂值。他們都同意要檢驗鎂離子
P387 和血清鎂 P388，而且要在透析治療的患者中做比較。

　　結果是，（各種類型的）慢性腎臟病患者同時具有最高的血清鎂濃度和
最低的鎂離子濃度。顯然他們的鎂都滯留在血液裡，無法進入細胞。這一點
並未出現在研究報告中，但是當這些病人服用液態鎂時，他們的鎂離子濃度
得到了改善，血清鎂濃度也恢復正常，不僅症狀被緩解，腎臟功能經檢驗也
有所進步。

　　這則軼事說明了為什麼醫生害怕鎂。他們只測定血清鎂，看到濃度升
高，便做了最糟的打算。然而，他們沒有檢驗鎂離子，因此沒注意到鎂離子
濃度偏低，那表示細胞仍然很需要鎂。以離子形式呈現的鎂，並未多到足以
進入細胞，發揮其應有的功能。

　　可惜的是，決定性的鎂檢驗，也就是鎂離子檢驗，是一項研究工具，一
般大眾都接觸不到。你可以在第十六章讀到更多關於鎂的檢驗法，也請參考

第十八章關於穩定的鎂離子ReMag P414，那是我推薦給腎臟病患者的唯一形式。

透析治療病人的真實案例

以下的病例，凸顯了腎臟病末期患者為健康而搏鬥的努力。這封具深刻見解的信函來自於醫療科學界的醫學博士，她是一名腎臟病末期患者。她講述透析治療如何造成她的鎂缺乏症，以及她如何用鎂自我治療。

我是一名六十歲的腎臟病末期患者，做了四年的居家血液透析治療，我也是一名第一型糖尿病患者。當我開始做透析治療時，我把我有使用的補充劑列成一張清單交給護理師，其中也包括鎂。

沒想到，他們直截了當地告訴我，做透析治療的病人不應該、也不能服用鎂，我們的腎臟可能會受到它的傷害。所以我順從他們對鎂擔心的態度，進入了腎衰竭的未知領域，我以為他們了解自己所做的事。

在我開始做居家血液透析治療前，我先做了腹膜透析治療，因為他們說那是一種比較「自然」的模式（透析液經由導管引入腹腔，晚上再經由同一個導管引出）。很快地，我全身產生奇癢無比的感覺，他們說做透析治療就是這樣。但是現在我也相信，當我的鎂值見底時，我的鈣和磷值攀升，並且結合成磷酸鈣結晶，沉積在我的皮膚上。接受透析治療的人通常會有很多的皮膚問題——是的，那些問題是因為毒素，但更重要的是，也許是因為鎂值偏低。

我記得我在我的皮膚上看到像是白色的小結晶體，而且我會一直抓到流血。教我做透析治療的醫生甚至不相信這是透析治療造成的！范德比大學的一位腎臟病學家看到了之後，給了我別的

意見。他說他們把這種情況叫做「瘋狂癢」，治療方式是讓患者照射紫外線。由於知道自己的情況，我推測紫外線有助於提高活性維他命D，於是能將鈣和磷送到骨骼裡，因此減少了皮膚上的磷酸鈣。

做腹膜透析後，我也開始產生可怕的夜間小腿和足部抽筋，必須在三更半夜爬起來試著緩和難以忍受的疼痛。我那時仍然很害怕服用鎂，所以我服用維他命E、B群等，以及任何可以找到的網路建議。

然後我轉為居家血液透析治療，血液透析液裡含有的鎂一定比腹膜透析液更多，因為我的皮膚改善了。但是，一年後我開始產生心悸，剛開始它不久就會消失，但是情況愈來愈糟，變成不停出現。

在讀了許多近期的網路研究之後，我相信他們導進我體內的透析液，實際上把鎂從我的血液裡帶走，直到所剩無幾。我覺得我的心臟開始在我胸腔裡悸動，一直到每回治療結束。

許多病人在治療期間有腿抽筋的狀況，許多透析治療的病人也都有心臟問題，它是透析治療患者的頭號殺手，而且極可能是鎂缺乏症所引起的。

在我接受透析治療的四年間，我的腳骨折過三次、動脈中的鈣化程度增加（經由X光片顯示）、心悸問題惡化、難以集中精神、牙齒也發生了變化，誰知道還會發生什麼事！

幸好，我發現了狄恩醫生的ReMag，恢復攝取鎂這種營養素。我真的不敢相信，它完全解決了我的心悸。當然，我和說鎂對腎臟病患者有害的人產生了激烈的討論，最後，我的腎臟科醫生支持我服用鎂。

自從我服用鎂之後，除了消除我的心悸，我的磷值也降到更接近正常的程度，所以醫生降低了我隨著每餐服用的磷結合劑。

我希望我能達到不需要服用結合劑的程度，而我使用ReMag補充劑，有望逆轉我的許多症狀。

鎂在透析療程中是極少被測定的項目，我經歷了各種繁瑣的程序去做治療前後的紅血球鎂濃度。這種檢查應該成為例行項目才對！這對我來說相當無法置信，因為我很確定，大多數病人的鎂都被透析治療損耗了。而且十分肯定的是，我在透析治療後的鎂濃度比治療前更低──所以，每次治療只是更進一步的剝奪我的鎂。

我將鎂缺乏症研究得愈透徹，便愈把我大部分的健康問題歸因於每況愈下的鎂值。然而，當我開始提出這個看法時，做透析治療的人員卻起了防衛之心。我好像知道的比他們還要多，這對他們來說是種威脅，更別說發生在我身上的症狀真的是透析液的錯。他們對鎂以及鎂與磷、鈣、副甲狀腺素、維他命D的相互作用，所知甚少。

我真的非常感謝上帝讓我發現了網路上關於鎂的研究，提醒我需要鎂，然後我又發現了ReMag，它幾乎是立即令我產生了這麼大的改變。

有的時候，我會在半夜因為心悸而醒過來，胸中悸動不已的心臟令我怎麼也無法再度入睡，所以，我倒了一瓶蓋的鎂加到一些水裡，然後吞下去──我發誓，幾分鐘之內，我的心跳便恢復了正常。

Mg⁺ 注意！

我只推薦ReMag給腎臟病患者，因為它很容易被吸收到細胞裡，所以不會堆積在血液中。

我在前文和簡介中所提到的回顧性文章〈鎂與透析治療：被忽略的陽離子〉（P035、P309），應該為腎臟專家提供了足夠的最新資訊，使他們接受鎂是腎臟健康所需的礦物質的事實。至少，它是一篇你可以印出來的文章，給你的醫生看，說明為什麼即使你有腎臟病卻想服用鎂。

腎臟病中的血管鈣化

醫生利用冠狀動脈鈣化掃描來評估心臟病風險，因為冠狀動脈鈣化是心臟病惡化的徵兆——同樣的，腎臟動脈鈣化是腎臟病惡化的徵兆。

德梅爾（Demer）和丁圖特（Tintut）在《循環》雜誌中討論慢性腎臟病的一種併發症，叫做血管鈣化，它引發了一些十分普遍的問題。他們承認一項可悲的事實，大部分年逾六十的人「在大動脈裡都有日益嚴重及擴大的鈣沉積」。鈣堆積會造成動脈硬化，進而導致高血壓、主動脈瓣狹窄、心臟肥大、心絞痛、小腿肌肉疼痛造成的間歇性跛行、鬱血性心臟衰竭。他們推斷：「礦化作用的嚴重性和程度，反映出動脈粥狀硬化斑塊的負荷量，單憑這一點就能強烈預測出心血管疾病的發病率和死亡率。」

文章中「在大動脈裡都有日益嚴重及擴大的鈣沉積」，指的是六十歲以上族群的生活真相，這樣的主張讓我頗感震驚。與這樣的聲明密不可分的是，他們認知到，大多數年逾六十的人都有鎂缺乏症，因而無法使鈣處於溶解狀態！

雖然人們對血管鈣化開始有愈來愈多的認識，但是，他們也試著把它與動脈粥狀硬化區分開來，後者是因為鈣化的脂肪斑塊堵塞住動脈。我個人認為，那只是讓研究人員繼續得到資金的另一種理論，被忽略掉的事實是——**鈣無論以什麼形式堆積在動脈裡，都是一項嚴重的健康問題**，而鎂正是解決之道。

一項2014年的研究發現，藉由在膳食中抑制對磷的攝取，以及鎂直接把磷中和掉，都能降低血管鈣化的程度。研究人員指出，鎂的這種作用使它成為一種磷結合劑，對接受透析治療的病人十分有助益，因為他們有磷值過高

的問題。不過，他們並沒有提到鎂對鈣的直接效應——使鈣在體內保持溶解狀態。

腎臟病患者的營養補充品

- **ReMag**：使用以皮米為單位的極微小而穩定的鎂離子，就能達到具療效的量而不產生腹瀉效應。先從每天¼茶匙（75毫克）開始，漸漸增加到每天2茶匙（600毫克）。把ReMag添加到1公升的水中，啜飲一整天，以達到完整的吸收效果。

- **ReMyte**：以皮米為單位、極微小粒子的十二種礦物質溶液。每次½茶匙，一天三次，或取1½茶匙，和ReMag一起添加到1公升的水裡，啜飲一整天。

- **ReAline**：維他命B群加上胺基酸。每天兩次，每次1粒膠囊。它含有食物性B_1和四種甲基化維他命B（B_2、B_6、甲基葉酸和B_{12}），再加上左旋蛋胺酸（穀胱甘肽的前驅物）和左旋牛磺酸（有益於心臟和減重）。

- **複合維他命C**：從食物性來源中攝取，一天兩次，每次200毫克，或是製作你自己的脂質維他命C（參見附錄D的脂質維他命C配方 P439）和抗壞血酸，一天兩次，每次1000毫克。

- **維他命D_3**：每天1000國際單位或曬太陽二十分鐘。服用Blue Ice Royal（來自發酵的鱈魚肝油和純奶油油脂），以補充維他命A、D和K_2。每天兩次，每次1粒膠囊。

第 **3** 部

缺鎂還會惹出這些禍

當柏頓與貝拉・亞圖拉博士為第一版《鎂的奇蹟》寫前言時，他們認為本書不同凡響，簡直是百科全書，而且十分易於閱讀。他們做了讚美性的評論，這兩位真誠的科學家在結尾時說：「至於本書其他有趣的部分，我們認為自己的資格只夠評論與鎂的需求有關的科學基本原理。」在當時，1999年的時候，他們已經寫了一千多篇文章，大部分是關於鎂的，但是他們並未做過我放在第三部分標題「缺鎂還會惹出這些禍」之下的那些主題的研究。

然而，到了2016年，亞圖拉夫婦已經完成了更多的研究，尤其是關於老化的部分。在第十五章裡，我會深入介紹他們關於端粒和老化的文章 (P366)。我也在關於慢性疲勞症候群、纖維肌痛症、環境性疾病、氣喘、囊腫性纖維化、阿茲海默症和帕金森氏症的章節中，用最新的研究更新了資訊。研究持續進行中，有證據確定了鎂缺乏症會導致上述的疾病，而且鎂療法有助於預防和治療那些疾病。

地位提升的鎂研究

過去幾年來，支持鎂是健康所需的礦物質之研究，呈現暴發性的增加。我在簡介中簡短提過，這幾年來有將近一打關於鎂的回顧性研究，但是那還不夠接近鎂的全部研究。現在有各方面關於鎂的最新報告，像是記憶、大腦可塑性、延長壽命、慢性疲勞

症候群、糖尿病、癌症、結締組織、中風、胰酵素功能、早產兒的神經保護、攝護腺癌、黃斑部退化和青光眼等，都吸引了我的注意。

鎂與癌症

每2位男性與3位女性中，就有1位在一生中會罹患癌症，因此，討論這種嚴重病症與缺鎂之間的關係，絕對有其必要性。1993年，西立格醫生曾寫了一篇精深廣博的論文，文中鉅細靡遺地說明了癌症與礦物質和維他命的互動，並且將重點放在鎂上。那篇論文是〈癌變與抗癌治療中的鎂〉，可以在網路上找到（論文請見www.mgwater.com/cancer.shtml）——那時提到了癌症和鎂之間的關聯，光是這點已經撼動了現今的癌症研究，因此值得再進一步研究。

羅德爾醫生在1963年出版的書中，有個章節寫的就是鎂與癌症之間的關係，文中引用了數位法國醫生的例子為證，指出鎂在這些疾病中的重要性。他大量引用法國醫生皮耶‧德爾貝（Pierre Delbet）的見解，德爾貝醫生覺得，鎂的作用是幫癌細胞的複製「踩煞車」。他同時也發現身體老化得愈嚴重，缺鎂的情形也愈嚴重，因為鎂的流失，身體也開始喪失活力、恢復能力及細胞再生的能力。

鎂與癌症之關係的最新報告特別有趣，我不相信它是癌症的

「療藥」，但就像德爾貝醫生說的，它可能具有保護性。以下是現行研究的概要：

- 2015年的《英國癌症雜誌》中，有一項研究發現——〈鎂的攝取與胰臟癌發生率：維他命和生活型態研究〉提出，攝取鎂也許有益於預防胰臟癌。該研究分析超過6萬6000名介於五十到七十六歲的男、女性的資料，檢視鎂和胰臟癌的直接關係。鎂的攝取量每下降100毫克／天，胰臟癌的發生率就提高24％。研究人員在《科學日報》的一篇文章中評述：「胰臟癌高風險者，在其飲食裡添加鎂補充劑，在預防這種疾病上或許能帶來益處。」

- 位於東京的日本國家癌症研究中心發現，鎂能降低男性的結腸癌風險，但令人訝異的是，這種益處並未擴及女性。這是一項很龐大的研究，包含4萬830名男性和4萬6287名女性（平均年齡五十七歲），追蹤研究八年。以男性而言，每天從飲食中至少攝取327毫克的鎂，比起攝取量少的人，可以降低52％的結腸癌風險（膳食攝取量的評估依據是食物頻率問卷）。在女性中缺乏相關性的原因，我唯一能做的解釋是，因為要製造和處理荷爾蒙，所以她們對鎂的需求更高，也許要超過327毫克才能達到預防癌症的效果。

- 有整合分析證實，從膳食中攝取較多的鎂，能有效降低結直腸

癌。庫諾（Kuno）及其同僚的研究揭露了以下這個機制：在大鼠身上，鎂靠著調節結直腸癌細胞的增殖活性和染色體不穩定性，來抑制與發炎有關的結腸癌。研究人員建議成立一些臨床試驗，讓有結直腸癌風險的結腸炎患者服用鎂劑，他們預料結果將證明鎂能預防癌症的形成。

• 一組1170名罹患乳癌的女性，在確診後被追蹤八十七・四個月。研究發現，從膳食中攝取較多的鎂，與各種原因的死亡風險有著反向的關係。那表示，攝取的鎂愈多，死亡的風險就愈低。研究人員推論，「光靠攝取鎂，或許就能改善罹患乳癌後的整體存活率，而在有高鈣鎂攝取比率的個體上，這種關係更為強烈。」那表示，鈣鎂比愈高，你的存活率就愈糟。

　　雖然研究人員證實了鎂缺乏症是與老化、焦慮、關節炎、腦性麻痺、憂鬱、糖尿病、經痛、頭部外傷、心臟病、高膽固醇、高血壓、失眠、腎臟病、停經、肥胖、多囊性卵巢症候群、不孕、骨質疏鬆症、疼痛、子癲前症、懷孕、中風和X症候群有關的促發因子（而增加鎂是治療因子），許多研究人員相信——就跟我一樣——鎂在慢性疲勞症候群、纖維肌痛症和環境疾病中也扮演了重要的角色。另外，也有研究人員說，還需要做更多的研究才能確實證明鎂缺乏症是促成的因素。我認為這些疾病絕大部分都缺乏研究資金，因為它們被稱為身心失調症已經有數十年的

時間了。我也要說，鎂補充劑是安全的，人們可以用自己的身體來做臨床研究，不用等科學追趕上現實。

鎂蛋白編碼基因

在人類基因被解碼之後，用來定義所有人類蛋白質的人類蛋白質體研究，便成為下一個要探索的領域。2012年，這項研究促成「人類鎂蛋白編碼基因」的發現，鎂蛋白編碼基因是含有數個鎂離子結合位點的一組人類蛋白質。利用創新的技術，研究人員發現，鎂結合位點在蛋白質中很常見，有助於引導蛋白質結構和功能。

皮歐維森（Piovesan）及其團隊在研究初期指出：「我們目前可以將5％的人類基因組註記為具有結合鎂離子的遺傳性能力。」2012年研究人員發現，研究過的人類基因序列中有27％（1萬3689中的3751）帶有鎂結合位點。這個比例比他們預期中的多太多了。

我不清楚醫學界會怎麼利用這種鎂蛋白編碼基因研究。事實上，自從我在2014年版的《鎂的奇蹟》裡揭露這項研究之後，我就再也沒聽過關於鎂蛋白編碼基因的任何事，我的詢問也沒得到作者的回覆。不過，這個研究已經證明了，鎂在改變人類蛋白質的結構和功能上有著獨特的地位。但願鎂蛋白編碼基因的發現，能對鎂的研究產生一波新的拋磚引玉的效應，並且凸顯出這種調

控礦物質及其在表觀遺傳學上的生物優越性——開啟及關閉基因的因子。鎂蛋白編碼基因研究能幫助我們了解，我們的基因到底為什麼沒有完全在我們身體的掌控之中——它們仰賴礦物質和維他命來改變它們的表現。我熱切期盼，希望這類研究不會因為它無法促成新藥物的發展而遭到放棄。

人類基因體計畫的成立，是為了鑑定人體中所有的基因，並且實現遺傳學家把基因與疾病配對、然後修正基因的夢想。研究學者假定，如果一個人患有某種疾病，也許是基因缺陷的關係，而他們所要做的就是剪掉那個基因或基因的一部分。研究人員很震驚地發現，人體中只有兩萬三千種基因，在之前的許多預測中，他們以為會發現三倍的數量。基因研究中更重要的層面是透過環境對基因的表觀遺傳進行控制，包括環境中的營養素，像是能切換基因開關的鎂。

從前對鎂的看法

對於許多臨床醫生和研究學者已經知道的疾病和鎂之間的關聯，第三部分會提供一個概述。我們許多人並不會只等著這種研究的結果經過一再的「證實」，因為我們每天都看到鎂療法所呈現的有益結果。

但是首先，讓我們先透過羅德爾的眼睛來看鎂，他是《預防》雜誌的創辦人，在1968年寫了《鎂：可能改變你一生的營養

素》，可以在網路上免費取得。羅德爾揭露將鎂用於治療感染、小兒麻痺症、癲癇、酗酒、攝護腺發炎、癌症和關節炎的科學和臨床研究。遺憾的是，這項研究的大部分都已經遺失或被忽視，但是它值得再被提起，才能補充我們已知的，並且刺激更深入的討論，並且為安全又具功效的鎂開啟進一步研究的大門。

　　羅德爾在其書中所提到的對鎂的科學研究，凸顯出傑出的法國外科醫生皮耶·德爾貝的成就。在法國，許多醫生感染到他對鎂的興趣，將他的研究發揚光大。羅德爾列出一長串法國醫生的名單，他們這些年來都證實了德爾貝的發現，並且也有了自己的新發現。德爾貝對鎂的研究始於第一次世界大戰，當時他想找出適合的消毒藥水以用在士兵的傷口上。他發現，氯化鎂在外用時具有神奇的癒療特性。我們會接續德爾貝醫生所留下來的研究，不會讓它被忽略掉。

免疫系統

　　在確認氯化鎂是有效的抗菌劑後，德爾貝醫生開始用狗來測試口服的鎂劑，之後則運用在病人身上，結果發現能大幅提升免疫力。在1915年發表於法國醫藥學院的論文中，德爾貝醫生指出在透過靜脈為狗注射氯化鎂後，會對白血球有顯著的影響。

　　為了了解氯化鎂殺死細菌的能力，德爾貝醫生分析了注射前後的血液，結果發現：「原本的血液中，有五百個白血球細胞，

殺死了兩百四十五個細菌；第二次採樣的五百個白血球細胞，摧毀了六百八十一個細菌。在氯化鎂的影響之下，白血球殺死細菌的能力提高了180％。後來也有許多人進行同樣的實驗，在其中一個實驗中，殺菌的能力增加了129％，在另一個實驗中，則增加了333％。」

小兒麻痺

羅德爾在《鎂：可能改變你一生的營養素》第五章裡敘述過，如何用鎂治療小兒麻痺。

我們很幸運，小兒麻痺不再大肆流行。然而，在1920年代，它是一種很可怕的疾病。德爾貝醫生的追隨者納佛（Neveu）醫生出版了一本小手冊──《利用氯化鎂來治療傳染病：小兒麻痺症》。這本書中提到利用氯化鎂成功地治療了十五位小兒麻痺的病人，納佛醫生非常相信氯化鎂的功效，他建議每個家庭都應該準備一瓶氯化鎂，在喉嚨痛──尤其是伴隨頸部僵硬的情形──出現時，就該立即服用。

納佛醫生建議的配方：將20公克的氯化鎂粉末溶解在1公升的水中飲用。

攝護腺

醫學上似乎對攝護腺肥大（良性攝護腺肥大，BPH）束手無

策，這個問題往往會造成患者夜間頻尿。然而，在1930年時，德爾貝醫生與另一位醫生分別在法國醫療學會發表論文，指出氯化鎂能適當地治療這個問題。

年邁與老化

早期的法國學者似乎相當重視鈣沉澱在體內組織所造成的老化問題。德爾貝醫生觀察的結果發現，隨著年齡增長，體內的鈣會變成鎂的三倍，因此做出結論，認為缺鎂會造成老化。

酗酒

一百多年前，德爾貝醫生在他的研究結果中發現，酗酒問題的元凶是缺鎂。可惜的是，即便醫學研究人員察覺到酗酒與缺鎂之間的關係，目前卻很少有人進行相關研究，更別說是臨床上運用鎂來治療酗酒問題了。

鎂與體味

到目前為止，並沒有任何針對鎂與體味的研究，但是羅德爾卻在自己的書中指出：德爾貝認為體味的產生，來自於一般腸道細菌的不平衡，而鎂多少能修正這點。後來羅德爾收集了去除難聞體味的許多事例，都是用鎂來消除腋下異味、糞便臭味及一般體味。

第 **12** 章

治不好的
痠痛和疲勞？

 關於鎂、慢性疲勞症候群、纖維肌痛症，你應該知
道的事⋯⋯

❶ 慢性疲勞症候群與纖維肌痛症患者往往有缺鎂的情形。

❷ 要治療、改善慢性疲勞症候群與纖維肌痛症，千萬要記住鎂是
療法中不可或缺的一部分。

❸ 鎂能減輕慢性疲勞症候群與纖維肌痛症所造成的疲勞、肌肉疼
痛、對化學物質敏感的問題。

　　過去一百年以來，我們瘋狂地愛上了化學物質、電器用品，以及奇怪科
技的結合。我們大可以說，化學、藥學、科學整體的突飛猛進，均拜二次世
界大戰與航太研究所賜——當時危機重重的待解情勢，讓大眾只能無視潛在
的危機。

　　然而，靜態的生活型態、食用加工食品、環境中潛在的化學物質、汙

染的空氣等，在在使得慢性疲勞症候群與纖維肌痛症患者日益增多。與此同時，鎂和其他營養素卻愈來愈缺乏，以上種種使得我們無法保護身體與腦部不受化學物質的影響。

慢性疲勞症候群 小心礦物質和維他命的內耗

美國國家疾病管理中心在1988年正式承認慢性疲勞症候群（CFS），並且將之定義為疾病。大約在那個時候，我開始從工作中意識到這種疾病，然後與一位免疫學者一起蒐集驗血資料，試圖找出原因。

在慢性疲勞症候群出現的頭幾年，許多醫生都認為那只是心理問題——有些醫生直到現在仍這麼想，因為沒有明確的血液或檢體指標來確認它。慢性疲勞症候群的名稱相當多元，包括人類皰疹病毒第四型、雅痞型流感，在英國也稱為肌痛性腦脊髓炎（認為腦與肌肉都是發炎的地方）。很可惜的是，「慢性疲勞症候群」這個僅在美國流通的名稱，讓大家誤以為那是每個人偶爾都會出現的疲勞情形。慢性疲勞症候群其實對患者的生活影響甚鉅，但這個名稱卻會讓大家忽視它的重要性。

慢性疲勞症候群包括長期頭痛、腺體腫脹、忽冷忽熱、肌肉關節疼痛、肌肉無力、喉嚨痛、肢端麻木與刺痛，平常的症狀則是累到不行、做點小事或運動就筋疲力盡、無法面對壓力，也會有失眠的情形。

有關慢性疲勞症候群的理論很多，但是其中一種發病的原因，很可能是原本存在於體內的人類皰疹病毒第四型再度活躍起來。約90%的人都有這種病毒的抗體——他們在一生中的某個時候已經感染了這種病毒。對大部分的人來說，這種病毒侵入時就像一般感冒或流感一樣，但對某些人來說，初次感染這種病毒時會相當嚴重，會讓他們覺得很疲勞、筋疲力竭，彷彿從未康復過。

當人類皰疹病毒第四型以一種新方式出現感染時，其感染情形最嚴重

者就會比一般人更疲勞，壓力也更大。這種感染的情形似乎演變成長期的問題，原因是**免疫系統不夠強大**，無法消滅這種病毒，或是因為感染者接觸到某種化學物質或汙染物或過敏原，以致<u>損害了他們本身的抵抗力</u>，讓他們必須臣服於疾病的淫威之下。其中一種讓免疫系統壓力變大的情形，就是全面耗盡礦物質和維他命，導致身體無法維持系統的正常功能。

Mg⁺ 慢性疲勞症候群的診斷標準

主要標準

• 新出現的疲勞，導致至少六個月的活動力降低50%。

• 排除其他可能造成疲勞的疾病。

次要標準

• 出現下列十一種症狀中的八種，或者是十一種症狀中的六種再加上三種病徵中的兩種。

　－症狀

　　• 中度發燒。

　　• 反覆出現喉嚨痛。

　　• 淋巴結疼痛。

　　• 肌肉無力。

　　• 肌肉疼痛。

　　• 運動後疲勞感持續相當長的一段時間。

　　• 反覆出現頭痛。

　　• 轉移性的關節疼痛。

　　• 神經或心理上的主訴：對強光敏感、健忘、困惑、無法集中注意力、過度易怒、憂鬱。

　　• 睡眠干擾。

- 突然出現綜合性的症狀。

一病徵

- 低燒。
- 沒有化膿的喉嚨痛。
- 觸診時感覺明顯或疼痛的淋巴結。

累到只能顧好自己的雪莉雅

雪莉雅遇到的情形正好符合慢性疲勞症候群的描述。自從大學時出現過單細胞白血球增多的情形後，她的生活便出現了戲劇性的轉變，變得跟以往完全不同！

單細胞白血球增多讓她的免疫系統與腎上腺素變弱許多。雪莉雅是位老師，常常接觸到細菌，學校只要有任何人感冒或得到流感，她就一定會中標。由於她經常旅行，因此接受了許多疫苗接種，身體也因而變得更為虛弱。有空時，她的興趣是做家具，因此會接觸到保護漆、去漆劑、油漆中的桐油。桐油得自於大戟科植物，會產生佛波酯，這種植物已經被證實是造成慢性疲勞的原因之一。

遠東之旅後，雪莉雅變得愈來愈疲勞，得到流感後甚至拖了一個月才痊癒，她不僅感到頭痛，全身肌肉與關節也痛得不得了。儘管她沒出現細菌感染，醫生卻不斷為她注射抗生素。

最後，她終於不再咳嗽了，胸痛的問題也好了，但仍然會不時的發燒、喉嚨痛與肌肉痠痛，讓她根本沒辦法運動，因為運動完後就得在床上躺好幾天——不管疲累的程度如何。

這種不斷生病的情況讓雪莉雅相當無奈，有時候她甚至覺得自己好像瘋了，她沒辦法專心，記不得東西，或是算不出簡單的數學問

題。她沒辦法教書，累到只能照顧自己。幸好雪莉雅的醫生參與了當地大學的一項研究，目的在於找出可能治療慢性疲勞症候群的藥物。她參與了雙盲實驗，不知道自己正在接受什麼治療。

實驗中的三種藥物為：抗發炎藥物（布洛芬）、抗憂鬱劑（安米替林）、甘胺酸鎂。她每週必須去醫院報到，由護理師評估症狀，進行二十四小時尿液採樣、驗血及填寫問卷。兩週之後，她的許多症狀都減輕了，包括疲勞、肌肉無力與跳動、注意力不集中、易怒等。

在研究結束時，她得知自己接受的治療為每天服用兩次300毫克的鎂——研究開始時，她體內的含鎂量相當低。如果她願意，可以繼續接受這種安全的治療方式。

如今雪莉雅比較有體力好好照顧自己，她能做些運動，去買適當的食物，用新鮮食材做飯。她知道因為服用了鎂，自己正往康復的路上邁進；其他幾個研究也證實了用鎂來治療慢性疲勞症候群的成效。

✦✦ 纖維肌痛症 來自生活毒素和感染

美國風溼病學會直到1990年才確立纖維肌痛症的診斷標準，正式確立這是一種疾病。纖維肌痛症（fibromyalgia）的英文名稱以fibro開頭，代表結締組織，也就是包住肌肉的一層薄組織，而後半的myalgia則表示「肌肉疼痛」的意思。

纖維肌痛症有時候又稱為纖維症，和慢性疲勞症候群很接近，有許多共同症狀，例如讓人受不了的疲勞、肌肉與關節疼痛、神經痛、睡眠問題、焦慮、憂鬱、認知混淆、消化問題等（慢性疲勞症候群患者除了上述症狀，還有輕微發燒、扁桃腺腫大、喉嚨痛，這些都是與纖維肌痛症不同之處）。

不過，就算疾病的名稱已經確立，也不代表醫界已經找出成因，此外，美國風濕病學會也沒有提出可治癒這種疾病的方式。<u>我相信纖維肌痛症的成</u>

因，是來自環境與生活型態所造成的毒素與感染。在一本關於慢性疲勞症候群與纖維肌痛症的書中，有二十六位醫生說明了各自的病例，他們都同意我的看法。

我們從出生開始，便會接觸到各種毒素、化學物質、處方藥物，我們認為安全無虞的物質很可能會破壞免疫系統，並且耗盡體內儲存的養分。許多醫生和我都認為這就是慢性疲勞症候群、纖維肌痛症、環境相關疾病患者不斷增加的原因。我在第十三章會繼續探討環境疾病，但在這章裡，重點會放在纖維肌痛症上。

Mg⁺ 纖維肌痛症的診斷標準

主要標準
- 解剖學上三個不同地方感到廣泛疼痛或僵硬，並且持續三個月以上。
- 肌肉有六個以上的壓痛點。
- 排除其他可能造成相同症狀的疾病。

次要標準
- 疲勞。
- 慢性頭痛。
- 睡眠障礙。
- 神經與心理學症狀陳述。
- 關節腫脹。
- 麻木或刺痛感。
- 腸躁症。
- 和活動、壓力、變天有關的各種症狀。

✦✦ 文明生活導致免疫力損傷

讓我們從頭看一生的歷程，以了解人為何會缺乏營養，以及這如何影響免疫系統。植物生長在缺乏營養與過度使用的土壤裡，再加上酸雨的毒害 (P110)，就會缺乏包含鎂在內的營養素。經由現代加工處理與精製過的食物往往會添加無效的合成維他命來「加強」食物的營養，此外，這類食物多半缺乏礦物質，只有一些鈣或鐵，鎂則是在加工過程中流失最多的礦物質。

雪上加霜 ❶——加工食品加重負擔

營養不良的人體無法妥善處理垃圾食物，因為當中含有數十種化學添加物。人體會把這些添加物當作外來入侵者，必須透過肝臟才能解毒，而過程中的中間代謝物有時甚至比原本的物質更毒，這會讓身體變得過度敏感，免疫系統過度活躍，進而造成自體免疫系統的疾病（如多發性硬化症或類風濕性關節炎等）。當身體在消除這些外來物質的毒性時，會將鎂完全耗盡。

雪上加霜 ❷——藥物的副作用

目前使用中的藥物上千種。米芮德・西立格博士提到，許多藥物副作用也許與鎂缺乏症有關——人體因努力排除這些藥物的毒素而耗盡鎂。

在抗生素問世之後，大家對抗生素抱持著它能治癒所有傳染病的期待，對這些強效藥物的過度使用有逐漸增加的趨勢。事實上，抗生素在殺菌時會把所有的細菌趕盡殺絕——也就是益菌、害菌通殺。消化道中的益菌被消滅後，取而代之的就是酵母菌（白色念珠菌）。在酵母菌的生命週期裡，它總共能製造一百七十八種不同的毒素，而這些毒素對於已經受到重重包圍的免疫系統來說，就是外來的化學物質。

避孕藥使體內的荷爾蒙日益增加，會像甜食一樣餵養體內的酵母菌，而酵母過度增生的結果，便是造成便祕與腹瀉交替出現。在腹瀉時鎂會流失，此外，身體在平衡酸性的汽水與垃圾食物時也會消耗鎂。

酵母菌及其分解後的產物會影響全身，使人產生各種狀況，這些症狀往往會讓大家誤以為是鼻竇、喉嚨、膀胱、陰道感染。在這些症狀出現時，醫生只會開立更多的抗生素，其實都只是治標不治本。酵母菌增生會讓腸道出現小孔，造成腸漏的問題，並讓未完全消化的食物進入血液裡，而這些未消化的食物粒子對身體來說就是異物，免疫系統會因此產生反應來對抗這些物質，結果是，這種食物敏感也許會被誤診為食物過敏。

以下是我們任何人在一生當中可能接觸到的疾病和各種藥物治療的列表，每一種治療方法都可能觸發新的狀況和進一步的藥物介入。

- 白色念珠菌（一種酵母菌）引發的尿布疹，醫生往往會給予可體松乳膏治療，但這麼做只會促進酵母菌增生。
- 兒童出生時即出現的耳道感染，很可能是因為通過母親產道時酵母菌增加所致，大部分的耳道感染均用抗生素治療。
- 耳道感染可能成為慢性病症，需要多重抗生素才能治療，因此會造成腹瀉及腸道酵母菌感染。
- 手術中為了在耳道置入管子所使用的麻醉劑，其實會增加另一種毒素。
- 抗生素很可能造成疝氣。
- 腸躁症造成無法消化牛乳的情形，往往會讓父母不斷更換奶粉配方，導致更多敏感反應。
- 難以消化的豆奶可能造成脹氣與排氣。
- 對食物敏感所引發的濕疹，往往用可體松乳膏來壓制。
- 食物引發的過敏——特別是對酵母、小麥、乳製品過敏，可能都是消化不良造成的。
- 打過敏針或使用抗組織胺、可體松噴劑來治療過敏。
- 治療環境因素造成的過敏時，往往都用含皮質類固醇的吸入劑。
- 反覆的感冒與流感誤用多種抗生素治療。
- 每年接種的流感疫苗中有含汞的防腐劑。

- 想吃甜食的原因很可能是因為酵母菌過度增生，也可能造成或加重兒童的過動情形。
- 治療蛀牙的填充物可能是含汞的合金。有毒的汞蒸氣可能會被人體吸入或吸收，干擾腦部、腎臟、肝臟的酵素。
- 許多青少年長期服用抗生素來治療面皰。
- 許多青少年與青年有單核白血球增生的情形，其中20％的人覺得自己的健康情形就此走下坡。
- 用抗生素治療尿道感染，很可能會造成酵母菌感染。
- 避孕藥會造成慢性陰道酵母菌感染，醫生往往誤用抗生素軟膏來治療。
- 懷孕荷爾蒙會增加陰道酵母菌感染的機會。
- 有幼童的父母往往會長期缺乏睡眠，成為免疫系統壓力的主要來源。
- 在一陣腹瀉（往往是水土不服或食物中毒造成的）之後，往往會出現腸躁症，醫生治療的方式通常是給予抗生素。
- 慢性鼻竇感染（根據梅約診所指出，97％以上都是真菌感染造成的）會在免疫系統低下時發生，醫生往往誤用抗生素進行治療。
- 甲狀腺功能低下常發生，但往往沒被診斷出來，也沒有接受治療。
- 腎上腺疲勞很普遍，起因是來自於以上所有因子的持續性壓力。
- 因感染或手術住院，往往會接受靜脈抗生素注射及其他藥物注射。
- 嚴重的感冒與流感往往會導致支氣管炎與肺炎，治療方式通常都是注射強效抗生素，有愈來愈多的纖維肌痛症患者把他們的症狀歸咎於環丙沙星。
- 出現慢性疲勞症候群與纖維肌痛症時，往往都用抗發炎藥物、安眠藥、抗憂鬱劑來治療。
- 由環境所引發的過敏，對於吸入的物質——例如香水、古龍水、居家用品、殺蟲劑、黴菌——極度敏感。發生這種情形時，往往都是使用皮質類固醇來治療。
- 因為體內的毒素累積與缺乏營養素，因此產生痛經、經期不規則、不孕、嚴重的經前症候群。

- 用一系列合成荷爾蒙藥物來治療不孕症。
- 憂鬱、焦慮、恐慌症發作和心悸是透過抗憂鬱劑和心理療法來治療。
- 用合成荷爾蒙治療停經問題。

以上種種情形發生時都會消耗鎂，導致身體得承擔種種藥物、毒素、各種壓力因子，最終結果看起來就像慢性疲勞症候群。在我的經驗裡，一個患有纖維肌痛症的人，只要服用正確的量和正確形式的鎂，就能減輕至少50％的症狀；另外50％的症狀則與酵母菌增生有關，需要進行酵母排毒療程。

雪上加霜 ❸──化學物質和毒素的刺激

當吸入的化學物質及毒素刺激鼻腔通道的黏膜時，就會發生環境過敏，可能引發氣喘的症狀，此時身體若缺乏鎂，那麼情形就會變得更加嚴重。

藥物、加工食品、感染在體內累積的毒素，很可能會造成憂鬱。一旦腦部缺鎂，就無法保護腦部，只能任由腦部受到阿斯巴甜與味精等化學物質的摧殘。由於沒有任何醫學檢驗能確認化學物質、藥物、加工食品會造成哪些症狀，因此醫生往往會告訴那些身體不適的人，他們的檢驗結果「一切正常」，等於在暗示那些症狀都是他們的心理作用。無法證明他們的病痛實在令人相當沮喪與無奈，也會讓病人的病情惡化。常來找我或透過廣播節目諮詢的慢性病患者中，大部分的人往往<u>因為同樣的病症在一年內看過六至三十位醫生</u>。那些覺得疲勞或憂鬱的患者往往會被轉介到精神科去，有些病人則是因為各種不同的病症就醫，拿到的藥物和補充劑價值多達好幾千元，但往往成效不彰，<u>只是徒增體內累積的毒素而已。</u>

✦ 藥物治標不治本

慢性疲勞症候群與纖維肌痛症的本質相當複雜，即使現在有愈來愈多醫

生了解、並能接受慢性疲勞症候群的存在，但慢性疲勞症候群的研究目標似乎只在尋找單一病因。此外，現有的治療方式往往只是治標而已，風溼科醫生與心理醫生會開立安眠藥來治療失眠；開立抗發炎藥、止痛藥、肌肉鬆弛劑來治療疼痛；開立抗焦慮與抗憂鬱藥物來治療焦慮與憂鬱的問題。看來這些藥物沒一個是有效的，它們肯定不能解決問題。事實上，慢性疲勞症候群患者似乎對藥物很敏感，可能產生許多副作用，包括缺鎂。

沒有人注意到飲食或營養缺乏的問題，忽略了營養不均衡的可能性，例如可能缺鎂，或是一些並存的病因——像是酵母菌感染、甲狀腺功能低下、腎上腺疲勞或過敏等原因共同造成的複雜狀況。

他們同時也可能忽略了可能的毒素，使得原本抵抗力不佳的人發生嚴重感染。不過，缺鎂也會使慢性疲勞症候群與纖維肌痛症的情形加劇，因此，增加鎂的攝取量便能讓許多患者康復，更不用說補充鎂也是增強免疫系統與抵抗力的好方法。

✦ 缺鎂讓病人無法多運動

醫生常建議慢性疲勞症候群的患者要多運動，但是對慢性疲勞症候群或纖維肌痛症的患者而言，連最輕量的有氧運動都會讓他們筋疲力盡，這是因為他們體內由鎂驅動、產生能量的功能已經瓦解。沒有鎂為三羧酸循環提供動力，三磷酸腺苷就會被耗盡。

運動還會造成乳酸堆積，但清除乳酸的某種酵素需要鎂，因此，缺鎂的他們運動後只會更加疼痛。此外，身體代謝止痛藥的過程也會消耗鎂，這也說明了為何所有治療慢性疲勞症候群的藥物都成效不彰。

肌肉中乳酸累積所造成的疼痛可用鎂來治療，只要每天服用兩次300毫克的鎂即可。若關節累積了毒素，可能會造成關節炎；如果神經系統因神經毒素而過度敏感，可能會喪失髓鞘，造成多發性硬化的症狀。其實，自體免

疫疾病很可能是因為缺乏鎂等營養素，導致毒素累積加劇所產生的最終結果。醫生指出，自體免疫疾病的定義——「自己對抗自己的疾病」——其實並不正確，應該說是「身體攻擊被毒素與營養缺乏所改變的自己」才對。

纖維肌痛症患者的血清素值往往長期過低，讓他們的痛感增加。酵母菌在腸道內增生，可能減少了腸道中血清素的製造。正如上述所言，腦中血清素製造與吸收的基石就是鎂元素。

壓力和缺鎂的惡性循環

壓力確實會使這兩者愈來愈糟，以致許多醫生把它們叫做身心症。不過，壓力只是全貌的一部分。慢性疲勞症候群與纖維肌痛症的急性期可能由身心壓力所引發，腎上腺素與壓力化學物質的不斷增加，加速了鎂的流失，也可能是造成這兩種病症的原因之一。鎂過低會促進壓力荷爾蒙以不穩定的方式分泌，因此造成壓力變大的反效果，使身體進入另一個惡性循環。

疲勞其實是因為能量不足

腎上腺素因面對壓力而過度分泌的情形，會造成缺鎂，導致缺鎂就無法製造能量的身體系統面臨壓力，並在耗盡能量後感到疲勞；這種疲勞感在服用鎂後通常就能減輕。事實上，在發現大部分患者鎂值過低時，慢性疲勞症候群的研究便有了重大的突破。所有需要鎂才能運作的酵素系統中，最重要的一項功能就是負責產生與儲存能量。

另一種對人體能量製造很重要的營養素是存在於蘋果中的蘋果酸，有人說它或許可用來治療慢性疲勞症候群和纖維肌痛症。蘋果酸在三羧酸循環連鎖反應中製造能量分子三磷酸腺苷的第七個步驟裡表現出很強的活性。在三

羧酸循環的最後幾個步驟裡，琥珀酸（一種二羧酸）被轉換成富馬酸，然後是蘋果酸，最後是丙酮酸。這些化學物質都是基質，而不是像鎂一樣是輔因子，所以有些學者認為：提供身體更多蘋果酸基質也許能製造更多能量。

不過，沒有人知道到底是不是這樣。我所知道的是，幾年前當我服用蘋果酸鎂補充劑時，它讓我產生腹瀉效應，而且我沒發現任何正面的效果。我認為，為生化反應提供額外的基質，可能會提高那個反應對輔因子的需求，所以我對這點非常謹慎。還有，只要有機會我就會提醒大家，三羧酸循環的八個步驟裡有六個都需要以鎂作為輔因子，包括在琥珀酸和蘋果酸之間的步驟。所以我認為，容易吸收的鎂比蘋果酸更重要。

然而，蓋伊·亞伯拉罕醫生在1995年所做的一項研究顯示，以鎂和蘋果酸補充劑治療纖維肌痛症，在一小群患者中具有正面效益。15名纖維肌痛症患者服用鎂（300～600毫克）和蘋果酸（1200～2400毫克）之後，在前四十八小時內感到症狀有所改善。持續服用補充劑八週後，他們肌肉的壓痛和疼痛指數從19.6降到6.5（根據標準醫學評分）。可惜的是，沒有只服用鎂或只服用蘋果酸的對照組，所以我們無從得知改善的真正原因。

現在，我們已經可以從市面上取得蘋果酸鎂補充劑，但是我不認為那個配方裡的鎂足以產生持續性的功效。我會回歸到可靠的證據上：需要達到具療效的量才能改善纖維肌痛症的症狀，而鎂補充劑最好的形式是ReMag，不會引起腹瀉。

✚ 治療慢性疲勞症候群與纖維肌痛症

飲食和營養補充品應該著重在促進免疫系統和消化系統。在我的經驗裡，妥善應付酵母菌增生和鎂缺乏症，可能為慢性疲勞症候群和纖維肌痛症帶來70～80％左右的整體改善，而進一步的改善來自於治療甲狀腺功能低下、腎上腺虛弱、雌激素旺盛和重金屬毒素。

飲食建議

　　當你有慢性健康問題，我對於要吃什麼和不吃什麼，的普遍性建議是：

- 刪除酒精、咖啡、白糖、白麵粉、麩質、油炸食物、反式脂肪酸（存在於人造奶油、烘烤、油炸食品和以部分氫化油製作的加工食品裡）。

- 限制紅肉和乳製品，它們含有會提升體內發炎作用的化學物質。

- 如果你吃動物性蛋白質，要選擇有機的草飼牛、散養雞和雞蛋，還有魚（尤其是野生捕捉的鮭魚）。

- 如果吃蛋奶素，要選擇發酵過的乳製品、去乳糖起司和ReStructure蛋白粉（它沒有酪蛋白，含極低乳糖的乳清蛋白，以及豌豆和米蛋白）。

- 純素蛋白的選擇包括豆類、無麩質穀物、堅果和種籽。

- 吃健康的碳水化合物，像是各種生的、烹調和發酵過的蔬菜，包括黃色蔬菜和綠色葉菜，它們含有抑制發炎作用的物質。一天只能吃2、3片水果，因為果糖會為酵母菌提供養分。葡萄皮（選擇有機葡萄）中含有櫟皮素，能防止組織胺的釋放和抑制發炎生成物。

- 請在飲食裡納入附錄A (P432) 中富含鎂的食物，以及附錄B (P435) 中富含鈣的食物。

- 在脂肪和油的方面，要選用奶油、橄欖油、亞麻籽油、芝麻油和椰子油。

- 增加對魚油、種籽油和堅果油、冷水性魚（鯡魚、沙丁魚、鮭魚）、亞麻籽油和核桃的攝取，以減少發炎。

- 可以嘗試適度的斷食，以減緩發炎：使用乳清、米或豌豆蛋白粉，像是ReStructure，以及蔬菜汁，和／或新鮮的有機果汁，加上膳食纖維，持續三天，然後是連續四天的素食。

- 甩掉每天吃相同食物的習慣。為了消除可能的食物過敏，要避開你喜歡的前三大食物（人類往往渴望他們所敏感的食物）。蛋、貝類和花生通常會造成立即的過敏反應；牛奶、巧克力、小麥、柑橘類和食用色素會引起延緩的食物過敏。

- 在雜貨店裡要仔細檢查商品標籤，在餐廳裡要表明清楚，以避開即使少量都可能觸發過敏的味精、阿斯巴甜和亞硫酸鹽。

營養補充品建議

- **ReMag**：使用以皮米為單位的極微小而穩定的鎂離子，就能達到具療效的量而不產生腹瀉效應。先從每天¼茶匙（75毫克）開始，漸漸增加到每天2〜3茶匙（600〜900毫克）。把ReMag添加到1公升的水中，啜飲一整天，以達到完整的吸收效果。

- **ReMag噴劑**：把ReMag放到噴霧瓶裡。每1滴ReMag含有2.5毫克穩定的鎂離子，所以噴八次＝20毫克＝1毫升。

- **ReMag溶液**：每天於患處使用數次，每1茶匙含有200毫克的ReMag。

- **ReMyte**：以皮米為單位、極微小粒子的十二種礦物質溶液。每次½茶匙，一天三次，或取1½茶匙，和ReMag一起添加到1公升的水裡，啜飲一整天。

- **ReCalcia**：以皮米為單位的穩定鈣離子、硼和釩。如果你從飲食中攝取不到足夠的鈣，就每天服用1〜2茶匙（1茶匙提供300毫克的鈣）。可以和ReMag及ReMyte一起服用。

- **ReAline**：維他命B群加上胺基酸。每天兩次，每次1粒膠囊。它含有食物性B_1和四種甲基化維他命B（B_2、B_6、甲基葉酸和B_{12}），再加上左旋蛋胺酸（穀胱甘肽的前驅物）和左旋牛磺酸（有益於心臟和減重）。

- **複合維他命C**：從食物性來源中攝取，一天兩次，每次200毫克，或是製作你自己的脂質維他命C（參見附錄D的脂質維他命C配方 (P439)）和抗壞血酸，一天兩次，每次1000毫克。

- **維他命D_3**：每天1000國際單位或曬太陽二十分鐘。服用Blue Ice Royal（來自發酵的鱈魚肝油和純奶油油脂），以補充維他命A、D和K_2。每天兩次，每次1粒膠囊。

第13章

遍地皆毒之下
的環境疾病

　　雪莉‧羅傑斯醫生是位家醫科暨過敏氣喘免疫科醫生，也是環境醫學醫生、美國營養學會的會員。在將近四十年的執業生涯中，她治療過許多來自世界各地的病患，這些人往往因為環境而中毒，或是對化學物質敏感，也就是多重化學物質敏感，因為有這種情形的人往往會對數種化學物質敏感。

　　羅傑斯醫生的其中一個座右銘就是——**對化學物質敏感的根本或部分原因，就是缺鎂。**過去幾十年來，她已經替相當多的人做過檢驗，因此知道這個事實。事實上，她在醫界頗負盛名的原因之一，就是因為她用鎂治療她所有的病人。

羅傑斯醫生指出，環境衛生科學教授暨兒童環境衛生哥倫比亞中心主任福瑞德里卡·P·佩雷拉（Frederica P. Perera）博士表示，人體在清除同一種化學物質時，可能使用的方式多達五百種，而造成這些差異的關鍵之一，就是體內鎂值的高低。

慢性疲勞症候群與纖維肌痛症其實都屬於環境疾病。在第十二章裡，我們已提到在有毒環境中如何慢慢造成這些疾病，現在，我們將進一步了解對環境與化學物質敏感的人。

除草劑的逆襲——娜妲莉的案例

娜妲莉有時候會笑臉迎人，但她更常怒氣衝天，這是因為她經歷了「化學物質攻擊的戰爭」。

她在走向家門口的小路時，鄰居除草的化學噴霧劑突然迎面襲來，頓時讓她無法呼吸也說不出話，肺部好似有火在燃燒，頭也像是快爆炸了一樣。

她感到一陣暈眩，腳步踉蹌，正當她想要衝進家中的那一刻，卻倒在地上。幾分鐘之後，她先生看到了她，立刻送她去醫院，但醫院能做的卻相當有限，只是給她氧氣並且叫她休息。

娜妲莉以前是個健康寶寶，個性非常陽光、活躍，整個人常常是快樂的，現在的她卻有慢性疲勞的問題，變得對所有接觸到的化學物質都相當敏感，甚至連看個書報都不行——因為上面充滿油墨的味道，雜誌中的香水試用品更讓她惡夢連連；她只得去找天然的清潔用品和化妝品。

植物種植在腐土裡的也不行，接著，她還開始對羊毛過敏，煮東西得由先生負責，因為她對爐子的瓦斯味很敏感。她能吃的東西愈來愈少，因為會讓她過敏的東西愈來愈多。後來她連講電話都不行，因

為塑膠的聽筒會讓她起疹子，這時的她形同囚犯，只能待在家中，完全和外界隔離。

伊莉莎白一家的裝潢惡夢

家中進行裝潢時，為了隔熱而在牆中灌注了尿素甲醛樹脂，結果害得伊莉莎白、泰德和孩子出現了一些症狀。其實在施工當下，他們就發現有股怪味，但裝潢公司告訴他們不用擔心，那種味道只要幾天就會消失——其實在幾天內消失的是裝潢工人！他們一再打電話去找他，但他就是不肯接電話。

裝潢滿一週，全家人都出現了重感冒的症狀，鼻涕和眼淚流個不停，小孩的皮膚出現紅疹，全家人也都相當敏感、頭痛、疲勞。十天之後，感冒仍舊沒消失，他們只好去看醫生，醫生發現他們的皮膚與鼻腔紅腫敏感，卻沒有感染的跡象，只有扁桃腺腫大的情形，認為他們一定對什麼東西過敏。

他們很清楚是隔熱工程惹的禍，卻無能為力。他們想撐撐看，看化學物質是否會慢慢揮發，但過了一個月之後，中央空調開始輸送暖氣，情形立刻變得更糟，這讓他們對愈來愈多東西過敏，病情也從未好轉。最後，他們決定不計代價把隔熱材質拆了。

伊莉莎白一家的情形終於開始好轉，娜妲莉也是。在熟知環境毒物的醫生協助下，他們花了許多時間、金錢排除身體的毒素並補充營養素，才得以完全康復，方法包括純鹼性的水、新鮮空氣、有機食品、輪替的飲食、烤箱或蒸氣浴治療、維他命與礦物質（包括每天服用300毫克的鎂兩次）、順勢療法、針灸、積極的態度。

其他和娜妲莉、伊莉莎白及泰德有同樣情形的人們，可能就沒這麼幸運了——畢竟他們一開始就知道傷害自己的物質是什麼，但那些慢慢對環境毒素產生過敏或敏感反應的人，卻往往在發生氣喘、濕疹、癌症之前都不知道致病的原因。接下來，我要檢視整個含有化學物質的環境，看看它們對我們的健康有何影響，以及如何用鎂等神經保護物質來降低傷害。

✦ 有害化學物質無處不在

在第一版《鎂的奇蹟》裡我報告過，每一項研究都發現，毒性化學物質存在於所有食物、所有水體和人體中。

一項2003年的研究，檢驗了大約2400名美國人血液裡的二十七種化學物質，其含量遠超過安全標準。你可以閱讀美國疾病管制局針對這項報告所做的簡報記錄。可惜的是，相較於日常接觸到的十萬種以上的化學物質，研究中所檢驗的項目數量實在微乎其微。

1993年，美國農業部和美國環境保護局誓言減少化學殺蟲劑的使用。然而，化學殺蟲劑的用量從1992年的40萬5000公噸，增加到2000年的42萬3000公噸，同一時間，耕地總面積卻減少了。最具風險性的殺蟲劑，像是有機磷酸脂和氨基甲酸鹽類，它們是可能的致癌物，在美國農業中仍然占了殺蟲劑的40％以上。

用來評估人類族群中的化學物質的每一套檢驗，都顯示出情況愈來愈糟。最新的檢驗執行於2003～2004年，直到2009年才公布結果。它叫做「美國疾病管制局公布全國第四次人體接觸的環境化學物質報告」，內容包括美國人所接觸的兩百一十二種化學物質的資料，其中有七十五種化學物質是第一次被列在測定項目裡。

你可以在美國疾管局的官網（CDC.gov/ExposureReport）上取得2009年的報告，裡頭有2021年更新的表格，但沒有新的報告。2009年的報告很繁

浩，多達一千零九十五頁。這篇報告的篇幅和內容提醒了我，美國疾病管制局只對報告資料有興趣，並沒有提供解決之道。

在你讀過「第四次報告」之後，你必須耐心地等待「第五次報告」，它還沒有發表，但是它一定會告訴你同樣的事情——**我們被環境毒害得愈來愈厲害。**

這些有毒廢棄物是打哪兒來的呢？根據德州自然資源保護委員會的資料，一個美國家庭每年平均產生約6.8～9.9公斤的危險廢棄物。該政府機關報告說：「我們家中的廚房、浴室、車庫和地下室裡，含有平均約11～30公升的危險物質。」

我們家庭環境中所有的這些化學物質，會造成什麼樣的後果呢？

在一項加州的研究裡，研究人員指出，對一種或多種常見化學物質敏感的人，數量「驚人得多」。超過6％的受試者報告說，他們被診斷出對多種化學物質敏感或罹患環境疾病，有將近16％的人報告說對日常化學物質過敏或嚴重敏感。

山謬‧艾帕斯坦醫生（Dr. Samuel Epstein）同時也是伊利諾大學芝加哥分校公共衛生學院的環境及職業健康榮譽退休教授，在空氣、水和工作場所之環境汙染的毒性及致癌效應的領域上，他是國際公認的權威。他的研究是禁用DDT及存在於消費性產品——食物、化妝品和生活用品——中的其他問題成分和致汙染物的關鍵。

某次，他在由加拿大衛生部贊助的一場癌症會議中發表專題演講，他指出，現在我們所有人的細胞裡都帶有**超過五百種不同的化學化合物**，這些化合物在1920年以前是統統不存在的，而且「它們根本沒有所謂的安全劑量」。由於這項資訊，相關活動人士要求多使用化學物質以外的安全替代品，但是政府和企業仍然沒有聽進去。

化學物質可能破壞或癱瘓保護我們免於外在毒素傷害的各種酵素，因此，接觸化學物質會使身體失去保護力，正好將我們暴露在它們所帶來的危險之中。

鎂能預防重金屬中毒

汞透過工業暴露並遍布在我們的環境中，但是北美居民所接觸到的純汞，主要來源是從汞合金裡釋放出來的汞蒸汽。這些合金有50%為汞，在你每次咀嚼、刷牙、吃過熱過酸的食物時，會揮發成蒸氣進入細胞。<u>口腔中合金的數量與人體細胞中（包括腦部）的汞含量有正相關。</u>

汞會使腎臟大量排出鈣和鎂，而這很可能就是汞中毒傷害腎臟的原因。鎂的流失會讓細胞的製造、儲存、利用能量的功能受損，也會傷害細胞修補與複製的功能。補充足量的鎂不僅可以修復這些傷害，也能預防某些重金屬中毒。

胎兒若在母親懷孕時長期接觸到汞，即使濃度很低，也會產生無法挽回的傷害。在懷孕期間，胎盤和胚胎組織的含鎂量在正常情況下必定會增加，很可惜的是，鎂的需求量往往大於供給量，因此只要有任何讓鎂值降低的因素——例如汞的存在，都會使未出生的孩子暴露在危險之中。

鉛和鎘的毒性會累積，對腎臟與心臟所造成的影響尤其嚴重。鎂似乎能抑制這兩種金屬汙染物進入人體各處，在對付合併中毒時更是有效。南斯拉夫的研究團隊發現，**增加鎂的攝取量能讓人體透過尿液排出鉛**，並以同樣的方式排出其他的重金屬。在實驗室中，他們發現鎂能讓尿液排出鎘，足夠的鎂也能預防鋁中毒的影響，避免分解儲存的糖分及干擾ATP的製造。如果鎂值過低，這些重金屬會留存在體內，和腎臟與心臟細胞結合，鋁更是會跨過腦部血液的屏障，破壞腦細胞。

治療環境疾病

缺乏礦物質的人，如果服用維他命時沒有同時補充礦物質，就會覺得身體的狀況變糟了，或是在好轉一段時間後又變糟。鎂是製造能量的必需條

件，如果缺乏鎂，身體的某些部位可能會受到維他命補充劑的過度刺激，但同時其他部位卻無法做出反應。因此，如果你患有嚴重的環境疾病，此時很重要的一件事情是，要有一位知識豐富的醫療人員來負責你對補充劑的攝取，並且開始把鎂當作你首要補充的項目之一。

治療環境疾病的方式必須因人而異，此外，由於對抗療法並不承認環境疾病，因此並未訂定治療程序，連現有的有限療程也只使用藥物，而不使用營養素。

環境醫學專家指出，要讓身體累積能量並完全用在排毒上，非得有鎂不可；同時，清除或避免環境毒素也一樣重要，否則就會像以徒手舀水的方式來救沉船一樣難以發揮作用。首先，你必須了解周遭環境中有哪些化學物質，並且對這些物質敬而遠之，再不斷運用天然療法來讓身體淨化。

廉價的乾洗藥劑、牙齒中的水銀填充物、廚房水槽下的清潔用品都會在身體中累積，造成慢性疾病。空氣清淨機、濾水器、有機食品、有機維他命、好吸收的礦物質──用天然物品替代化學物質，才是治療環境疾病的好方式。

飲食、補水與桑拿

治療環境疾病的關鍵，就是盡可能攝取有機、放養、未經加工處理或混合的食物。土壤中的殺蟲劑與家禽、牛隻身上的抗生素會使動物與食用的人類生病。生病的牛隻會被餵以大量的抗生素，而牠們的疾病很可能與低品質的飼料、增重藥物及防治害蟲和寄生蟲所噴撒的化學藥劑有關。很可惜的是，有機農場也可能會有酸雨、地下水遭汙染、空氣汙染等問題，這表示我們大家都要主動讓身體排毒，排出這些可能有害的化學物質。

每天請喝等同於二分之一體重的水（此處的體重以磅計算，水則以盎司計，1公斤約2.2磅，1盎司約29.6毫升；一個體重50公斤的人，所需的飲水量為50公斤乘以2.2算出磅數，除以2算出多少盎司，再乘以29.6算出毫升數，約等於1628毫升）。在每1公升飲用水中添加¼茶匙未精製的海鹽、喜馬拉雅山玫瑰鹽或凱爾特海鹽。環境中

可溶於水的化學物質都能透過腎臟與大腸排出體外，如果能喝足量的純水效果會更好。請使用濾孔小於〇‧五微米的濾水器，以確實消除水中的許多化學物質與寄生蟲。

要排除殺蟲劑與除草劑等脂溶性的化學物質（這些化學物質在肝臟中分解的時候會產生更多毒性），就需要使用桑拿療法（透過乾式烤箱或遠紅外線烤箱）。

如果有人對化學物質敏感，那就不建議使用斷食排毒法，因為脂溶性的化學物質會儲存在脂肪細胞，不會在體內循環。在你斷食或節食時，身體儲存的脂肪會分解為能量，釋出化學物質；此時的頭痛、噁心、頭昏眼花並非只是因為缺乏食物，而是因為有毒物質進入血液當中。

在進行斷食時，我曾感受到多年前牙科麻醉劑的味道，以及牙床麻木的感覺。如果你已經覺得不舒服了，斷食和節食只會讓你更加難受。

乾式烤箱

在許多文化中，都會使用烤箱或蒸氣浴來替身體排毒與淨化。許多運動中心與公寓大樓都有蒸氣室和烤箱，也有愈來愈多人在家中自建烤箱。待在低溫至中溫的烤箱裡，是排除殺蟲劑毒性的最佳方式之一，只要讓皮膚這個全身最大的排泄器官排汗，就能釋出毒素與打開毛孔。

接近皮膚的脂肪在加熱後會開始鬆動與分解，並且排出毒素與消除橘皮組織。熱能可以促進新陳代謝、消耗卡路里，讓心臟與循環系統活動，如果你沒力氣運動，這不失為一個好方法。在醫學上，大家都知道發燒是身體消除感染與增強免疫系統的方式，因此替代療法會交替使用發燒療法與烤箱療法來排毒。烤箱內適中的溫度有助於舒緩肌肉疼痛與鼻塞，我在當實習醫生時，就是靠固定使用醫護宿舍裡的烤箱來降低日常壓力。

遠紅外線烤箱

遠紅外線烤箱既不昂貴又方便有效。排毒專家雪莉‧羅傑斯醫生指出，

<u>遠紅外線已證實能有效消除環境毒素</u>，並建議每個人都應該使用。市面上販售著各種個人或多人烤箱。

遠紅外線能加溫，使體溫升高，卻不會過分加熱周圍的空氣。使用個人烤箱的好處是你能讓頭露在烤箱外，讓你覺得比較舒服，也比較沒有壓迫感。在進入烤箱的幾分鐘後，你就會開始流汗，這時你可以在烤箱中待上三十至六十分鐘。透過流汗就能排除體內數百種毒素，烤箱的溫度也能造成輕微的「熱休克」，研究人員把它視為一種刺激作用，可使身體細胞變得更有效率。

流汗是桑拿浴產生功效的表面跡象，那表示身體正透過排汗來散熱，但事實上不只如此，若再進一步研究烤箱療法，就會發現這是一種重要的治療方式。

營養補充品建議

如果你罹患了環境疾病，會覺得自己似乎對所有東西都敏感或過敏，所以在提到服用營養補充品時，你一定會覺得身體可能無法接受，其實，你過敏的原因很可能是因為你<u>缺乏所有的營養素</u>，而非你會對某種營養補充品過敏。事實上，在你服用補充品之後，身體會加快新陳代謝、排出廢棄物，讓你覺得噁心或頭痛，而這也正是為什麼<u>在服用營養補充品之前，你應該攝取有機飲食、做桑拿浴、做運動</u>的原因，我們甚至可以說，就算是這些措施，也可能引發排毒症狀。

對於環境疾病患者來說，首先必須服用的營養補充品就是鎂。

- 想用安全的方式循序漸進，你可以洗鎂鹽浴，或是使用透過皮膚吸收的鎂油（利用噴霧瓶）。
- 之後，你可以從¼茶匙（75毫克）的ReMag或檸檬酸鎂裡所含100毫克的鎂開始，每三天增加一些用量。如果檸檬酸鎂會造成稀便，那就只服用不會造成腹瀉的ReMag。

• 其次要補充的是「綠色飲料」。綠色飲料由各種有機的海陸蔬菜製成，較優質的會以甜菊調味，或者不添加任何調味劑。綠色飲料可以結合乳清、米或豌豆蛋白（或是已經含有這三者的ReStructure），做成優質的排毒飲品，與代餐一起使用。

現在你應該覺得好多了，而且可以添加多一點的補充劑來增強你的免疫系統，並且為健康提供必要的構材。但是，請在知識豐富的醫療人員的指導下進行。在ReMag之後，我推薦添加的補充劑是ReMyte（一種綜合礦物質補充劑）和ReAline（一種溫和的排毒劑）。

環境疾病患者並不需要高劑量的補充劑。事實上，由於大多數的綜合維他命和礦物質都是合成的，所以，使用弱效型、好吸收的礦物質和來自於有機食物的維他命會是更好的方法。

第 **14** 章
彷彿被掐住般
的呼吸困難

Mg⁺ 關於鎂和氣喘，你應該知道的事⋯⋯

❶ 研究顯示，許多氣喘與其他支氣管疾病患者的鎂值都過低。

❷ 許多用於治療氣喘的藥物會讓體內的鎂流失，而使病情惡化。

❸ 許多僅補充鎂的病患表示，他們的症狀改善了許多。

吸劑也救不了傑瑞

傑瑞小時候有濕疹的問題，不管擦哪種藥膏或乳液都沒用。在許多年之後，最後一片濕疹自動消失了，但不久之後，他出現了生平第一次的氣喘發作。到了三十多歲，傑瑞運動時，或者周遭有貓、狗、馬、灰塵、花、化學物質的味道時，他就會喘不過氣或狂咳。

醫生開給他的各種吸劑一開始都還算有效，但一、兩年後就失效

了。他對以下兩種吸劑都不滿意，其中一種會讓他心悸，另一種則含有類固醇，會讓他體重增加和水腫。之後有一天，他在信箱收到了一份維他命通訊，本來差點要拿去扔掉，後來仔細一看，標題寫著：鎂能停止氣喘痙攣。

✦ 氣喘 **鎂是天然的氣管擴張劑**

氣喘的主要症狀是支氣管痙攣、肺部黏膜細胞腫脹、產生過多黏液、肺部無法完全排出氣體。氣喘患者雖占總人口的3％，但多半為十歲以下的兒童，男童的比例為成年男性的兩倍。要列出所有的過敏原實在是項浩大工程，因為種類不勝枚舉，包括肺部感染、運動、情緒變化、食物過敏、吸入冷空氣或有特殊味道的物質（煙、瓦斯味、油漆味、化學物質的味道）、接觸到特殊的過敏原（如花粉等）。

無論是外因性氣喘（對黴菌、灰塵、動物毛髮、花粉、化學物質過敏的反應），還是內因性氣喘（因為運動、感染、情緒激動），都會發生支氣管痙攣的情形。

引發過敏的過敏原會讓身體釋出組織胺，目的在於刺激黏膜分泌以包圍過敏原，並經由打噴涕、咳嗽、流淚等方式排出體外。分泌太多組織胺會讓支氣管緊縮，並且發生痙攣，造成間歇性的哮喘、咳嗽、呼吸短促，最後會出現呼吸急促、吐氣困難、焦慮、脫水的情形。擔心氣喘發作往往會讓人心生恐懼，造成全身緊繃，難以放鬆。支氣管痙攣在鎂缺乏症的患者身上會更嚴重，因為沒有足夠的鎂可用來放鬆支氣管壁上的平滑肌。

組織胺不是只對支氣管組織產生作用而已。目前看來，肥大細胞（製造組織胺的東西）的數量會增加，然後組織胺在缺鎂期間會升高。所以你愈缺鎂，你就愈可能產生過敏反應。身體裡的抗組織胺酵素通常會控制組織胺的過度生產，然而，它們需要鎂、銅和維他命B_6才能發揮正常功能。

缺鎂會讓氣喘變成慢性問題

通訊中提到氣喘與鎂的內容，這讓傑瑞相當贊同。他發現自己全身緊繃，於是便決定要在醫生的指示下服用一些鎂的營養補充品，而在服用了之後，他的用藥量就大幅降低了。在文章中他繼續讀到，許多氣喘吸入劑都是氟化合物，而氟會與鎂結合，讓身體無法使用鎂。現在傑瑞比以往更堅信，應該用鎂來對付他的症狀。

鎂是治療氣喘的良藥，因為鎂是支氣管擴張劑，也是抗組織胺劑，自然會減少體內組織胺的量。它對氣喘發作時產生痙攣的支氣管肌肉有鎮定和擴張作用，事實上，它能鎮定整個人體。當然，治療氣喘的藥往往能救命，卻無法讓你痊癒，假如長期使用，副作用會累積得愈來愈嚴重。

你必須根除氣喘的肇因，並且服用鎂來代替原本的藥物，才能讓氣喘痊癒。如果缺鎂，氣喘就會變成慢性問題，在過敏原無法根除時更是如此，就連對氣喘發作的恐懼都會影響情緒，使病情加重。幾十年來，醫生替病人施打過敏針，目的在於引導身體接受過敏原，卻始終成效不彰，如果病人本身缺乏營養，更是發揮不了效果。

氣喘藥會消耗鎂

西立格醫生指出，治療氣喘的藥物包含了消耗鎂的成分，例如 β-阻斷劑、皮質類固醇、泛得林噴霧劑（沙丁胺醇）等。這些藥物的副作用之一就是導致嚴重缺鎂，可能引發心律不整與猝死。服用茶鹼（胺非林錠）會使鎂流失，並抑制維他命B_6的活性，而維他命B_6能輔助鎂發揮功能；去氫皮質素會浪費鎂，造成鈉與體液滯留，不僅會抑制維他命D的活性，還會增加排尿次數，讓鋅、維他命K、維他命C被排出體外；氣喘吸入劑Advair是一種氟化藥物，可能與鎂產生不可逆的結合。

鎂搭配藥物治療兒童氣喘

兒童時期的氣喘很可能會造成生命危險，但目前已有安全的治療方式，

並且可和藥物一併使用。歐洲的一項研究指出，給予一群在常規藥物治療下病情惡化的兒童靜脈注射的硫酸鎂。相較於給予安慰劑的對照組，給予鎂的那一組出現了大幅改善，不僅臨床氣喘量表的分數較低，在九十分鐘內的肺部功能也大幅提升。此外，並沒有出現嚴重的副作用。

　　布朗大學醫學院的小兒科醫生莉蒂雅・西雅拉羅（Lydia Ciarallo）治療了31位年齡介於六至十二歲的兒童，這些人對傳統療法的反應愈來愈差。在實驗中，透過靜脈注射給予其中一組硫酸鎂，另一組則注射生理食鹽水，五十分鐘後，注射鎂的那組肺部功能有了明顯的改善，也有較多人離開急診室，同時也不再需要住院。

鎂的數種治喘作用

　　一項臨床試驗證明了細胞內的鎂與呼吸道痙攣有關，研究者發現細胞中鎂值較低的患者，發生支氣管痙攣的機會就會增加。這個研究結果不但證實了鎂能讓支氣管擴張，達到治療氣喘的功效，也證實了缺鎂很可能是引發氣喘的原因。

　　有個研究團隊發現缺鎂的情形很普遍，例如在加護病房中，有65％的氣喘患者缺鎂，未住院的氣喘病患則有11％缺鎂，因此他們建議病人服用鎂來避免氣喘發作。這項研究中所使用的血液檢驗方式是血清鎂 (P388)，假如用的是更精準的鎂離子檢驗法 (P387)，氣喘患者的缺鎂比例可能會更高。除了當成抗組織胺劑和支氣管擴張藥，鎂還有好幾種止喘作用。它也可以減少呼吸道發炎，抑制引起痙攣的化學物質，同時增加消炎物質，例如一氧化氮。

　　在同一份研究中也發現，飲食中攝取的鎂量較少，與肺功能損害及支氣管過度活躍有關，這也會增加哮喘的風險。在這個研究中，隨機抽樣研究了2633位十八至七十歲的成年人，透過填寫問卷的方式了解研究對象的鎂攝取量，同時也評估了肺部功能與過敏情形。最後研究人員認為，鎂的攝取量過低很可能會造成氣喘與慢性呼吸道阻塞的問題。

　　在一項非常周密的文獻回顧中，十四項研究裡包含了2313位急性氣喘患

者，他們接受靜脈注射硫酸鎂的治療，結果以列表顯示。作者群指出：「一劑1.2公克或2公克的靜脈注射硫酸鎂，經過十五到三十分鐘就降低了住院率，並且改善急性氣喘成人患者的肺功能，他們原本對氧、霧化的短效型beta2作用劑（氣管擴張劑）和靜脈注射皮質類固醇並沒有產生有效的反應。」由於許多氣喘患者無法取得靜脈注射鎂，請閱讀第十八章裡達納的故事 (P418)，看看以ReMag取代靜脈注射鎂是多麼的簡單和廉價，而且能改善血清鎂的濃度。

改善氣喘
飲食建議

當你有慢性健康問題時，大家眾說紛云，對於要吃什麼和不要吃什麼，總是充滿著矛盾和不精確，而我對飲食的普遍性建議是：

- 刪除酒精、咖啡、白糖、白麵粉、麩質、油炸食物、反式脂肪酸（存在於人造奶油、烘烤、油炸食品和以部分氫化油製作的加工食品裡）。
- 限制紅肉和乳製品，它們含有會提升體內發炎作用的化學物質。
- 如果你吃動物性蛋白質，要選擇有機的草飼牛、散養雞和雞蛋，還有魚（尤其是野生捕捉的鮭魚）。
- 如果吃蛋奶素，要選擇發酵過的乳製品、去乳糖起司和ReStructure蛋白粉（它沒有酪蛋白，含極低乳糖的乳清蛋白，以及豌豆和米蛋白）。
- 純素蛋白的選擇包括豆類、無麩質穀物、堅果和種籽。
- 健康的碳水化合物，如各種生的、烹調和發酵過的蔬菜，包括黃色蔬菜和綠色葉菜，它們含有抑制發炎作用的物質。一天吃2、3片水果就好。葡萄皮（請選擇有機葡萄）中含有槲皮素，能防止組織胺的釋放和抑制發炎生成物。
- 納入附錄A (P432) 中富含鎂的食物，以及附錄B (P435) 中富含鈣的食物。
- 在脂肪和油的方面，要選用奶油、橄欖油、亞麻籽油、芝麻油和椰子油。

- 增加對魚油、種籽油和堅果油、冷水性魚（鯡魚、沙丁魚、鮭魚）、亞麻籽油和核桃的攝取，以減少發炎。
- 可以嘗試適度的斷食，以減緩發炎：使用乳清、米或豌豆蛋白粉，像是ReStructure，以及蔬菜汁，和／或新鮮的有機果汁，加上膳食纖維，持續三天，然後是連續四天的素食。
- 甩掉每天吃相同食物的習慣。為了消除可能的食物過敏，要避開你喜歡的前三大食物（人類往往渴望他們所敏感的食物）。蛋、貝類和花生通常會造成立即的過敏反應；牛奶、巧克力、小麥、柑橘類和食用色素會引起延緩的食物過敏。
- 在雜貨店裡要仔細檢查商品標籤，在餐廳裡要表明清楚，以避開即使少量都可能觸發過敏的味精、阿斯巴甜和亞硫酸鹽。

其他健康措施

- 避開可能引起過敏反應的阿斯匹靈和非類固醇消炎藥物（例如布洛芬）。
- 徹底清除環境過敏原。
- 移除所有的地毯、壁掛和羽毛枕頭。
- 經常更換或清潔冷、暖氣系統的濾網。
- 使用環保的清潔用品。
- 使用抗過敏專用的吸塵器，為你的居家環境好好了解一下有HEPA（高效空氣微粒過濾）濾網的空氣清淨機。
- 由於酵母菌增生可能與氣喘有關，第二章有稍微提到改善的做法 P121。

營養補充品建議

一線治療方案：

- **ReMag**：使用以皮米為單位的極微小而穩定的鎂離子，就能達到具療效的量而不產生腹瀉效應。先從每天¼茶匙（75毫克）開始，漸漸增加到每

天2茶匙（600毫克）。把ReMag添加到1公升的水中，啜飲一整天，以達到完整的吸收效果。

- **ReMyte**：以皮米為單位、極微小粒子的十二種礦物質溶液。每次攝取½茶匙，一天三次，或取1½茶匙，和ReMag一起添加到1公升的水裡，啜飲一整天。

- **ReAline**：維他命B群加上胺基酸。每天兩次，每次1粒膠囊。它含有食物性B_1和四種甲基化維他命B（B_2、B_6、甲基葉酸和B_{12}），再加上左旋蛋胺酸（穀胱甘肽的前驅物）和左旋牛磺酸（有益於心臟和減重）。

- **複合維他命C**：從食物性來源中攝取，一天兩次，每次200毫克，或是製作你自己的脂質維他命C（參見附錄D的脂質維他命C配方 (P439)）和抗壞血酸，一天兩次，每次1000毫克。

　　如果有必要的話，再加上二線治療方案：

- **泛酸**：每天500毫克。
- **維他命E（綜合生育醇）**：每天400毫克。
- **亞麻籽油**：每天1～2大匙（不用的時候要放入冰箱冷藏）。
- **甜菜鹼鹽酸**：用餐時或用餐後服用1、2顆650毫克的膠囊，有助於食物的完整消化。
- **益生菌**：不需處方箋就可以買到，每天1、2顆膠囊，吃東西前或吃東西後三十分鐘服用。

✦✦ 囊腫性纖維化 用鎂療癒使人早逝的罕見疾病

　　一份回顧性文章涵蓋了二十五個鎂和囊腫性纖維化方面的研究，並有了以下的發現：

- 低血鎂症影響了半數以上有重大疾病的囊腫性纖維化患者。
- 囊腫性纖維化患者的血鎂值，隨著年齡增長而降低。
- 用於囊腫性纖維化患者肺部感染的胺醣類抗菌劑，經常引起急性和慢性的腎性失鎂。
- 囊腫性纖維化患者汗液中的鎂值是正確的。
- 有限的資料指出，囊腫性纖維化患者有腸道內鎂失衡的情況存在。
- 觀察結果指出，鎂補充劑也許能促進呼吸肌肉的力量和黏液活性。

研究的結論是：「這種陽離子補充劑的潛力，值得更多的關注。」就我來說，不只是鎂值得更多關注，囊腫性纖維化患者也值得以具療效劑量的鎂來治療。

Mg⁺ 關於囊腫性纖維化

這是一種遺傳性疾病，主要是外分泌腺過度分泌黏液，多且濃稠，最常影響到肺臟和呼吸道的健康，如呼吸道阻塞、反覆感染、鼻竇炎、肺炎、肺部感染，嚴重者會出現氣胸或支氣管擴張症——患者經常死於肺部疾病。此外，胰臟、肝臟、腎臟和腸道也可能出現症狀，基本上會有全身性的影響；1987年美國囊腫性纖維化學會報告認為，病人存活時間的中間值為二十八歲。

第 **15** 章

病人家人都
痛苦的老化問題

Mg⁺ 關於鎂和老化，你應該知道的事……

❶ 年齡增長就是缺鎂的風險因子。隨著年齡增長，我們變得愈來
　愈容易缺鎂，因此需要在飲食中多攝取鎂，並且額外補充鎂。
❷ 有阿茲海默症與帕金森氏症的人體內都缺鎂。
❸ 鎂能保護老化的決定因子——端粒。

　　三百年前，大家的壽命還沒有今天長，那是因為當時他們生活的環境並
不衛生，只要發生小擦傷或割傷，便很可能演變成致命傷，就連泡澡也可能
成為致命的問題。肺結核在極度封閉的街區間傳播，環境缺乏日照又潮濕，
飲食也缺乏新鮮蔬菜，因此一旦流行起來，就會讓許多人在壯年時撒手人
寰。就算他們能夠活得比較久，也很可能因為在室內使用爐火時缺乏良好的
通風，因而出現慢性支氣管炎和肺氣腫的問題。

　　世界各地的衛生狀況進步了之後，傳染性疾病便開始減少，當時的土壤

依然肥沃，植物也依舊能吸收重要的養分。農莊裡的動物吃了這些植物後，人類只要食用這些新鮮的肉類或農產品，就能充分地吸收到養分。

　　然而，在工業革命後，卻出現了傷害健康的新問題，林立的工廠排放煙霧與化學毒物，大規模農耕的方式必須噴灑殺蟲劑、除草劑、氮肥，因而毒害了土壤，讓土壤變得毫無生氣。

✦ 缺鎂是老化的第一步

　　我們可能以為，隨著藥物及醫療進步，在這個世紀會過得比較好，但事實並非如此，這些技術很可能會毒害我們的健康，因為我們缺乏基本的營養，又活在一個充滿汙染的世界裡，雨後春筍般的抗老化藥物與高劑量維他命並無法延年益壽──良好的飲食才能提供具有療效的營養素，規律運動、擁有開放且樂觀的態度才是長壽的真正關鍵。

老化就等於鈣化

　　在工業社會裡，老化往往與日益流行的高血壓、心臟病、胰島素敏感度降低、第二型糖尿病有關。

　　整體而言，老化也代表鈣離子與鎂離子濃度的改變，這種現象和在高血壓及糖尿病患者身上觀察到的幾乎沒有分別。在第三部的引言中，我曾經提過法國鎂專家──德爾貝醫生，他在1900年代初期執業時，認為老化的原因在於身體組織中的鈣是鎂的三倍之故。他知道當身體組織缺鎂時，鈣就會進入細胞，同時也觀察到過多鈣在睪丸、腦部、其他組織中所造成的毒害。德貝爾醫師早在將近一個世紀以前就下了結論，認為缺鎂扮演了老化的關鍵性角色。

　　在第八章中，我討論過胰島素阻抗及鈣會導致高血壓、心臟病、糖尿病惡化的問題。胰島素阻抗的程度，以及通常被視為「正常」的老化，都是

因為鈣堆積在細胞裡且耗盡了鎂。記住這點之後，本世紀的臨床研究終於承認，這種鈣鎂離子的失衡，很可能就是臨床上老化時高血壓、動脈粥狀硬化、新陳代謝疾病會共存的原因。

動物實驗與流行病學研究都清楚證明，缺鎂和鈣過量很可能增加罹患心血管疾病的風險，也會加速老化。一份針對養老院入住者的研究證實，小腿抽筋與糖尿病是困擾年長者的兩大問題，並且這兩者都與體內的鎂值過低有強烈的關聯。比起其他老人，人瑞（壽命超過百歲者）體內的鎂值較高，鈣則較低。

「聰明藥」如吡拉西坦（piracetam）、奧拉西坦（oxiracetam）、普拉西坦（pramiracetam）和阿尼西坦（aniracetam），被認為可以加強學習能力，促進兩個大腦半球之間的資訊交流，幫助大腦抵抗物理和化學傷害，而且副作用相當少。然而，鎂就符合上述「聰明藥」的所有標準，不貴且<u>沒有副作用</u>。

缺鎂難長壽

1993年，傑出的法籍鎂專家尚‧杜拉赫博士，從現有對鎂和老化的研究裡，歸納出以下七點：

❶ 長期最低限度的缺鎂會減少大鼠的壽命。

❷ 鎂缺乏症透過它對神經肌肉、心血管、內分泌器官、腎臟與骨骼、免疫系統、抗壓系統和抗氧化系統造成的各種影響來加速老化作用。

❸ 在已開發國家的整個人口中，無論何種年齡層，對鎂的攝取都是很微量的，大約4毫克／公斤／天，而維持均衡的最小建議量為6毫克／公斤／天。然而，疾病、殘障、身體或心理的損傷，使老年人暴露在更嚴重的營養缺乏症和更高的需求中。

❹ 七十歲左右的人，對鎂的吸收是三十歲的三分之二。

❺ 鎂缺乏症所引發的各種問題包括：腸道吸收不良；降低骨骼建造和代謝

作用（骨質疏鬆症）；尿失禁增加；慢性壓力；胰島素阻抗所引起的糖尿病，而且鎂會隨著尿液嚴重流失；對腎上腺刺激缺乏反應；藥物造成的營養素流失，尤其是利尿劑；酒精成癮和香菸菸霧。

❻ 老年人的鎂缺乏症症狀，包括大多看似「神經質」的各種中樞神經系統症狀：焦慮、過度情緒化、疲勞、頭痛、失眠、頭暈、頭暈目眩、陣發性緊張、感覺喉嚨裡有異物、呼吸能力減弱。

常見的周邊神經系統問題之徵兆則包括了：四肢有針刺感、痙攣和肌肉疼痛。

功能失調包括：胸痛、呼吸急促、胸部壓迫感、心悸、期外收縮（正常以外的多餘的心肌收縮）、心律不整、雷諾氏症。

自主神經系統失調：這牽涉到交感神經與副交感神經系統，因而引起迅速站起時的低血壓或臨界性高血壓。在年長的患者身上，過度情緒化、顫抖、無力、睡眠障礙、健忘和認知障礙等，是判別鎂缺乏症特別重要的層面。

❼ 口服鎂補充劑的試驗是確認鎂的重要性之最佳診斷工具。

鎂缺乏症的死亡率

《流行病學》雜誌在2006年報告，與鎂濃度最低的組別相較之下，鎂濃度最高的各種類型的癌症和心血管疾病男性患者，其死亡風險減少了40%。一份在2014年發表的研究表明，攝取較多鎂的男性和女性，其所有因素的死亡風險減少了34%。

反向的證明出現於2014年的研究〈內科病房患者的低血鎂症與死亡率的增加有關〉，研究人員指出：「低血鎂症在內科的普及率非常高，它與國人的高死亡率和長期住院有關，它可能是預測發病和死亡的有效工具。雖然目前無法確認它們之間的因果關係，不過測定鎂的低成本和幾乎沒有不舒適感，證明了它適合用於內科住院患者身上的例行測定和替換。」可惜的是，用來測定的方法是極不精確的血清鎂檢驗法。

✛ 缺鎂會加速自由基的生成

自由基是一種不穩定的分子，它是身體正常代謝的產物。當我們細胞內的分子與氧發生反應、引起氧化作用時，自由基便會形成。每一個自由基都有一個落單的電子，而這個電子會試著從別的分子上竊取一個穩定的電子，結果可能會產生有害的影響。自由基的外在來源包括化學物質（殺蟲劑、工業汙染、車輛廢氣、香菸菸霧）、重金屬（牙科用汞合金、鉛、鎘）、大部分的感染（病毒、細菌、寄生蟲、真菌）、X光、酒精、過敏原、壓力，甚至連運動過度也是。

維他命和礦物質是抗氧化物質，例如鎂、硒、維他命C和維他命E，它們能終結自由基。人體內其他的抗氧化物質愈多，就能省下愈多作為抗氧化劑的鎂，然後鎂才能發揮更多其他的功能。這表示，服用抗氧化物質的補充劑能維持體內的鎂濃度，防止鈣值升高，進而防止血管平滑肌痙攣。如果人體得不到足夠的抗氧化物質，過多的自由基會開始損害和破壞正常、健康的細胞。

自由基是代謝作用的必然和正常的產物，但是自由基的產生一旦失控，便是造成退化性疾病的主因，因為自由基可能損害身體的任何結構：蛋白質、酵素、脂肪，甚至是DNA。我們有六十種以上的健康問題都跟自由基有關，包括心臟病、自體免疫系統疾病和癌症。

根據目前的研究，鎂值偏低不僅擴大了自由基所造成的損害，也可能加速自由基的產生。一項利用皮膚細胞培養的研究發現，鎂值偏低會使自由基的數量加倍。此外，在缺鎂環境中成長的細胞，比在正常含鎂量環境中生長的細胞脆弱兩倍，而且更容易受到自由基的傷害。另一項研究顯示，吃低鎂飲食的倉鼠，其紅血球缺鎂，因此較容易受到自由基的傷害。

一項研究發現，鎂值偏低與氧化壓力升高、細胞繁殖降低有關。另一個發現是，在好幾個月的潛伏期之後，缺鎂的人類纖維母細胞所呈現出來的細胞特徵，會是它們年齡的好幾倍。

看起來，鎂值偏低有可能危及細胞膜的完整性，進而損害細胞膜內的重要脂肪層，使細胞膜產生漏洞，讓細胞更容易遭受破壞。這項特殊的發現（顯示鎂缺乏症是細胞膜漏洞或腸漏症的原因之一）極為重要，因為這種類型的破裂對細胞來說非常嚴重，可能引起各種問題，最後呈現在一堆症狀和疾病上，包括老化。

一項2015年針對老化機制的回顧性研究指出，心血管和腦血管疾病的普及會隨著年齡增加而上升，而且老化的分子路徑應該與這些疾病歸類在一起。研究人員把心臟和大腦中的粒線體及胞質溶膠（細胞內的自由流體）中所產生的氧化壓力的升高，界定為幾乎是所有心血管和腦血管疾病的普遍根源。他們發現，有一種特殊的粒線體蛋白質和某一類酵素能調節老化過程、決定許多物種的壽命，而且和心血管疾病有關，於是他們把焦點放在專為心血管和腦血管疾病所做的老化研究中，找出最新的科學進展和可能的全新治療標的。

以這份回顧性研究作為指引，我認為想要減少粒線體、心臟和大腦氧化壓力，以及確保粒線體能有效地發揮功能，最好的方法就是供給身體具療效劑量的鎂。我在本書中提過好幾次，粒線體中三羧酸循環的八個步驟中有六個需要鎂，才能使三磷酸腺苷變成能量分子。在第二章裡，我引用蓋伊·亞伯拉罕醫生的話，他說，為了保護細胞內的流體不充滿鈣，有一種依賴鎂的機制可以把鈣轉入或轉出粒線體。但是，如果沒有足夠的鎂來維持轉入、轉出的作用，鈣只進不出，粒線體便會鈣化，最後導致細胞死亡。這項研究使我不禁懷疑，鈣過多且鎂不足，有沒有可能是近年爆發的粒線體功能障礙的根本原因。

✦ 缺鎂會損傷記憶力

要了解鎂對有形的組織與結構有哪些好處相當容易，只要看看骨骼、蛋

白質，甚至是身體產生的能量就可以了，但要了解鎂對腦部的幫助就沒那麼容易了。然而，麻省理工學院在2004年所進行的研究，卻讓鎂躋身<u>記憶力增強劑</u>之列。

對於學習和記憶來說很重要的特定大腦受體，需仰賴鎂來做調節。研究人員指出，為了維持這些學習和記憶受體的活性，鎂是腦脊髓液中絕對必需的成分。他們用在這種活性、交互作用和可變性的術語是「可塑性」。你或許會覺得有塑料的大腦並非好事，但是大腦中負責短期記憶的區域若失去可塑性，便會造成老年人的健忘。

鎂有助於開啟大腦受體以接收重要資訊，同一時間，也能讓大腦受體忽略背景中的雜訊。麻省理工學院的研究人員對他們的發現感到震撼，並且指出：「一如我們的理論所預測的，提高鎂的濃度和減少背景雜訊後，所造成的可塑性的增加程度，是科學文獻中出現過最大的。」

2011年的研究〈大腦鎂濃度提高對前額葉皮質區下邊緣、外側杏仁核的恐懼制約、恐懼消除和突觸可塑性的影響〉做了以下結論：「大腦鎂濃度提高也許是一種以影響特定區域的方式強化突觸可塑性的創新方法，可以在毋須增加或損害恐懼記憶形成的情況下，增強消除恐懼的功效。」翻譯成人話的意思就是，<u>鎂能降低對恐懼的生理反應</u>，那只會是件好事！

✚ 鎂能治療端粒

什麼是端粒？<u>端粒是染色體中很重要的一部分，影響著我們細胞的老化</u>。端粒是染色體兩端的蓋子，保護染色體不會散開或黏到另一個染色體。它們就像鞋帶末端的塑膠套，或是繩子末端的結，以防止本體散開。還有另外一種比喻：它就像你在縫線末端多縫的幾針，用來防止線頭被扯開。這些額外縫的幾針，代表了多餘的核苷酸序列——DNA的構材。除了保護染色體，它們沒有別的功能。

當前關於老化的研究與端粒可說是密不可分。我們這一代嬰兒潮的人，拚命想找出保持年輕的方法。抗老化研究是一項日進斗金的產業，除了整容和肉毒桿菌，找出保護端粒的方法已經成為長壽研究的終極目標。

鎂與端粒有著密切的關係，這點對你來說應該已經不意外了。但真正令人震驚的是，沒多少研究人員著重於鎂維持端粒不會散開的神奇功能。相反的，他們正在尋找藥物或配製昂貴的營養補充劑來拯救端粒——完全忽略了近在眼前的解決方法。

老化被記錄在我們的DNA裡：年復一年，染色體末端多出來的端粒節層，被消耗掉得愈來愈多，最後只留下暴露出來的染色體。端粒節層能維持基因的穩定，但它會隨著時間流逝而變短，而細胞分裂也會變得愈來愈沒效率，尤其是端粒酶反轉錄酶有缺陷或不能正常運作的時候——不用說，這種酵素所仰賴的礦物質當然是鎂。

亞圖拉夫婦的端粒研究

許多與老化有關的疾病，包括心臟病，都與變短的端粒有關；心臟病往往是鎂缺乏症的產物。兩位優異的鎂研究學者，為本書寫序的柏頓和貝拉・亞圖拉博士，已經發表過一千篇以上的科學文章，其中大部分是關於鎂的。2014年，亞圖拉夫婦參與了一項與鎂和端粒酶有關的開創性研究。

請上網搜尋「Short-Term Magnesium Deficiency Downregulates Telomerase, Upregulates Neutral Sphingomyelinase and Induces Oxidative DNA Damage in Cardiovascular Tissues: Relevance to Atherogenesis, Cardiovascular Disease and Aging」（短期鎂缺乏症下調端粒、上調中性神經磷質水解酶，並且引起心血管組織的氧化DNA損傷：與動脈粥狀硬化、心血管疾病和老化相關），並且在網路上閱讀全文。文章中，亞圖拉夫婦回顧他們二十五年來已經預見的現今研究，並進行學術探究。該文章討論的部分特別重要，指出端粒如何受到一堆環境因素的傷害，以及如何使用具有療效劑量的鎂來治療和預防這種傷害。

　　這篇文章有一百四十二篇參考文獻的支持，而且精采得讓我興奮到想引用每個字供讀者們閱覽。不過，我會試著把亞圖拉夫婦這項優秀的成就做成概述。

　　首先，請讓我報告這項研究的發現，然後提出文章的摘錄。

　　在這項動物研究中，研究人員拿健康的大鼠來檢驗其鎂濃度。他們把大鼠分為兩組，其中一組吃有標準含鎂量的大鼠飼料，另一組吃低於標準含鎂量的大鼠飼料。經過二十一天後，低鎂組的端粒酶濃度大幅下降了70～88％；在心臟細胞中測量的端粒酶濃度也有類似程度的減少；自由基所造成的DNA損傷標記增加，自由基使端粒變短了。

　　文章標題中的「短期」所指的是，它只用了二十一天就觀察到這麼大規模的損傷。在我的臨床經驗裡，因鎂缺乏症症狀而找上我的大多數人，都經歷了鎂缺乏症好幾年、甚至數十年的折磨。

　　亞圖拉夫婦在他們的結論中說道：「我們相信以目前的報告及我們實驗室近期發表的研究觀點來看，長期的鎂缺乏症應該被歸類為另一種表觀遺傳機制。」他們之所以提到表觀遺傳機制，是因為端粒酶不僅受到我們基因和染色體中遺傳因素的影響，也會受到外在「開關」的影響，這個外在的開關就是鎂。

　　表觀遺傳學是細胞或基因變異的研究，這些變異來自於開啟或終結基因、並且影響細胞表現基因的外在或環境因素。好消息是，鎂有能力正向影響我們的基因，並且將端粒保持在它們原本的地方，即染色體末端。

　　以下對亞圖拉夫婦研究報告的回顧，也許聽起來很複雜、很難懂，但是，我希望你能了解，鎂在所有組織、所有細胞、我們所有的粒線體、RNA及DNA製造上的神奇價值。除此之外，以下內容也是鎂的各方面研究的總整理。

老化與鎂缺乏症

　　年過六十五歲後許多人的代謝會減緩，這已經是常識了，隨之出現的問

題有動脈粥狀硬化、高血壓、心血管疾病和第二型糖尿病，最後以鬱血性心臟衰竭告終。

老化的所有促發因子，不論在臨床上和實驗室裡，都與鎂缺乏症有關。以下是作者們在進行觀察之後所做出的極重要意見：「老化的過程，也與所有存在於缺鎂動物、組織和不同細胞類型的組織和細胞中促發炎因子濃度的增加有關。」

氧化壓力、端粒酶和心臟

心血管組織和DNA中出現某些氧化壓力標記，並伴隨著鎂離子濃度的降低。這表示，缺鎂可能導致多種細胞株的基因體的各種變異。亞圖拉夫婦的研究顯示，缺鎂會將端粒的末端削薄，這個作用等同於老化和心血管變化，包括高血壓、射血分率降低和心臟衰竭。

鎂缺乏症與血管內皮損傷

1980年代末期，亞圖拉夫婦的研究證實了鎂缺乏症會造成血管內皮的變化。亞圖拉夫婦說，鎂在控制微循環和動脈壁的脂肪建造上有其重要性，但仍然被下一世代的研究學者忽視。

鎂缺乏症與慢性壓力

最近的研究證實，短期缺鎂會大幅減少心臟細胞內的穀胱甘肽，並降低細胞中保護DNA的一氧化氮合成酶的活性。這些發現支持了一個理論：鎂缺乏症可能導致許多類型細胞的突變。

鎂缺乏症與心臟衰竭

所有到目前為止的研究——無論是實驗室或臨床上的——都已經證實了，鬱血性心臟衰竭是七十五到八十五歲這個年紀的人在缺鎂狀態下無可避免的結果。

鎂與心臟的細胞信號

在1990年代中期，亞圖拉夫婦發展出一個理論：鎂離子可以作為心血管疾病病理上的細胞外信號。現在總共有四十二項研究支持這個理論。鎂在許多方面都扮演著關鍵性的角色：調節心臟血液流動；血管張力和反應性；內皮功能；碳水化合物、核苷酸和脂質代謝；預防自由基的形成；維持基因體的穩定性。

另外有十七項研究發現鎂在以下各方面的重要性：控制平滑肌細胞、內皮細胞與心肌細胞中的鈣攝取、次細胞內容物和次細胞的分布。

鎂缺乏症與遺傳毒性

總結鎂在我們基因中所扮演的角色，亞圖拉夫婦指出，鎂缺乏症可能引發細胞週期停滯（和衰老），可能觸發細胞凋亡，而且與DNA損傷（遺傳毒性事件）有關。

這些與缺鎂有關的變化，可能發生於好幾種類型的細胞，其中包括心臟和血管平滑肌細胞。值得注意的是，高血壓病患動脈壁上的動脈粥狀硬化斑塊顯示出大量的DNA損傷、DNA修復路徑的活化，不僅p53（一種腫瘤抑制蛋白）的表現增加，氧化作用、細胞凋亡和神經醯胺（一種蠟脂）的濃度也增加了。

太空中的端粒

發表於2012年〈矯正鎂缺乏症可能延年益壽〉趕上了端粒的潮流，描述了人們在特殊的太空環境中缺鎂時的情況。

以下是這篇文章的摘錄：

> 國際太空站為「微重力中的加速老化過程」這項研究提供了一項豪華設施。加速老化可能是由於鎂離子濃度大幅降低、進而造成兒茶酚胺濃度升高，然後開啟兩者間的惡性循環所引起的。

在幾項大型研究中，美國太空人和俄國太空人的血清鎂因為太空航行而大幅下降。由太空航行所造成的心血管系統功能喪失，其速度是地球上老化過程中心血管系統功能喪失的十倍。

鎂是一種抗氧化劑和鈣離子通道阻斷劑。從有明顯的內皮細胞損傷及粒線體損傷的實驗動物身上發現，太空中存在氧化壓力、胰島素阻抗和發炎情況。

老化作用與端粒的逐漸變短、複製DNA序列有關，也與蓋住和保護染色體末端的蛋白質有關。端粒酶可以將原有的端粒拉長，以維持它的長度和染色體的穩定。端粒酶偏低會提高兒茶酚胺的濃度，而端粒合成對鎂離子的敏感度，主要見於較長的延伸產物。鎂能穩定DNA和促進DNA的複製及轉錄，但鎂偏低時可能會降低DNA的穩定性、蛋白質合成和粒線體功能，並加速細胞衰老。與較短DNA結合的端粒酶是很仰賴鎂的。

接下來要談阿茲海默症與帕金森氏症，把這兩種疾病納入老化這一章，是因為它們常被視為老化的疾病。

有證據指出，鎂缺乏症可能引發阿茲海默症和帕金森氏症，或是使它們惡化。這兩種疾病在神經學上是與心臟病相當的，畢竟，心腦和大腦都是釋出電能的易興奮組織，而且它們都需要鎂。

✦ 阿茲海默症 鎂能減緩鋁對神經元的傷害

在北美洲，六十五歲以上的人約有10%罹患阿茲海默症，八十五歲以上的人則為50%。這種疾病會造成嚴重的記憶力喪失、認知功能受損、無法進行日常生活的活動。

通常來說，必須先排除掉其他腦部問題（如腦瘤、酒精中毒、缺乏維他

命B$_{12}$、維他命和礦物質缺乏症、汞合金中毒、憂鬱、甲狀腺功能低下、帕金森氏症、中風、服用過多處方藥、營養不良、脫水），才能確診為阿茲海默症，然而，事實上，我們只有在解剖時才能真正確診阿茲海默症；因為這時才看得到此病症的主要特徵：神經纖維中出現斑塊與纏結——在大腦皮質層與海馬迴裡的情況尤其嚴重。

細胞分子矯正醫學創立者亞伯拉罕・霍夫醫生與保林醫生共同指出，<u>半數被誤認為是阿茲海默症的病人往往都罹患了可治療的失智症</u>，他們的病因可能是單純的脫水、處方藥物中毒、腦部對食物或化學物質出現嚴重的過敏反應、慢性營養不良；我則會優先考量鎂缺乏症。對抗療法忽略了這些可以治療的原因，只顧著找出「治療」疾病的藥。此外，氯普麻、抗組織胺、巴比妥鹽、精神科藥物、利尿劑等日益增加的項目，都會讓阿茲海默症的病情惡化。

我的困惑是，既然處方藥物中毒也是原因之一，我們為什麼還要使用可能使病情更糟的藥物呢？

化學物質和有毒金屬都與阿茲海默症有關，特別是汞和鋁。肯德基大學的化學系主任波伊德・海利（Boyd Haley）指出了阿茲海默症與汞之間的關聯，他證明了阿茲海默症患者<u>腦部的斑塊與纏結和汞中毒的情形相同</u>。

填補牙齒的合金中可能會釋出汞，接受流感疫苗注射也會接觸到汞（以汞保存），或是經常吃受到汞汙染的魚，這些汞就會進入腦部。不過，<u>當身體中含有足夠的鎂時，就能讓身體排出這些重金屬</u>——連毒性很強的汞也能排出體外。

Mg$^+$ 注意！

有些阿茲海默症的案例非常極端，例如患者的行為可能很暴力，在這種情況下，藥物治療是必要的。

許多美國人因為使用鋁鍋、鋁罐、含鋁的制酸劑及制汗劑、鋁箔、含大量鋁的自來水而接觸到鋁。許多研究已證實，受阿茲海默症影響的腦部神經元含鋁量比正常的還要高。這種損傷是複合性的，因為阿茲海默症患者受損最嚴重的海馬迴裡，含鎂量也相當低。此外，在人體的一些酵素系統中，鋁會取代鎂，干擾酵素的功能並造成傷害，而鋁也可能會取代腦中的鎂，讓神經系統中的鈣通道維持暢通無阻，於是大量的鈣進入細胞，造成特定細胞的死亡。

大氣科學家威廉・葛蘭特對阿茲海默症相當感興趣，因為他們的家族有阿茲海默症病史。

葛蘭特已知阿茲海默症患者腦中的鋁濃度相當高，他把這個資訊與酸雨造成樹中含鋁量過高而早熟的資訊並置，認為阿茲海默症患者的飲食應該極偏酸性，導致身體的鎂與鈣流失。他也發現阿茲海默症患者體內的鋁、鐵、鋅值偏高，用來中和酸性飲食的鹼性金屬鎂、鈣、鉀則偏低。典型的西式飲食含有大量蛋白質、脂肪、糖，它們會產生酸性，很可能是阿茲海默症患者體內鋁值過高的另一項原因。

神經外科醫生羅素・布雷拉克報告說，科學家在研究神經系統疾病高發生率地區的土壤時，他們發現土壤中含鋁量偏高，而且鎂和鈣的含量都偏低，此外疾病受害者的神經元也顯示出高鋁和低鎂的現象。在關島上，土壤中含鎂和含鈣量最低的區域，也是所有神經系統疾病發生率最高的區域。幸好，現在我們已經知道，鎂在保護神經元不受鋁的致命效應上扮演著重要的角色。

有一項研究發表於《鎂的研究》，它用鎂離子檢驗法在輕微到中度阿茲海默症患者身上發現了鎂濃度的改變；類似的研究發現也出現在「生命的人格與整體健康計畫（The Personality & Total Health Through Life，簡稱PATH Through Life）」的一個項目當中，該項目發表了〈飲食礦物質攝取和輕度認知障礙的風險〉。

此外，關於大腦組織解剖研究的一份報告指出：「相較於對照組，阿茲

海默症患者大腦區域裡的鎂值大幅降低。」動物研究顯示，鎂能保護認知功能和突觸可塑性，在治療阿茲海默症上具有正面效果。

帕金森氏症 用鎂保護腦細胞

帕金森氏症是一種漸進式的神經系統疾病，症狀包括明顯的顫抖、肌肉僵硬、動作遲緩、步態異常或行動僵硬；主要影響中年和老年人。它與大腦基底核的退化和缺乏神經傳導物質多巴胺有關。

在統計數據上，估計全世界有700萬到1000萬的人患有帕金森氏症，在五十歲以前被診斷出來的患者只有4％。男性比女性更容易罹患帕金森氏症，機率是一‧五倍。

雖然目前關於鎂和帕金森氏症的人類研究並不多，但是有一大堆的動物研究。

在2015年的回顧性文章〈人體內的鎂：健康和疾病的指標〉當中，作者群指出：「帕金森氏症患者在大腦皮層、白質、基底核和腦幹裡的鎂離子濃度偏低。」據作者表示：「鎂離子攝取長期偏低的大鼠，呈現出多巴胺神經元大量減少的現象。」此外，他們也證實：「在這個實驗模型中，粒線體鎂離子的濃度降低了。」他們根據好幾項其他重大的發現做出結論：「鎂離子補充劑也許有益於帕金森氏症患者。」

有足夠的鎂，鋁就不會被吸收

跟阿茲海默症一樣，鋁可能是帕金森氏症的促發因子。在一項解剖研究中，相較於人類的正常大腦，帕金森氏症患者大腦內的鈣和鋁偏高。

當我聽到和鈣的過多有關時——正如這個研究中的情況——我就知道應該考慮鎂療法了。在另一項研究中，帕金森氏症患者大腦皮層裡的鎂比白質裡的鎂還低。

研究指出，大量且足夠的鎂能保護腦細胞不受鋁、鈹、鎘、鉛、汞和鎳的損害。此外我們也知道，大腦鎂值偏低會使重金屬沉積在大腦裡，進而造成帕金森氏症和阿茲海默症。這樣看起來，當其他的金屬在進入大腦時，就會與鎂產生競爭作用，此時如果大腦中的鎂已經偏低，那麼重金屬便更容易趁隙而入。

重金屬像是鎘、鋁和鉛等，在人體內會依附到某個酵素系統中。當酵素有適當的輔因子時才能發揮功能，尤其是鎂、硒、維他命C、維他命B_6和維他命E。把像鎂之類的礦物質取而代之，會阻礙正常的酵素活動，或是造成異常活動，進而導致細胞死亡。我提過，鎂是人體內八百種酵素系統中的必需營養素，如果身體已經缺乏鎂了，需要鎂但不夠用的酵素系統最容易被重金屬滲透。

在小腸，對礦物質和重金屬的吸收上也有競爭現象。如果有足夠的鎂，小腸就不會吸收鋁。

讓我舉個例子來說明給你了解，當研究人員讓猴子攝取低鈣、低鎂但高鋁的飲食時，牠們的反應就變得冷淡，而且體重開始下降。在顯微鏡下檢查猴子們的脊髓，就會看到前運動細胞（運動中樞）膨脹，以及鈣和鋁堆積在這些細胞裡。

如果你用鋁鍋烹調食物、用含鋁的止汗劑、把食物放在鋁箔紙裡、喝含高鋁的自來水，這些加起來恐怕大大超過你腸道裡的鎂，然後鋁會取代鎂被腸道吸收——這會影響到你大腦裡的含鎂量，而且可能增長與阿茲海默症和帕金森氏症有關的鋁累積。

缺鎂，抗氧化劑穀胱甘肽就偏少

許多報告已將殺蟲劑視為造成帕金森氏症的另一個可能原因，而且帶有最高風險的，其實是暴露在含殺蟲劑的居家環境中。穀胱甘肽是一種在人體所有細胞（包括神經元）裡製造、自然產生的抗氧化劑，它能排除體內某些化學物質和重金屬的毒性。

然而，成長於缺鎂環境中的細胞，它們的穀胱甘肽濃度向來偏低。把自由基加到低鎂細胞的培養基裡，穀胱甘肽的濃度會隨著它的耗盡而迅速下降，使細胞更容易受到自由基的損害。神經外科醫生羅素・布雷拉克告訴我們，在大腦一個叫做黑質的區域裡，細胞的穀胱甘肽下降似乎是帕金森氏症最早期的發現之一。

我用ReAline來支援身體的穀胱甘肽，它含有穀胱甘肽的胺基酸前驅物左旋蛋胺酸，以及四種甲基化維他命B，這些都有助於排除重金屬和化學物質的毒性。

多巴胺的製造需要鎂

《今日心理學》的網站對多巴胺有特別的描寫，內容如下：

> 多巴胺是一種神經傳導物質，有助於控制大腦的獎賞和愉快中樞。多巴胺也有助於調節運動和情緒反應，而且它使我們不僅看到獎勵，也會採取行動去取它。缺乏多巴胺會導致帕金森氏症，多巴胺活性偏低的人可能比較容易成癮。
>
> 特定種類的多巴胺受體也跟尋求感官刺激的人有關，他們比較常被稱為「冒險者」。

多巴胺的製造途徑裡，有好幾個步驟都需要鎂作為必需輔因子。我的建議是，你不用等科學家完成進一步的研究；你現在就能服用鎂，然後做你的個人研究。

失智 光是缺鎂就可能失智

光是鎂的耗盡就可能造成失智症。

已經有好幾項研究都顯示，當情況導致大腦裡鎂值極度偏低時，可能造成嚴重的神經症候群，導致這個情況的一種可能性是長期使用利尿劑，為了控制血壓，美國有數百萬人都在服用這種藥。

這些神經系統的疾病可能是癲癇、譫妄症、昏迷或思覺失調，施用大劑量的靜脈注射鎂後，很快就會得到改善。

身體吸收鎂的能力會隨著年齡上升而下降，所以沒有攝取適當飲食的老年人，其又服用會耗竭體內的鎂的藥物時，特別有風險。

研究顯示，高齡人口平均定期服用六到八種藥物，但是卻沒有研究指出像這樣服用多重藥物會造成什麼缺乏症和副作用，另外還要加上不用處方箋也可以取得的制酸劑（許多老年人用它來壓住不良飲食所引發的症狀）的影響。制酸劑會抑制正常的胃酸，而且可能造成食物的不完全消化，然後導致脹氣、腹脹和便祕。如之前所提過的，另一項隱藏危機是大多數的制酸劑裡都含鋁。

除此之外，阿斯巴甜和味精（麩胺酸）常被當成甘味劑和增味劑使用。隨著味蕾的衰退，老年人會不知不覺喜歡更甜和更辛辣的食物去刺激他們的胃口。然而，阿斯巴甜和味精是神經毒素，而且我們並不知道吃多少才算太多——尤其是對老年人脆弱的大腦來說。因此，為了我們大腦的健康，我的建議是，應該完全避開這兩種東西，因為它們可能造成出現鎂缺乏症症狀的大腦過於興奮。

✦ᵗ 延年益壽這樣做

除了鎂之外，其他護腦和防老的方法

- 只使用過濾水，確認濾器保證書有提到能去除鋁。
- 保持體內足夠的水分。依你體重磅數的一半，喝下相同數量盎司的水。若你的體重是150磅（約68公斤），就每天喝75盎司（約2.2公升）的水。在

每公升的飲用水裡添加¼～½茶匙的未精製海鹽、喜馬拉雅山玫瑰鹽或凱爾特海鹽。

- 檢查標籤，避開含鋁的制酸劑。
- 使用不含鋁的中性止汗劑。
- 避免用鋁鍋烹調。
- 不要喝存放在鋁製容器內的果汁或軟性飲料。
- 去檢查是否有甲狀腺疾病，並且妥善治療。
- 需要的話，可以透過尿液檢驗或毛髮分析來檢查重金屬毒性（鋁、汞、銅、鉛和鐵）。
- 應用溫和的解毒法去排除重金屬毒性。
- 避開汞填充物或請醫療人員用其他東西取代，醫療人員受過訓練，可以將它們安全移除；不當的移除可能使更多的汞被釋放到組織裡。
- 清除掉你家裡和周遭環境裡所有的化學物質。
- 吃有機食物。
- 運動。
- 定期做桑拿。

飲食建議

我對健康和長壽的飲食建議如下：

- 刪除酒精、咖啡、白糖、白麵粉、麩質、油炸食物、反式脂肪酸（存在於人造奶油、烘烤、油炸食品和以部分氫化油製作的加工食品裡）。
- 如果你吃動物性蛋白質，要選擇有機的草飼牛、散養雞和雞蛋，還有魚（尤其是野生捕捉的鮭魚）。
- 如果吃蛋奶素，要選擇發酵過的乳製品、去乳糖起司和ReStructure蛋白粉（它沒有酪蛋白，含極低乳糖的乳清蛋白，以及豌豆和米蛋白）。
- 純素蛋白的選擇包括豆類、無麩質穀物、堅果和種籽。

- 吃健康的碳水化合物，像是各種生的、烹調和發酵過的蔬菜，一天2、3片水果和無麩質穀物。
- 納入附錄A（P432）中富含鎂的食物，以及附錄B（P435）中富含鈣的食物。
- 在脂肪和油的方面，比較建議的選擇是奶油、橄欖油、亞麻籽油、芝麻油和椰子油。
- 具療效的食物包括芫荽、大蒜、洋蔥、海藻和薑，它們有助於結合並排除重金屬。

營養補充品建議

- **ReMag**：使用以皮米為單位的極微小而穩定的鎂離子，就能達到具療效的量而不產生腹瀉效應。先從每天¼茶匙（75毫克）開始，漸漸增加到每天2～3茶匙（600～900毫克）。把ReMag添加到1公升的水中，啜飲一整天，以達到完整的吸收效果。
- **ReMyte**：以皮米為單位、極微小粒子的十二種礦物質溶液。每次½茶匙，一天三次，或取1½茶匙，和ReMag一起添加到1公升的水裡，啜飲一整天。
- **ReCalcia**：以皮米為單位的穩定鈣離子、硼和釩。如果你從飲食中攝取不到足夠的鈣，就每天服用1～2茶匙（1茶匙提供300毫克的鈣）。可以和ReMag及ReMyte一起服用。
- **ReAline**：維他命B群加上胺基酸的膠囊。請每天兩次，每次服用1粒膠囊。它含有食物性維他命B_1和四種甲基化維他命B（B_2、B_6、甲基葉酸和B_{12}），再加上左旋蛋胺酸（穀胱甘肽的前驅物）和左旋牛磺酸（有益於心臟和減重）。
- **維他命E（綜合生育醇）**：每天400毫克。
- **複合維他命C**：從食物性來源中攝取，一天兩次，每次200毫克，或是製作你自己的脂質維他命C（參見附錄D的脂質維他命C配方（P439））。
- **維他命D_3**：每天1000國際單位或曬太陽二十分鐘。服用Blue Ice Royal（來

自發酵的鱈魚肝油和純奶油油脂），以補充維他命A、D和K_2。每天兩次，每次1粒膠囊。

- **銀杏**和**雷公根**是兩種能改善大腦循環的藥草，但是有了上述的營養素後，就不一定需要用到。

第 **4** 部

搶救缺鎂的身體

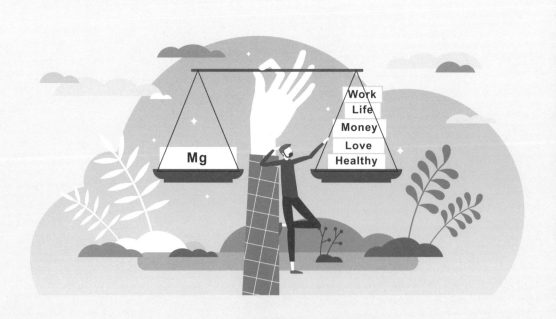

第四部將介紹鎂的需求量、補鎂飲食及鎂的營養補充品，作為實際補鎂計畫的重要參考。

想要確認自己是否缺鎂，有血清鎂檢驗、紅白血球細胞中的含鎂量檢驗、EXA檢驗、鎂挑戰測試、血中鎂離子檢驗等各種方式。對一般大眾而言，要檢驗是否缺鎂，最直接的方法之一就是補充鎂，持續服用鎂一至三個月，然後評估自己的狀況是否有所改善，如果症狀減輕了，便能證明你原本的確有缺乏鎂的情形。

每個人應該補充多少鎂呢？利用以下公式，可計算出適合自己的鎂補充劑量：

無論男性、女性，服用量為6～8毫克／公斤。

以此公式計算出來的數值，包含了你透過飲食和補充品所應攝取的鎂量。

如果想要透過飲食提高體內的鎂含量，可以參考第四三二至四三四頁附錄的常見食物含鎂量清單。要特別注意的是，大規模機械式生產的農作物大多都缺鎂，加工過程中更會導致鎂大量流失，因此，你應該盡可能選擇有機方式生產、少加工、少烹調的食物。

如果想透過營養補充品來補充鎂，請參考第十八章的資訊，當中詳細介紹了各種形式的鎂、比較其優劣。總結來說，人體最

容易吸收的三種鎂依序為皮米鎂、靜脈注射鎂、鎂油，接下來則是甘胺酸鎂、牛磺酸鎂、乳清酸鎂。檸檬酸鎂很接近第五名，而且是口服鎂劑中價格較低的。

　　服用鎂劑可說是相當安全，然而，切記不要一次服用整日所需的鎂量，而是應該分為數次服用，以免造成腹瀉。如果分次使用、甚至減量都無法改善腹瀉的狀況，你也可以選擇以噴鎂油的方式來分攤每日應補足的鎂攝取量。

第 16 章

鎂的需要量
與檢測

你或許曾聽過「犯錯是人性，寬恕是神性」，在醫學界，則應改成「犯
錯是人性，檢驗是神性」。

✦ 鎂的檢驗

我不是實驗室檢驗的狂熱者，因為那些結果是用來與我們不健康人口中
的平均值做比較的，而不是與最佳值做比較，更何況還可能發生錯誤。我一
般都會告訴我的讀者說，實驗室檢驗應該用於證實我們的感覺和直覺，很可
惜的是，醫生往往太相信檢驗，而且只對結果瞥一眼，看看是高於還是低於
正常值。

在談到服用鎂補充劑時，我不認為大多數的人需要檢驗。鎂是極為安
全的，但是當你一次服用太多，或是當你服用好幾個月達到飽和之後，它確
實會產生腹瀉效應。即使是可以被細胞完全吸收的ReMag，達到細胞飽和度
時，你還是會腹瀉。

在我指導你應該服用多少鎂的同時，我鼓勵你留意你的缺鎂症狀，以及第一章裡「與缺鎂有關的一百項因素」（P069）。

口服臨床試驗

由於大多數人都缺鎂，而鎂是最安全的營養素之一，所以我告訴大家開始服用它就對了，然後持續追蹤症狀，之後你會看到它對你多有效——這個過程叫做「口服臨床試驗」。

對一般大眾而言，要檢驗是否缺鎂的方法之一，就是補充鎂。

首先，看一遍「與缺鎂有關的一百項因素」（P069），列出符合你狀況的項目，然後服用鎂一到三個月的時間，並且記錄你身心健康上的所有變化。你也可以在懂得鎂療法的保健專業人員的指導下做這項試驗，尤其是當你正在接受治療或患有什麼疾病時。我個人不認為這對大多數人來說是必要的，我們一直是自己的看護者，這個權利不應該被拿走。

三十到九十天後減輕症狀，是你之前有鎂缺乏症的最佳證明，而你現在正在治療它。如果你在鎂缺乏症得到緩解之前先達到腹瀉效應，請先別急著放棄，很多人也是這樣。請改用好吸收的鎂繼續嘗試一下，以避免腹瀉效應且達到治療程度。

紅血球鎂濃度檢驗

紅血球鎂濃度檢驗比血清鎂檢驗更精確，但是不比鎂離子檢驗精確，鎂離子檢驗是唯有實驗室才能做的檢驗法。由於紅血球鎂濃度檢驗並非高度精確，所以請別把數字當成判斷你身體不好的標準。你也必須持續追蹤你的缺鎂症狀，並且評估在用鎂治療後，症狀有沒有改善。

你的醫生或當地實驗室也許還不知道紅血球檢驗法。別擔心，若你的醫生不能或不願意幫你申請這種檢驗，透過網路亦可輕鬆取得。在美國，你可以到www.RequestATest.com或www.DirectLabs.com，鍵入「magnesium RBC」，系統會詢問你的郵遞區號，然後把你送到當地實驗室抽血，你會在

七十二小時內收到結果。這個檢驗大約只要四十九美元，比到診所請醫生填寫申請單的掛號費還少（注意：這種類型的檢驗並不是每一州都有）。

要知道，鎂的實驗室數值不能提供你最佳或治療的範圍。實驗室只幫前來做檢驗的人測定他們的鎂濃度，然後在鐘形曲線表上標記。大部分實驗室目前的鎂值範圍是4.2～6.8毫克／分升，但是最近我看到有些實驗室的更低，是3.5～6.0毫克／分升，患有鎂缺乏症的國人愈來愈多了！缺鎂的國人大約有80％，所以我告訴大家，為了達到最理想的健康，我們希望能在數字範圍的頂端，在第八十百分位以上，或是大約6.0～6.5毫克／分升。

你可以每三到六個月做一次檢驗，然後參考結果來決定你應該服用多少和什麼形式的鎂。不過你也許會發現，三個月後的第二次檢驗，結果跟第一次一樣，甚至更低，但是你的感覺卻改善了。那是因為七百到八百種需要鎂的酵素系統已經活絡起來了，所以在治療開始時濃度可以下降一些，然後在六到九個月的階段，隨著你體內的鎂含量增加，鎂濃度也變高了。要達到飽和程度且需要的鎂開始變少，可能會花上一年或更久的時間。請參閱簡介裡的「我應該服用多少鎂？」(P036) 和第十八章裡的「鎂的種類」(P423)，以獲得更多的指引。

在實驗室檢驗上的一大警告是，醫生只看超出正常範圍外的「紅字」結果，因此，如果他們幫你做紅血球鎂濃度檢驗，而結果是3.8毫克／分升，他們會說你的鎂值是正常的，但是你真的在正常值的低點，所以可能會感覺到許多鎂缺乏症的症狀。如果你想拉自己一把、消除症狀，那就要服用足夠的鎂，達到6.0～6.5毫克／分升。

紅血球鎂濃度檢驗並不十分理想的另一個理由是，紅血球裡沒有粒線體。每一個肝臟細胞有一千到兩千個粒線體；粒線體是細胞內的能量因子，粒線體中克氏循環裡製造三磷酸腺苷（能量分子）的八個步驟中有六個需要鎂，因此含有粒線體的細胞比紅血球有更多的鎂。最好的檢驗法是鎂離子檢驗 (P387)，它並不測量細胞裡的鎂，而是測量血液裡的鎂離子，這種鎂是可以讓細胞立即吸收的形式，但這種檢驗在研究室環境之外是無法取得的。

以下是紅血球鎂濃度檢驗的正常範圍，度量單位是全球常用的三種。如果你拿到的檢驗結果所用的單位是mmol/L（毫莫耳／升），就把結果乘以2.433，你會得到單位是mg/dL（毫克／分升）的數值。記住，你的紅血球鎂濃度檢驗要達到最理想的數值，大約是6.0～6.5毫克／分升。你要在總人口中的第八十百分位以上，因為鎂缺乏症的人就占了80％。

鎂值檢驗	mg/dL	mmol/L	mEq/L
鎂紅血球計數檢驗	4.2～6.8	2.4～2.57	3.37～5.77

Mg⁺ 注意！

在接受檢驗前的十二小時內，不要補充鎂。

鎂缺乏症的臨床檢驗

診所能做的臨床檢驗有兩種，其結果能指出是否缺鈣和缺鎂。

❶ 柯沃氏徵象（Chovstke's sign，輕拍位於耳朵前方的顏面神經所引起的面部肌肉收縮）

❷ 特魯索氏徵象（Trousseau's sign，用止血帶或血壓計之臂帶纏裹手肘以下的前肢三分鐘所造成的手部肌肉痙攣）

由於這兩種方式都不能分辨缺鎂和缺鈣，所以醫生只把它們用於診斷和治療缺鈣。因此，如果他們根據檢驗結果建議服用鈣補充劑，鎂的濃度會降得更低，造成更多的缺鎂症狀。

血中鎂離子檢驗

隨著時光推移，礦物質的實驗室檢驗從對全血的測定，進步到離析細胞內的礦物質。如今，技術已精進到檢驗礦物質離子——那是礦物質在細胞裡運作的活性成分。

位於布魯克林區的紐約州立大學州南部醫學中心，是使用鎂離子檢驗的先驅，由柏頓與貝拉·亞圖拉醫生率先採用這種檢驗方式，這是目前最準確可靠的血中鎂離子檢驗法，可惜的是，目前僅限於研究使用。亞圖拉夫婦自1960年代開始便不斷研究鎂對健康的影響，並在1987年開始研究這種創新的檢驗方式。

鎂離子檢驗的過程相當嚴謹，在過去已使用於超過二十二種的疾病研究上，接受檢測的病人多達數千人，研究結果亦發表在數十本期刊上，包括五篇發表在《科學》期刊上，亦有其他文章發表在《斯堪地那維亞臨床研究期刊》及《科學人》上。

為了了解這種檢驗的效率與效果，研究人員比較了亞圖拉的鎂離子檢驗結果，並透過昂貴的數位影像顯微術、原子吸收光譜儀、鎂螢光探針檢驗身體其他部位組織的含鎂量，最後證明了鎂離子檢驗是相當敏感、便利且價格較為低廉的方式，能判定健康與罹病受檢者體內的含鎂量。

這種檢驗方式如下：體內的鎂離子以兩種形式存在，一種是有活性的鎂離子，未與其他物質鍵結；另一種是無活性的鎂化合物（例如檸檬酸鎂），已與蛋白質或其他物質結合。鎂離子是損失了兩個電子的鎂原子，因此很容易與能取代那兩個電子的物質結合，鎂離子構成了體內具有活性的鎂，因為沒和其他物質鍵結，因此能參與體內進行的生化程序。人體對ReMag的耐受性很好，那是因為它的鎂離子經過特殊專利技術的穩定，讓它得以被細胞完全吸收。

大部分的臨床實驗室僅檢驗血清鎂的總量，這表示同時包含了有活性及無活性的鎂，又由於血液中的鎂僅占全身的1%，因此檢驗結果也只代表那1%。現在，血中鎂離子檢驗已經問世了，透過篩選離子的電極，能檢驗全

血、血漿、血清中的鎂離子含量，因此能夠精確地計算體內能發揮實際作用的鎂量。

在所有接受檢驗的病患裡，其中85～90％的低鎂濃度符合組織裡的游離鎂濃度，以及在氣喘、大腦創傷、冠狀動脈疾病、糖尿病（第一型和第二型）、妊娠糖尿病、子癇症和子癇前症、心臟病、高同半胱胺酸、高血壓、緊張性頭痛、創傷後頭痛、缺血性心臟病、肝臟移植、腎臟移植、多囊性卵巢症候群、中風和X症候群患者身上精確診斷出鎂缺乏症。在許多的這些疾病裡，**儘管血清鎂濃度正常，卻存在低鎂離子濃度的情況**，這使得鎂離子檢驗在鎂缺乏症的診斷中變得更加可靠。例如在替3000位偏頭痛患者進行鎂離子檢驗後，發現有90％的病患鎂離子值過低，用鎂治療後病情也都有了大幅的改善。

比較可惜的是，由於實驗室構置新儀器的速度相當緩慢，目前獲得美國食衛署核准的鎂離子檢驗，主要僅限於大約五十個大學實驗室，而且大多僅用於研究。在過去，如果有醫生送病患的血液樣本至亞圖拉夫婦的實驗室，他們可以代為進行檢驗，但如今這個管道再也無法取得，而且能進行這種檢驗的其他實驗室也不多。

血清（血液）鎂檢驗

大部分關於鎂的研究都是用血清鎂檢驗來追蹤鎂的濃度，很少有研究會把血清鎂檢驗和鎂離子檢驗的結果放在一起比較。柏頓和貝拉·亞圖拉博士竭力提倡鎂離子檢驗，但對抗療法仍頑強地固守高度不準確的血清鎂檢驗。

血清中檢測到的鎂不到全身鎂量的1％，剩下的鎂則在細胞及組織當中，或是鞏固我們的骨質。因此，利用常規的血清鎂檢驗其實無法測出體內各組織細胞中的含鎂量，因為在細胞裡具有活性的鎂是鎂離子。

如果你面臨壓力或生病，身體就會將鎂從細胞中抽離，輸送至血液，因此，儘管全身缺鎂，血清鎂檢驗的結果還是會讓人誤以為正常。很可惜的是，醫院及實驗室多半利用這種過時的血清鎂檢驗來判斷體內的鎂量。

實際上，<u>血清鎂檢驗比無效還糟糕</u>，因為在正常範圍裡的檢驗結果會讓人對體內礦物質的狀況產生錯誤的安全感，這也說明了為什麼醫生不認同鎂缺乏症：他們以為血清鎂濃度是對體內所有鎂的精確測量。

有一個研究小組發表了一項研究結果——〈利用血清鎂測定法來排除成人鎂缺乏症所低估的問題〉。研究人員在他們的結論中發出一項我希望醫生會注意到的警告：「臨床醫生因為『正常』血清鎂的觀念而排除鎂缺乏症，這是很常見的現象。或許是因為實驗室操作往往只凸顯異常結果的關係，因而加強了這種觀念。於是，有人提出關於『正常』血清鎂的健康警告，因為要恢復鎂缺乏症患者的鎂儲存量很簡單、可容忍、不貴，而且可能具臨床上的益處。」

<u>血液裡的鎂一定要保持在有效濃度，才能維持某些重要的功能</u>，像是維持有效率的心跳。為了維持這種重要的平衡，當血清鎂濃度降低時，鎂就會從骨骼和肌肉中被抽出來，送到血液裡。因為醫生不認可這種回饋機制，所以他們認為血清鎂一直都是正常的，通常他們甚至懶得做電解質檢驗，只看鈉、鉀、鈣和氯化物的部分。

基於這個原因，我提出「與缺鎂有關的一百項因素」的清單 (P069) 來幫助大家判斷他們缺鎂的程度，它們都是加速你的鎂燃燒率的因素。或者，你可以靠之前教過你的方法，檢視你的鎂缺乏症之臨床症狀，再加上紅血球鎂濃度檢驗，當然，你要知道你應該達到6.0～6.5毫克／分升的最理想濃度。

紅白血球細胞中的含鎂量檢驗

體內所有的細胞——包括紅血球與白血球細胞在內，都含有鎂，共占全身的40％。因為<u>在血液裡，紅血球的數量比白血球多五百倍</u>，因此能成為較好的檢驗標的。不過，如我之前所提過的，由於紅血球沒有粒線體，所以含有的鎂比較少，而白血球有粒線體，因此比紅血球含有更多的鎂。

許多研究結果顯示，<u>要測量全身的含鎂量時，透過血球細胞檢驗含鎂量比透過血清要來得精確</u>。在一項針對兒童氣喘的研究中，比較了血清中的鎂

值與白血球細胞中的鎂值，而在氣喘發作的當天，血清中的鎂會升高，但白血球中的鎂值卻會驟降，反映出事件的真實情形。正如上述所言，在面對壓力時，鎂會從細胞中釋出並進入血液，讓細胞呈現缺鎂的狀態，使血清鎂的值看起來比較高。

白血球的廣譜微量營養素檢驗

我不是做血液檢驗的狂熱者，因為我認為營養素值每天都不一樣。如果你在尋找精準的鎂檢驗法，廣譜微量營養素檢驗真的很厲害。這種檢驗是以白血球當作細胞樣本，因為白血球具有粒線體，而大部分的鎂都在細胞的粒線體中，所以這是比紅血球鎂濃度檢驗更精確的檢驗法。紅血球沒有粒線體，因此鎂含量比其他細胞少，包括肌肉細胞。

我沒有指定過這種檢驗，不過我有病人和客戶做過，然後把結果給我看。根據那家公司網站上的資料，「廣譜微量營養素檢驗」會測定我們白血球裡的三十五種營養成分，包括維他命、抗氧化劑、礦物質和胺基酸。科學證據告訴我們，分析白血球是找出身體各種缺乏症最準確的分析法。

這個檢驗的價格為三百九十美元。官方訊息指出，醫療保險涵蓋了大部分的費用，就跟私人保險一樣。看起來，你可以自行上網或透過醫療人員預約做檢驗。

口腔細胞抹片檢驗（EXA檢驗）

利用搔刮下排牙齒與舌根間的細胞，能準確測得組織細胞的含鎂量，以這種方式測得的鎂值，能反映出心臟與肌肉細胞中的鎂值——心臟與肌肉是受到鎂缺乏症影響最多的身體組織。

透過口腔細胞抹片檢驗，便能夠得知細胞中許多物質的情況，而IntraCellular Diagnostics公司研發的EXA檢驗，目的在於得知細胞中特定礦物質的含量。檢驗公司會將檢驗組送到診所，只要大約六十秒的時間即可完成檢驗。醫生會用一根像是壓舌板的小木棒刮取你舌下的表皮細胞，採樣下

來的細胞會被放在顯微鏡的載玻片上，並送回實驗室，接著再透過特殊的電子顯微鏡來計算鎂與其他礦物質的數量，檢驗結果會送回醫生辦公室。這種檢驗方式雖然昂貴，但美國健保或保險都會支付這筆費用，不過你仍然要自行支付醫生診療費。

對那些注重檢驗細節的人來說，利用高科技電腦化X光電子顯微鏡掃描（EXA）的方式分析時，由於每種礦物質能量會以特定的波長顯示，因此結果十分精準。透過電腦測量波長，並且替每位病人計算所謂的「光譜指紋」後，就能得知細胞中的礦物質含量。

鎂挑戰測試

<u>這種測試法又稱為「負載測試」，它既耗時又麻煩，但是對於身體可能會「重度消耗鎂」的人來說是有必要的</u>。重度消耗鎂的人，其血液中的鎂濃度一直很低，儘管有用口服或靜脈注射來補充鎂。

鎂挑戰測試需要在兩種不同的情況之下收集二十四小時的尿液：第一階段的尿液收集是在服用一般的補充劑之後，然後到診所接受一劑靜脈注射0.2毫克當量／公斤（meg／kg）的氯化鎂或硫酸鎂，以四小時的時間進行施打；第二階段的尿液收集則是在靜脈注射之後，持續收集二十四小時內的尿液樣本。

當身體對提供的鎂呈現出25％以上的超高需求，便能診斷為缺鎂。十年前，鎂挑戰測試是判斷體內鎂儲存量的最佳方法；今天，使用鎂挑戰測試和鎂離子檢驗的比較研究指出，鎂離子檢驗在研究環境中顯然是更好的指標，而且更方便進行——除了它只能在研究環境中才能取得之外！

如果靜脈注射測試所提供的鎂被排出75％以上，便能診斷為「重度消耗鎂」。即便你流失的鎂在75％以上，你還是可以假設自己有足夠的鎂，沒有鎂缺乏症。然而，假如臨床評估說你有缺鎂的症狀，而且你的身體流失掉大部分以靜脈注射輸入的鎂，那就很可能是「重度消耗鎂」。「重度消耗鎂」的治療方法是定期接受靜脈注射鎂療法或服用ReMag。

__重度消耗鎂有遺傳性原因__，在這種情況下，腎臟似乎無法保留這種重要的礦物質，但這很罕見。

在最近的一個專題討論會中發生了一件令我驚訝的事情，有位醫生走上前來感謝我做了關於鎂的演講，說他的身體受到重度消耗鎂的折磨。他說，儘管他有良好的飲食、服用補充劑，而且服用不消耗鎂的藥物，如利尿劑或毛地黃，他仍然有輕微的高血壓、中度高危險的膽固醇和腿部抽筋。當他讀了第一版《鎂的奇蹟》，才意識到問題可能在於鎂缺乏症，然而，即使服用了更多的鎂，還是會出現一些症狀。當時他便決定做鎂挑戰測試，然後發現身體無法維持足夠的鎂。

那名醫生開始定期接受鎂的靜脈注射治療。不過，口服ReMag或透過皮膚吸收的噴灑方式，對需要大量的鎂，而且想避開危險、昂貴、不便利的靜脈注射法的人來說，是很有效的治療方法。請參考達納從靜脈注射鎂轉換到ReMag的故事 (P418)。

✦ 官方的鎂攝取建議量偏低

略過這一小單元沒有關係，畢竟這是關於政府部門營養指南的概述，在還沒費力地讀完由政府機構所訂定、含有大量縮寫的指南以前，光是要判定你對鎂的個人需求就已經夠讓人頭昏腦脹了。

營養指南包括DRI（參考膳食攝取量）、RDA（建議膳食攝取量）、RDI（營養素參考攝取量）、AI（適當攝取量）、UL（可耐受最高攝取量）和EAR（估計平均需求）。1997年，美國國家科學院食品及營養委員會訂定了「參考膳食攝取量」，等於是在1941年到1989年的依據標準「建議膳食攝取量」之外，又增加了一套營養指南，不過，大多數的人只談論「建議膳食攝取量」，因為這是存在最久的標準。

在我的經驗裡，所有營養指南中的鎂都遠不及人們維持健康真正所需的

量──為了避免腹瀉的「副作用」，鎂的濃度都設定得非常低。事實上，在一項政府會議中，有人直截了當地告訴我，營養指南只是為了防止維他命和礦物質缺乏症，而不是用於預防或治療疾病。事實上，藥物的定義是「用來預防或治療疾病的物質」，所以，如果有礦物質被說成是用來治療疾病的東西，那麼它在定義上就必定是藥物！

規劃出符合不同年齡組別的營養需求的菜單，必定要做過無數次各種營養素需求量的飲食分析。那些分析也被用來評估食物攝取模式和訂定營養標示的指南，一切都是為了預防營養缺乏症。

我要重申這個重點：「建議膳食攝取量」並未建議最佳健康和活力的需求量，只是告訴你攝取多少維他命C才不會得到壞血病，或是攝取多少維他命B_3才不會得到糙皮病。

「參考膳食攝取量」是四種不同參考值的匯集：估計平均需求、建議膳食攝取量、適當攝取量和可耐受最高攝取量。「可耐受最高攝取量」比「建議膳食攝取量」建議的營養素攝取量更高，是試圖降低骨質疏鬆症、癌症和心血管疾病等慢性病的笨拙方法。它在骨質疏鬆方面的建議是增加鈣的攝取量，卻未相對提高鎂的攝取量。

「參考膳食攝取量」的執行從1997年到2005年分階段完成。第一次報告發表於1997年，著重於預防骨質疏鬆症，標題是「鈣、磷、鎂、維他命D和氟化物的參考膳食攝取量」。另外有四篇報告涵蓋了葉酸和其他維他命B、膳食抗氧化劑（維他命C和E、硒和類胡蘿蔔素）、微量營養素（維他命A和K，以及鐵、碘等微量元素）、巨量營養素（例如脂肪和脂肪酸、蛋白質與胺基酸、碳水化合物、糖、膳食纖維，以及能量的攝取和消耗）、電解質和水、生物活性化合物（例如植物雌激素和植化素），以及酒精在健康和疾病上所扮演的角色。

雖然「參考膳食攝取量」的主要使用者是從事學術研究的科學家和營養學家，並非為人所熟知的詞彙，但是著重於營養的醫生，譬如我自己，很感激能從這些報告裡獲得資訊。

關於鎂的報告中最令人困惑的地方是，膳食鎂和補充劑鎂有兩種不同的數值，沒有總需求量，也沒有承認它在一般飲食中的鎂攝取量比「建議膳食攝取量」還少的原因。

1997年，「建議膳食攝取量」的鎂提高了15％，男性從350毫克／天增加為420毫克／天，女性從280毫克／天增加為320毫克／天。然而，同一份1997年的報告在提到成年人膳食鎂的安全上限時指出，「由於尚未證實在消化食物中自然存在的鎂會產生任何毒性效應，所以目前無法確定膳食鎂的『可耐受最高攝取量』」。該報告也表示：「並沒有具體的毒性資料能指出嬰兒、幼兒和兒童的（膳食鎂）可耐受最高攝取量。」

在考量鎂補充劑時，委員會為懷孕和哺乳中的女性訂定了很低的可耐受最高攝取量，儘管她們對鎂有較高的需求，而且報告中也說過膳食鎂沒有安全上限。即使報告中指出「沒有證據顯示懷孕和哺乳期間容易發生對鎂補充劑的負面影響」，但他們仍然訂定這一組別的人以每天350毫克（14.6毫莫耳）為可耐受最高攝取量——這和未懷孕或哺乳的成年人之鎂補充劑可耐受最高攝取量是一樣的。

訂定這麼低的可耐受最高攝取量，對於懷孕的女性來說傷害性很大，而且可能導致高血壓、水腫和子癲前症與子癲症的癲癇發作。

該報告也提到，它在訂定孕婦的鎂的可耐受最高攝取量時，不會將使用於子癲症和子癲前症的高劑量靜脈注射鎂列為考量因素。這表示，他們很清楚鎂已成功地使用在那些威脅生命的情況裡，但奇怪的是，他們不給予女性更多的鎂來防止那些狀況的發生。

該報告老調重彈地指出「腎功能受損的人有較大的鎂中毒風險」，我在第十一章已經詳盡反駁腎功能受損可能造成鎂中毒的概念 (P306) 了。

對於腎臟病患者，該報告說：「這些人從食物中獲得的鎂不足以產生改善的跡象。」完全沒錯，畢竟他們的營養低於「建議膳食攝取量」，那麼，那些病人要從哪兒獲得最起碼的鎂量呢？他們勉強承認：「給予臨床疾病的患者（例如新生兒手足搐搦、高尿酸血症、高血脂、鋰中毒、甲狀腺機能亢

進、胰臟炎、肝炎、靜脈炎、冠狀動脈疾病、心律不整、毛地黃中毒……）超過臨床環境『可耐受最高攝取量』的鎂，他們的症狀或許能得到改善。」不過，我並不知道他們希望由誰來負責鎂的使用，因為醫生在醫學院裡根本沒學過鎂療法。

鎂的建議膳食攝取量

正如上述所言，訂立營養素的每日建議攝取量，目的在於避免缺乏營養的情況發生，卻非維護健康的最佳量。然而，即便建議攝取量已經訂得如此低，大部分的美國人依然缺鎂，男性攝取的鎂量大約只有建議膳食攝取量的80％，女性平均則為70％。下表列出了兒童與成人的鎂建議膳食攝取量。

Mg⁺ 兒童與成人的鎂建議膳食攝取量

- 1～3歲兒童：80毫克
- 4～8歲兒童：130毫克
- 9～13歲兒童：240毫克

年齡	男性	女性		
		平時	懷孕期	哺乳期
14～18歲	410毫克	360毫克	400毫克	360毫克
19～30歲	400毫克	310毫克	350毫克	310毫克
31歲以上	420毫克	320毫克	360毫克	320毫克

若改用毫克／公斤標示，則約為每公斤體重需要6毫克的鎂。這個標準能讓過重的人了解身體需要的鎂量。如果一個十五歲的人體重高達135公斤，那麼他需要的鎂量必定超過同年但體重為45公斤的人。

　　服用會耗竭鎂的藥物的患者，往往需要更大量的鎂，他們通常面對極大的壓力、處於手術前後，或是接觸到氟化物。當你體內的鎂達到飽和時，就需要減少服用量。這種情況跟許多藥物相反，因為在服用其他藥物時，隨著時間過去，身體會產生抗藥性或對藥物產生依賴性。

　　許多研究鎂的專家認為，**鎂的建議膳食攝取量應該增加**。二十年的研究顯示，在理想的狀況下，約300毫克的鎂僅足以補足每日的消耗量。如果你有身心問題、面臨輕微或中度的壓力、身體受傷、運動大量排汗、服用藥物，或是接觸氟化物、氯、重金屬，或是情緒不穩等情形，你的需要量就會增加。

　　西立格醫生寫道，經常運動的青少年需要的鎂量為7～10毫克／公斤／日，懷孕婦女每天則需要至少450毫克，或是15毫克／公斤／日。我認同西立格醫生，而且認為各年齡層的男、女性每日需攝取至少7～10毫克／公斤的鎂，對健康都有幫助。

　　我每天講話的對象都會包含需要鎂的建議膳食攝取量兩、三倍的人。我第一次克服心悸和腿抽筋的缺鎂症狀、並且聚積體內的鎂存量時，我個人的需求量是20毫克／公斤／天。現在，依據我的工作量、運動量和壓力程度，我只需要10毫克／公斤／天。6毫克／公斤／天的建議膳食攝取量只能給我大約一天300毫克的鎂，而這會讓我再度產生缺鎂的症狀。

　　讓我來說明一下關於鎂的需求的這段對話，請再讀一遍簡介裡的「鎂何時會讓我變得更糟？」(P038) 和第一章的「缺鎂的原因」(P053) 及「與缺鎂有關的一百項因素」(P069) 這幾個部分，以重新了解鎂缺乏症這個流行病和將鎂燃燒殆盡的許多方式——讓你的身體沒有鎂的存量，對鎂缺乏症毫無招架之力。

　　在良好的飲食中，每1000卡路里的熱量約能提供120毫克的鎂，因此每

日的攝取量約為250毫克。**由於身體最多只能吸收攝取量的一半，因此研究人員認為大部分的人都應該額外補充鎂**，否則，為了將鎂供應給重要部位，身體的組織將必須被分解。

我曾受邀和一堆頂尖的鎂研究科學家及決策者共同參加鎂的高級會議，在談到提高建議膳食攝取量、取消醫療上所接受的血清鎂檢驗法、禁止氧化鎂並推薦較好吸收的鎂補充劑的時候，他們似乎無能為力。

政府官員在鎂的需求量和建議量方面是受到雙重束縛的。大多數的鎂研究都是用氧化鎂做的，然而，氧化鎂很容易造成腹瀉，所以決定營養程度的評審小組覺得他們必須將建議膳食攝取量調到夠低，讓受到腹瀉影響的人不到10％；國際食品標準委員會所遵循的指導方向也是，營養素不應該妨礙處方藥物，而且他們建議的每日最少量都非常低。

我帶來的突破性進展是，發現了一種可以服用但沒有腹瀉效應的獨特的鎂。所以，不用把難吸收的鎂的攝取量限制在350毫克，使細胞能吸收的少之又少，反之，你可以服用液態形式的ReMag，它含有以皮米為單位的穩定鎂離子，你可以吸收到具有療效的劑量以消除症狀，並將紅血球鎂濃度提高到6.0～6.5毫克／分升。

總結：鎂的建議膳食攝取量太低，大部分的人需要建議膳食攝取量的兩到三倍。為了達到這樣的需求量又不會產生腹瀉效應，我建議你深入了解ReMag——以皮米為單位的穩定鎂離子 (P414)。

第17章

「鎂」力全開的
飲食計畫

良好的營養能為身體組織與骨骼結構奠下良好的基礎，也能提供足夠的養分，以製造荷爾蒙與神經傳導所需的物質。若要擁有良好的營養，必須攝取蛋白質、礦物質、微量礦物質、維他命、胺基酸及重要的脂肪酸。維持生命所需的物質當然不是只有鎂，但是鎂卻不可或缺；鈣和鎂同樣重要，因此，在鎂的飲食計畫中，也會同時注重你攝取了多少鈣，又額外補充了多少鈣。

✦ 全面缺鎂的現代飲食

美國目前的飲食一面倒，大部分都是精製白麵粉、糖、不健康的脂肪。在我們的飲食當中，有超過四分之一其實算不上食物，連一點對健康有益的營養素都沒有；鎂會在食物加工處理的過程中流失，卻完全沒有回補，不像其他食物可能額外添加營養素。

喬治・艾比（George Eby）的基金會提供資金教育國會議員，讓他們了

解鎂，並讓他們讀《鎂的奇蹟》。他本身對鎂相當有興趣，也曾缺鎂多年，他相信在所有的慢性疾病裡，有50～70％與缺鎂脫離不了關係，並且造成全國龐大的醫療支出，因此也擔心大家因為生長在全面缺鎂的環境中，以致沒發現自己缺鎂，而這種情形從一百年前農業大規模精緻化出現時就開始了。

艾比表示，白麵粉不該叫做「精製」麵粉，而是該改稱為「貧乏」麵粉，並且引用了2002年的《哈佛心臟通訊》，指出<u>小麥精製之後，鎂只剩下原本的16％</u>。

艾比提醒大家，其他如維他命E與維他命B_6等能幫助鎂吸收的營養素，也會在精製的過程中流失，然而，從其他食物中卻無法獲得足量的鎂。他表示，我們太喜歡吃貧乏麵粉所製作的食物，如鬆餅、餅乾、墨西哥薄餅、麵包、蛋糕、甜甜圈等，這些食物在超市占據了許多空間，也反映出大家對這些食物的無窮欲望。他指出，大家都喜歡這些食物，更精確一點地說，是渴望這些食物，因為吃了貧乏麵粉後，大家會覺得很空虛，再繼續吃更多——或許這是為了尋找鎂及其他能維持身體正常運作的營養素。

解決缺鎂問題的飲食方式

如果想要自飲食中獲得足夠的鎂，那就必須特別注意哪些食物富含鎂，以及植物所生長的土壤是否富含礦物質，然而，即便如此，我們還是需要額外補充鎂。艾比在2005年時錄製了一張DVD，當中列了一長串的食物，告訴大家需要攝取多少食物才能獲得400毫克的鎂。請你想像一下，<u>只要50公克的糙米就能有400毫克的鎂，但若換成甜甜圈，你就必須吃下1540公克才能獲得同樣的鎂量</u>。

或者是把這些食物換成圖片，看看幾公克堅果的含鎂量等於700公克白麵包的含鎂量。這類圖片一目了然，讓大家立刻知道精製過的食物有多麼缺乏營養素。

含400毫克鎂的食物份量

食物	食物含400毫克鎂的份量（公克）
米糠	51
麥糠	65
乾可可粉	75
南瓜籽	75
巴西果仁	111
花生醬	111
家樂氏全麥維	111
腰果	136
杏仁	145
碾壓燕麥片	145
未加糖的巧克力	147
糖蜜	150
蕎麥麵粉	160
燕麥糠	167
小麥胚芽	167
花生	227
墨西哥玉米片	411
小餐包	471
全麥麵包	490
英式馬芬	567
馬鈴薯	615

食物	食物含400毫克鎂的份量（公克）
義大利麵	624
義大利通心粉	624
墨西哥薄餅	624
馬鈴薯粉	624
餅乾	645
脆薄土司	709
白麵包	709
洋芋片	737
紅糖	1361
甜甜圈	1538

（根據美國農業部統計數字）

均衡的鈣與鎂

正如你在附錄B「常見食物的鈣含量」(P435) 的清單所見，堅果、種籽、全穀物、綠色葉菜富含鈣，和富含鎂的食物相同——前提是種植這些食物的土壤富含礦物質，理論上，你吃了這些食物就能獲得均衡的鎂與鈣。

乳製品含有比鎂多更多的鈣，所以假如你吃乳製品，就會讓情勢翻轉，變成鈣比鎂多。影響食物中鎂與鈣含量的另外一個重要因素是加工與烹飪的過程。在這些過程當中，鎂流失的量比鈣多，因此會造成飲食中鈣比鎂多的情形，這支持了我們必須額外補充鎂的想法，讓實際攝取的鈣和鎂能夠一樣多。一般國民被認為普遍缺鈣，所以也在許多食物中加強鈣——連柳橙汁裡也有。

所有的這些原因都更增強了服用和膳食鈣等量的鎂補充劑的必要性。是的，你應該能從飲食中獲得足夠的鎂，如果你吃富含鈣的食物的話，尤

其是乳製品——請參考含鈣食物清單。假如你不吃乳製品，那麼你可以自製或購買大骨湯，並且著重於所有其他富含鈣的食物，或是跟我一樣服用ReCalcia——以皮米為單位的穩定鈣離子配方。

有機食品

許多人會說，有機食物的含鎂量應該比大規模農業生產的農產品更高，但或許並非如此。如果有機農場沒有使用石屑形式的礦物質來恢復土壤中的養分，他們的植物會像其他農田裡的植物一樣缺鎂。

在你購買有機產品前，務必先了解種植者是否了解如何輪耕、定期檢測礦物質含量、使用富含礦物質的肥料。確保有機食物的品質有一個明智的方式，便是加入社區支持型農業合作社，找一個當地的有機農場每年入股。那表示，你對於農場生產也許有發言權且能給予建議。

美國農業局的發現

美國農業局調查了女性的飲食後，發現：

❶ 約有25％的鎂來自穀類產品，這表示你應該選擇攝取全穀物產品，而不吃缺乏礦物質的白麵包與義大利麵。如果你對吃糖與麵包非常渴望，很可能會餵養了腸道中的酵母菌，因此必須有所節制，如此一來，不但能

Mg⁺ 社區支持型農業

這種農業模式是：消費者（會員）會固定向特定的農場、農場組織或農夫訂購農產品，而生產的農夫則定期（每週、每月或每季）將當季產品寄送到會員手中。臺灣的「穀東俱樂部」即一代表。

減重，還能維持血糖平衡。或者，你可能因為吃了精製的穀類食物，導致身體渴望獲得你所缺乏的營養素——例如吃了很多碳水化合物，徒增熱量卻無法滿足深層的需求。別忘了，你必須吃700公克的白麵包，才能達到鎂的建議膳食攝取量。

❷ 另外有25％的鎂來自蔬菜與水果。

❸ 肉類、家禽、魚類等蛋白質所提供的鎂僅占約18％。因此，如果你的飲食方式含有大量的蛋白質，那就必須多攝取鎂。

❹ 來自脂肪、甜食、飲料的鎂量占全部的14％，但攝取這些食物（尤其是精製的脂肪和甜食）時必須有所節制，因為這些食物的熱量很高卻缺乏營養素。還有，糖會造成鎂的大量耗竭，因為代謝糖需要很多的鎂。

❺ 堅果、種籽與這類堅果醬也是富含鎂的食物來源，但這些在大部分的報告中往往遭到忽略。

含鎂的飲食原則

根據法國頂尖鎂專家的說法，高效的心臟血管保護飲食包括降低飽和脂肪、增加單元飽和脂肪和omega-3脂肪酸（來自魚和亞麻仁籽）、限制酒精的攝取，以及多攝取穀類、水果、蔬菜、魚和低脂乳製品等，這些都富含鎂。他們強調，在許多具保護性的營養素裡應該特別考慮鎂，因為慢性鎂缺乏症的發生十分頻繁，而這是導致心血管疾病的風險因子。我認同這項法國飲食建議，不過我鼓勵大家使用以下提到的和本書裡建議的健康飽和脂肪。

• 每日請攝取各式蔬菜。請你每餐中至少要有下列蔬菜中的一種：甘藍菜、芥藍菜葉、菠菜、捲葉萵苣，以及富含鎂的蒲公英、繁縷、蕁麻等。
• 每星期可食用含澱粉類的蔬菜三至四次，如紅皮馬鈴薯、南瓜、整根玉米、皇帝豆、牛蒡等。
• 適度食用水果。
• 請攝取各種全穀類，如蕎麥、小米、黑麥、燕麥、莧籽、藜麥。

- 一天可攝取一次魚類、貝類、有機雞肉、肉類、火雞、放山雞蛋等，以作為豐富的動物性蛋白質來源。
- 每天攝取豆類、天貝、堅果、種籽，以豆科蔬菜作為植物性蛋白質來源。
- 在每天的料理中加入新鮮的乾燥香料，包括大量的蒜頭。
- 使用有機的冷壓油來烹飪：初榨橄欖油、椰子油、芝麻油。
- 適量使用有機奶油。
- 每天食用1～2大匙的亞麻籽油。
- 選擇全麥的麵包與義大利麵。
- 請用甜菊來增加甜味。
- 只喝天然泉水、蒸餾水、過濾水。
- 享受有機的花草茶。
- 請吃海藻類的植物，如紅藻、海苔、荒布、昆布、羊栖菜，它們的含鎂量都非常高。
- 請吃天然、未烘烤過的堅果、種籽、堅果種籽奶油，這些食物都含有豐富的鎂。
- 請使用富含礦物質的高級海鹽。

應避免的食物（請仔細閱讀食物的標示）

- 所有精製與加工過的食品，像是餅乾、蛋糕、甜甜圈、貝果、白麵包、午餐肉排、大豆蛋白粉。
- 所有精製與處理過的糖，包括果糖或玉米糖漿，以及其他低卡人工甘味劑，例如阿斯巴甜（NutraSweet與Splenda牌）。
- 除了有機奶油、無糖優格和克菲爾優格以外的所有乳製品。
- 正常與低咖啡因的咖啡與紅茶。
- 任何含有氫化油或部分氫化油品的食物、任何含有反式脂肪酸的食品。
- 所有含酒精的飲料。
- 殺菌的果汁與汽水。

- 含有味精、水解蔬菜蛋白、化學防腐劑的食品。
- 加碘的食鹽。

✦ 鎂的飲食計畫

起床時：將½～1顆現榨的檸檬汁加在溫水中飲用，如有需要，可用甜菊增添甜味。

早餐──燉鍋穀片（1人份）

　　從下列清單中選出2種穀物、1種堅果、1種種籽：

　　蕎麥、小米、黑麥、燕麥、莧籽、藜麥、葵瓜籽、南瓜籽、杏仁、腰果、榛果、核桃、胡桃。飾以亞麻籽油與新鮮或冷凍的藍莓、草莓、覆盆子、香蕉、水蜜桃或梨子。

▍作法

❶ 請在1140毫升的燉鍋中放入140毫升的水，並加入55公克的綜合穀物。燉一夜之後，早上再置入碗中。

❷ 加入55～110公克的水果，充分混合之後，再加上2大匙的亞麻籽油或1大匙有機奶油（或是2大匙磨碎的亞麻籽，請用咖啡磨豆機現磨）。

❸ 如果需要，也可以在裡頭加入米漿、杏仁奶或椰奶。想獲得更多鎂，可灑些小麥胚芽（請以冷凍方式保存）。

▍替代方案

❶ 你可以不使用燉鍋，只要把55公克的綜合穀物泡在140毫升的水中即可。

❷ 另外，也可以選擇額外添加2茶匙的原味優格或克菲爾優格。

❸ 早上把綜合穀物拿出來煮沸之後，用最小的火燉20分鐘，你可能需要額

外加一些水以免太乾。上桌前再加上2大匙磨碎的亞麻籽（請用咖啡磨豆機現磨）。

❹ 如果你不想在前一晚先泡過穀物，可以改在170毫升的水中加入55公克的綜合穀物，煮沸後再用小火煮30分鐘。

午餐（擇一食用）

❶ 糙米與蔬菜，與55公克的紅藻或其他海帶一起烹煮。

❷ 綠色葉菜沙拉、含海帶的湯，以及愛斯尼（Essene）發芽小麥粒麵包或以西結麵包（Ezekiel）。

❸ 魚、綠色蔬菜（芥蘭菜葉、菠菜、瑞士彩色甜菜）和沙拉。

❹ 歐姆蛋加炒蔬菜。

❺ 雞肉與蔬菜。

晚餐（擇一食用）

❶ 湯（加入海帶）與沙拉。

❷ 炒穀類（可利用早上剩下的穀物）與蔬菜。

❸ 烤蔬菜與野米。

❹ 沙拉與煮過的有機豆類（比方說菜豆、小扁豆、黑豆、斑豆、鷹嘴豆等等）。

❺ 不含小麥的義大利麵（米、斯佩爾特麥、卡姆麥）佐青醬、紅醬，以及綠色蔬菜。

❻ 綜合沙拉與酪梨。

點心

❶ 生的蔬菜。

❷ 水果乾（加州李與無花果）。

❸ 帶殼堅果與種子（生的，未經加工處理或加鹽）。

❹ 烤過的玉米片。

❺ 爆米花。

飲料

❶ 純淨的水。

❷ 綠茶。

❸ 現榨檸檬汁與水。

❹ 以甜菊調味的小紅莓汁。

❺ 花草茶。

❻ 莖茶（日本綠茶）。

❼ 大骨湯（請參考附錄C的食譜 (P438)）。

莖茶又稱「棒茶」，是一種茶樹（*Camellia sinensis*）的莖、幹、枝烘焙而成的日本混合綠茶。它具有微微的堅果香和奶油般的香甜味。沖泡的版本有很多種，端視你想要的口感。拿3茶匙拌到180～240毫升的滾水中，浸泡一到六分鐘。

據說這種茶含有豐富的鈣，但我找不到足以證明的實驗室資料。

✦ 富含鎂的食物

在附錄A (P432) 中，你可以看到完整的食物含鎂量清單。下頁的表格是富含鎂食物的簡表，但種植這些食物的土壤中到底含有多少礦物質卻未經檢驗，因此，在你選擇食物時，下列的數字僅能供你做大略的參考指標。

植物性的鎂

根據馬修・伍德（Mathew Wood）、蘇珊・維德（Susan Weed）、杜克

特定食物的含鎂量

食物	每100公克的含鎂量（毫克）
巨藻	760
麥麩	490
小麥胚芽	336
杏仁	270
腰果	267
糖蜜	258
啤酒酵母	231
蕎麥	229
巴西豆	225
紅藻	220
榛果	184
花生	175
小麥粒	160
小米	162
胡桃	142
英式核桃	131
黑麥	115
豆腐	111

（Duke）和安德魯・契瓦利爾（Andrew Chevallier）等作者的說法，包含大部分藥草在內的綠色植物，如馬齒莧、香菜等都富含鎂。以下列出了由這些作者所推薦的富含鎂的常見植物，讓你可以加入原本的飲食中。

藥草還有一個額外的好處：它們通常是有機種植或野生的，所以通常都不含殺蟲劑與除草劑，而且也較常生長於富含礦物質的土壤上。唯有當以商業化的手法大量收成時，土壤才會變得貧瘠。

牛蒡，每100公克含537毫克的鎂

草本植物專家馬修・伍德認為牛蒡是天然的利尿劑，能將微小的腎結石沖刷出體外，它也是很好的清血劑，能排除腎臟的毒素。你可以將牛蒡磨碎後加入沙拉，或是以烹煮馬鈴薯的方式料理，建議每週可食用數次。

繁縷，每100公克含529毫克的鎂

草本植物專家蘇珊・維德認為繁縷（又稱鵝腸菜）是種完美的食物，因為當中含有「最佳的養分」，繁縷能促進礦物質及營養素的吸收，也是富含鎂的天然食物。

你可以在你吃的沙拉中加入繁縷，一週食用數次，它是獲得鎂的絕佳來源之一。

蒲公英，每100公克含157毫克的鎂

蒲公英曾經被人視為討厭的雜草，但是它其實具有出色的療效。資深藥草專家安德魯・契瓦利爾表示，蒲公英是天然且安全的利尿劑，可用來治療高血壓，同時也能清除膽囊與腎臟的廢棄物，具有解毒的效果，因此能減輕許多症狀，例如膽結石、便祕、青春痘、濕疹、關節炎、痛風——這些效果當然與鎂脫離不了關係！

將蒲公英葉加入沙拉，能為沙拉增添些許苦味，促進膽汁的分泌；蒲公英的根能在煮熟後食用，或是將生的根磨碎後加入沙拉中食用。

紅藻，每100公克含220毫克的鎂

紅藻是一種海藻，種類相當多，任何種類都極富營養。紅藻富含人體可消化的蛋白質，蛋白質約占總重量的25％。其中最知名的好處就是含碘，能補充甲狀腺的不足，也有豐富的其他礦物質與維他命。

你可以煮湯或以燉煮的方式食用，一週食用數次，另外也別忘了蔬菜手捲外面包的海苔哦！

蕁麻，每100公克含860毫克的鎂

蕁麻可用來軟化體內的膽結石或腎結石。維德在《聰明的療法》中列出一些很不錯的蕁麻食譜，在稍微蒸過後，蕁麻刺激的味道會消失，是佐餐的絕佳菜餚。

鎂鹽的替代品

大部分的醫生都會叫高血壓病人不要碰鹽，但他們指的是精製的食鹽，海鹽和含鎂量高的鹽不僅安全，而且還能治療心血管疾病，不過這些鹽的確含鈉，所以請務必仔細看成分標示。<u>注意！我們都需要一些鈉，所以請不要把它完全刪除。</u>

海鹽相當盛行，你可以在食材行和保健食品店裡買到，你的廚房與餐桌上當然也該有這種鹽。不過，現在這可是要花功夫的事情，所以請謹慎採買未精製的優質海鹽、喜馬拉雅山玫瑰鹽或凱爾特海鹽。要看清楚，這些鹽有一點點顏色，如果是純白色，那就是過度精製的鹽，而且已經失去了大量礦物質。茂宜島的海鹽是帶有古銅色的！

從海水蒸發後獲得的海鹽含鎂量比較高，它是額外獲得鎂的好方法，這種鹽1茶匙就含20毫克的鎂，只不過，當中的鈉含量也不容小覷。許多人都會關切地詢問鈉的攝取，因為醫生說它對高血壓有壞處。但是，海鹽裡不是只有鈉，它總共含有七十二種礦物質。請閱讀第六章關於利尿劑、水腫和脫水的內容 (P195)，以了解水、礦物質和細胞水合作用之間的關係。

　　「聰明鹽」也一樣，它是增加鎂攝取量和必須刪減鈉的人的一種好選擇，這種鹽是美國特有的鹽，為猶他州鹽湖蒸發後所得到的產品。3茶匙的聰明鹽含有以下礦物質：626毫克的鎂、865毫克的鉀，卻只有1596毫克的鈉（同樣份量的食用鹽中含有5000毫克的鈉）。

　　低鈉鹽也提供了一種健康的組合，它含有鹽、鉀、鎂，嚐起來就像正常的鹽一樣。1997年進行的雙盲實驗中，共有233位高血壓患者受試，結果證明低鈉鹽具有降血壓的功效；另外有十多份研究也證實了這種鹽既安全又有效。研究人員表示，這種產品之所以有效，那是因為降低了54%的鈉，並且增加了鉀與鎂的含量。每吃入1茶匙的鹽，你就能攝取40毫克的鎂。每天使用的鹽平均為3茶匙，代表攝取了120毫克的鎂，但是3茶匙就有3487毫克的鈉，比聰明鹽的兩倍還多。

礦泉水與鎂

　　我們礦物質的天然來源之一，應當來自於山裡擦刮岩石的冰雪，它在自然循環中於春天融化，變成富含礦物質的水，流入我們栽種作物的平原。但是，此情此景不再──河川受到汙染，沖積平原被我們蓋滿了房子，而且添加了氯的水流經含有鉛、銅或生鏽的管子。我們汙染水的程度嚴重到需要過濾才能使用，但是在去除汙染物的同時，也一併去除了礦物質。

　　研究學者已經意識到飲用水中含有鎂的重要性，但有一個研究小組擔心，流行病學研究已經證實，飲用水中的含鎂量與冠狀動脈心臟病死亡風險之間存在著矛盾的關係。為了整理出這些矛盾的不一致性，他們執行一項整合分析。他們以表格列出7萬7821個冠狀動脈心臟病患者的病歷，將結果發表在《營養》雜誌裡。他們斬釘截鐵地指出，含鎂量高的飲用水與較低的冠狀動脈心臟病死亡率之間有重大的關聯。

　　有一種重要的鎂來源在歐洲很普遍，那就是富含鎂的礦泉水。在美國也有富含鎂的礦泉水來源，但是知道的人並不多。這些地區的水的高含鎂量，有助於降低國人的鎂缺乏症。

在選擇瓶裝水時，要謹慎考量鈣和鎂的含量比。仔細閱讀礦泉水的標示，就能知道鈣和鈉的含量通常比鎂高很多。因此，要選擇鈣鎂含量相等的水。這樣才能確保你有得到這兩種礦物質的足夠量。然而，如果你透過症狀、醫學診斷或自然療法診斷得知自己有鎂缺乏症，那就要選擇高鎂低鈣的水。要當心，即使標籤上寫著「礦泉水」，它的礦物質含量也許微不足道，不值得你花錢購買。

水中的鎂含量

礦泉水名稱	原產國	含鎂量 （毫克／公升）	含鈣量 （毫克／公升）	含鈉量 （毫克／公升）
Adobe Springs	美國	96	3.3	5
Santa Ynez	美國	87	19	–
San Pellegrino	義大利	57	203	46
Penafiel	墨西哥	41	131	159
Vittel	法國	38	181	3.7
Evian	法國	24	78	5
Naya	加拿大	22	38	6
Volvic	法國	7	10	10.7
Saratoga	美國	7	64	9
Perrier	法國	5	143	15.2
Alhambra	美國	5	9.5	5.4
Arrowhead	美國	5	20	3
Sparkletts	美國	5	4.6	15.2

礦泉水名稱	原產國	含鎂量 （毫克／公升）	含鈣量 （毫克／公升）	含鈉量 （毫克／公升）
Calistoga	美國	2	8	163
Cobb Mountain	美國	2	5.6	4.6
Poland Spring	美國	2	13.2	8.9
Sante	美國	1	4.2	160
Black Mountain	美國	1	25	8.3
Crystal Geyser	美國	1	1.5	30

第18章

鎂補充劑與療法應用

在我數十年研究鎂的經驗裡，我發現鎂的最佳服用形式是：
❶ ReMag：以皮米為單位、來自氯化鎂的穩定鎂離子。**❷ Natural Calm**：檸檬酸鎂粉。**❸ 鎂鹽**：沐浴用的硫酸鎂。

有人指出，我在《鎂的奇蹟》第一版中有一份關於鎂補充劑的詳盡清單讓人看得頭昏腦脹。她只想知道，根據我的研究和經驗，鎂的最佳服用形式是什麼——那就是我要寫這一版的原因。我也列出一些其他形式的鎂，並且告訴你們我不使用的原因。<u>如果你想服用藥丸形式的鎂，我會捨棄堅硬的藥錠來推薦膠囊，因為膠囊溶解得比較迅速。</u>最佳膠囊形式的鎂是ReMag膠囊，和ReMag溶液一樣具有以皮米為單位、極微小的穩定鎂離子。

✦ ReMag：具療效的鎂

鎂的最佳形式是在溶液和膠囊裡以皮米為單位、極微小的穩定鎂離子（來自氯化鎂），它叫做ReMag。我不是因為ReMag是我的發明才說它好，

而是因為它**能被細胞完全吸收和消化**。ReMag裡的鎂離子經過專利處理所以相當穩定，使仰賴這種重要離子的細胞能完全吸收，以維持八百種代謝作用的運作。

由於ReMag裡所有的鎂都能被吸收到細胞裡，所以這表示你可以服用具療效劑量的鎂，但不會讓它們跑到腸子裡而產生腹瀉效應。細胞能吸收達到具療效劑量的鎂，這是前所未有的突破。其他的鎂補充劑，看起來都會在達到具療效的劑量前造成腹瀉。運用具療效的鎂，是我積極研究這種重要礦物質近二十年來的最大發現。能透過服用足夠的鎂來完全治療疾病且沒有腹瀉效應，這是醫學上一項重大的突破。

任何關於鎂的健康書籍和網站會告訴你，鎂療法因為會產生腹瀉效應而有所侷限。大部分的醫學參考書說，你應該每天只能服用200～250毫克的鎂，那和真正需要用來治療嚴重鎂缺乏症患者600～1200毫克的用量相差太遠了。

ReMag的**氯化鎂**會分解成皮米大小的粒子，並且以離子的形式傳輸。專利處理使得來自氯化鎂、容易起反應的鎂離子相當穩定，讓它們「停頓」到足以完全被吸收到細胞裡。缺胃酸、腸漏症、腸敏感、腸躁症、酵母菌增生、減重手術、腸道手術、腹瀉史、克隆氏症或顯微鏡性結腸炎——這些疾病都不會妨礙ReMag的完全吸收。這是另一項驚人的突破，因為我曾聽其他同行說過，直到腸子癒療前都不應該服用鎂補充劑，因為腸漏症代表你無法吸收任何營養素！這是一種很荒謬的主張，因為你正需要營養素來癒療腸漏症。事實上，鎂缺乏症是細胞膜缺損的原因。

在第十五章裡「缺鎂會加速自由基的生成」(P363)標題下的討論中，我引用的研究指出，鎂值偏低有可能危及細胞膜的完整性，進而損害細胞膜內的重要脂肪層，使細胞膜容易遭到破壞，產生漏洞！這項研究有助於我說服腸漏症患者，鎂是他們癒療中不可或缺的一部分。由於許多腸漏症患者可能因為鎂而產生腹瀉效應，所以我向他們保證，ReMag在慢慢服用、逐漸增加的情況下，有助於癒療受損的細胞膜。

我第一次寫《鎂的奇蹟》時，重點在於傳授大家關於鎂的知識。當時，我還沒意識到自己鎂缺乏症的程度，其實已經嚴重到引起日常的心悸和夜間腿抽筋了。剛開始，我相信鎂補充劑都是差不多的，所以我致力於研究出一份詳盡無遺的鎂補充劑清單，並且比較它們的功效。我很快就發現，補充劑的吸收率其實有極大的差異。舉例來說，氧化鎂的吸收率只有4％。即使如此，大部分的鎂研究仍使用氧化鎂。

有人告訴我，從前有間氧化鎂補充劑公司，為了促銷他們的產品，拿一卡車的氧化鎂給研究人員做臨床試驗。這就是為什麼醫生會優先推薦氧化鎂的原因，因為它出現在所有的研究裡。直到好幾年之後，氧化鎂才被發現只有4％的吸收率，其他未被吸收的96％都跑到腸道裡，引起腹瀉。不過，研究人員還是不斷地在他們所有的研究中報告氧化鎂的有益結果，指出即使是一點的量也很重要。可是，那些研究一定會提到令人氣餒的「副作用」──腹瀉。

那正是我在服用鎂時的問題──不管我以什麼形式服用，都會產生腹瀉效應。有一次，我開始服用一種新的維他命和礦物質綜合補充劑，我並未意識到它含有幾毫克的氧化鎂。我因為慢性腹瀉而減少了4.5公斤，直到後來才發現原因。經歷了那種壓力重大的經驗後，我花了將近十年的時間去說服幾家營養補充劑公司去調配不會造成腹瀉的鎂。他們認為研究和調製太花錢，還說那要花太多精神教育消費者才有利於促銷商品。但是我願意花錢和時間去教育大眾，因為我知道有某種比例的人口也遭受著和我一樣的痛苦。

隨著ReMag的發明，我們曾經知道或認為跟鎂療法有關的一切在一夕之間改變了。我們從未真正了解我們能用鎂療法做到什麼樣的地步，因為大家從未服用足夠的鎂。現在，大家可以服用夠高劑量的鎂來緩解一大堆健康問題，而且不會產生任何的腹瀉效應。在這個迅速耗竭鎂的社會裡，ReMag能滿足我們所面臨的鎂燃燒率日益增加的挑戰。

大部分的鎂補充劑在劑量增加時都會產生腹瀉效應，即便如此，對抗療法和另類療法的從業者仍告訴他們的病人，當他們發生腹瀉時就知道自己體

內的鎂已達到飽和點，屆時應該減少一劑的量。他們告訴病人，利用腹瀉效應來引導他們對鎂的攝取。

　　然而，在我和某部分未定義及未確診的案例中，即使一劑的量都可能引起腹瀉。對我們來說，減去一劑的量，就等同於根本沒有補充到鎂──所以我們不可能達到飽和的程度。因此，按劑量服用鎂的標準方法對許多人來說是沒用的。

　　當你在服用鎂的期間發生腹瀉，結果可能是把補充進來的鎂流失掉，那表示你的鎂缺乏症可能會變得更嚴重。如果你意識到你的鎂補充劑會引起腹瀉，你可能會停止服用，並認為它沒有帶來任何益處，甚至有害。許多人在嘗試服用鎂之後腹瀉，然後就再也不碰它了，一想到這裡，我便不寒而慄。因為到了最後，鎂缺乏症所引起的症狀會開始接受沒有用的藥物治療。

　　ReMag有溶液的形式，或者你可以把ReMag放到噴瓶裡，噴到你的皮膚上搓揉，以緩解發炎造成的疼痛。或者，如果孩子不願意口服ReMag，你可以把每日劑量噴到他們的皮膚上。相較於鎂油，這種形式的ReMag不會引起癢或敏感。

　　我們報告過有人把1茶匙的ReMag加到增溼器3.8公升的水裡；用5、6滴的ReMag塗在耳朵上，改善也許是鈣化作用所引起的耳鳴或耳聾；把ReMag噴到牙刷上（有沒有牙膏都沒關係）來促進口腔健康；把ReMag倒到磨砂面霜裡來增強循環、排毒和癒療。我用ReMag順利做出我的ReNew美膚水。一位具創新精神的八十多歲老太太，把ReMag和綜合礦物質補充劑ReMyte一起放進空的明膠膠囊裡，她在服用時就不用嚐到它們的味道了。

　　由於慢性壓力、服用耗竭鎂的藥物而流失鎂、無法從飲食中攝取到鎂的時候，我們所需要的就是具療效形式的鎂。ReMag能完全被細胞吸收，那表示它能排除你細胞裡的毒素，活化你所有的酵素系統（包括粒線體中的三羧酸循環），以製造許多能量。

　　在ReMag問世之前，靜脈注射鎂是嚴重鎂缺乏症但又容易腹瀉的患者的唯一希望。

以下是達納的故事，他很成功地從靜脈注射鎂轉換到ReMag。而且，達納證明了ReMag的療效勝過靜脈注射鎂。

　　2014年1月14日。謝謝您，卡洛琳・狄恩醫生和ReMag！我叫做琳恩，我先生達納患有低血鎂症。他在梅約診所被診斷出吸收不良，他的鎂會經由腸道流失，所以他從來不考慮口服鎂補充劑。40位知名的專家都告訴我們，他所能接受的治療方法就只有靜脈注射鎂。

　　他做周邊置入靜脈導管已經七年了，在2013年9月之前，每週需要做三次4毫克的靜脈注射鎂。過去兩年來，他發生過三次直接由周邊置入靜脈導管所引起的危及性命的事件（一次血液感染，之後兩次是不同起因的血栓）。當周邊置入靜脈導管不再有用時，下一步就是在他的胸口置入一個永久性的注射座。

　　到了9月，由於又產生血栓的關係，周邊置入靜脈導管被永遠移除了。我們力排眾議，不顧所有醫生的反對，在狄恩醫生的指導下開始使用ReMag。結果立即有感，他使用ReMag後測得的鎂濃度比每週的靜脈注射鎂還高。我們永遠感激卡洛琳・狄恩醫生和她的奉獻。

　　如今我先生擁有從前人家說過不可能的優質生活！ReMag並不會影響他的腸胃。

　　我們仍然每週按時檢驗，因為以他的狀況而言，我們沒有出錯的空間，但是我們知道我們已經接近可以減少檢驗的階段了。他做靜脈注射鎂時的血清鎂最低為0.8，現在使用ReMag的數值跑到了1.7以上。

　　狄恩醫生指出關鍵點：靜脈注射使我先生的鎂值忽高忽低，而ReMag使他的鎂值穩定，因為他一天分數次服用，所以他的鎂值能維持在靜脈注射鎂一直無法達到的高度。

超過七年的時間，我們自己花錢請了每週的居家看護。我們的保險並沒有涵蓋這項費用，除非他因病在塌、無法下床。我們有基礎保險和進階保險，可是我們每年仍然有居家護理、檢驗、用品、藥物治療等一小筆開銷。不過，經過與狄恩醫生一小時的諮詢和幾封電子郵件的往來後，我們的人生從此有了轉變。

這一切的發生都不是巧合。我們和狄恩醫生的通話是在周邊置入靜脈導管發生意外的前一個禮拜。要不是我在那一天和她通過電話，繼續以他們所建議的方式去做，那我先生的胸前就要多一個注射座了，每週還要到醫院報到三次。現在我仍然不敢相信答案竟然這麼簡單。我把狄恩醫生的書送給他的幾位醫生，我懷疑有許多人不像我們這麼幸運。

周邊置入靜脈導管是他取得鎂的管道，但卻不只一次幾乎要了他的命。我拒絕相信那是他的宿命，這就是我找上卡洛琳・狄恩醫生的原因。

狄恩醫生不僅給他更好的生活品質，無疑的，也拯救了他的性命！

✦ **Natural Calm**

Natural Calm在美國保健食品市場是最受到廣大認同的鎂補充劑，也是我第二推薦的鎂補充劑。Natural Calm是粉末狀的檸檬酸鎂，以有機甜菊做甘味劑。如果從前我有服用足夠的Natural Calm來治療我的心悸和夜間腿抽筋，我就不會發明ReMag了，不過，即使我只服用一劑的Natural Calm，也會產生腹瀉效應。我喜歡Natural Calm的粉末狀，可攪在水裡，那表示它比藥丸好吸收。然而，Natural Calm中的鎂並非分離成穩定的鎂離子，所以不太好吸收，而且可能造成腹瀉。

我為便祕的患者推薦ReMag和Natural Calm的組合，如此一來，你可以得到Natural Calm的通便效果，而且有部分被吸收到細胞裡，還能從ReMag獲得可被完全吸收的鎂來對付你鎂缺乏症的所有需求。

你可以把ReMag和Natural Calm一起加到水中，做成好喝的飲料，啜飲一整天。如果你因為體內的鎂快接近飽和而開始腹瀉，就要減少Natural Calm的用量。

不要把Natural Calm裡300毫克劑量的檸檬酸鎂和藥房裡通便用的檸檬酸鎂搞混了。在給予1200毫克的檸檬酸鎂來清通腸道之前，需要做X光檢查、鋇劑灌腸攝影檢查、乙狀結腸檢查和結腸鏡檢查。那或許是你的醫生認為鎂只是一種瀉藥的原因。

✦ 鎂鹽

我曾在簡介裡提到，鎂的首次發現是在好幾世紀以前。在1697年，甚至有人寫了一篇文章來介紹它的健康功效。鎂鹽就是硫酸鎂，那很重要，因為用它沐浴可以幫你補充硫和鎂，以及它們的健康功效。硫是另一種我們可能缺乏的重要礦物質。

用鎂鹽沐浴對兒童特別有益，大部分的孩子都喜歡泡澡，剛好可以加入鎂鹽。以小孩和成人來說，沐浴時加1～2杯就足夠了。不過，當我有嚴重的肌肉痙攣或損傷時，我會用到8杯的量。

在我開始使用ReMag治療心悸和腿抽筋之前，我洗過很多次鎂鹽浴，雖然有幫助，但是很有限。不過，我推薦用ReMag加上鎂鹽浴來促進肌肉放鬆和透過皮膚排毒。

我在第四章介紹過蘇珊，她曾有三年的時間為後腦勺的刺痛感所苦。她說她的情況很符合枕神經痛的症狀，那是從頸部一直往上到頭皮處的神經發炎。使用ReMag短短幾週的時間，她就減輕了75％的症狀——包括安定文和

康立定兩種藥物的戒斷症 (P165)。但是她仍然感到洩氣，所以我建議她做鎂鹽浴，把後腦勺也泡到水裡。之後她很開心地回報說，只做了幾次鎂鹽浴，她的症狀便獲得迅速的改善。

倒入洗澡水中的鎂鹽很好吸收，而且能讓人放鬆。我記得有一個「泡得太久」的女病患艾琳，她在洗澡水裡放了好幾磅的鎂鹽，結果在水裡睡著了，之後她發現硫酸鎂確實是透過皮膚吸收：她因為鎂的腹瀉效應而拉肚子。有溼疹等皮膚問題的人，吸收鎂的速度會更快。以一次使用1～2杯的量，在溫和的洗澡水浸泡三十分鐘。如果你沒有浴缸，或者不方便進出浴缸，那就用1杯的鎂鹽做足浴。

✦ 適合你的劑量

美國政府部門想統一營養素的劑量，不過人體並不是那樣運作的。如果你回去看第一章裡「缺鎂的原因」 (P053) 會發現，「一體適用」的方法顯然不適合鎂的劑量──因為變數太多了。

在第十六章裡「官方的鎂攝取建議量偏低」的標題 (P392) 下，我帶大家看過被硬塞給我們的「建議膳食攝取量」數值。以下我整理出我們所知道的鎂劑量。所有的鎂劑量都是以毫克為單位的鎂元素，而不是整個鎂化合物的重量。

在以下的內容，我將對鎂元素有更詳盡的討論。

- 「建議膳食攝取量」只有6毫克／公斤／天，所以1個55公斤的女性每天只能攝取330毫克的鎂。
- 米芮德・西立格博士希望活躍的青少年男女的攝取量是7～10毫克／公斤／天。
- 西立格博士希望運動員的攝取量是6～10毫克／公斤。

- 西立格博士建議，懷孕期間的鎂需求量要達到一天450毫克或15毫克／公斤／天。
- 我認為每天至少7～10毫克／公斤的較高鎂攝取量，能使各年齡層的男女蒙受其益。
- 有些人有嚴重的鎂缺乏症症狀，他們也許需要15～20毫克／公斤的鎂元素（我為了擺脫心悸和腿抽筋問題，有兩年的時間需求量是20毫克／公斤／天）。因為大部分的鎂補充劑在用量較多時會造成腹瀉，所以我推薦鎂需求量大的人使用ReMag。

　　每三到六個月要檢驗一次紅血球鎂濃度，才能確保你的鎂值穩定增加到最理想的程度，也就是6.0～6.5毫克／分升 (P385)。記住，紅血球鎂濃度並不是十分準確的檢驗法，所以你一定要參考臨床症狀和自己的感覺，不能只依賴檢驗結果。

　　我第一次服用ReMag時，每天攝取1200毫克。大約過了兩年，我體內的鎂已經達到飽和，這麼多的鎂攝取量也讓我產生腹瀉效應。接下來的一年多，我的需求量大概是每天600毫克。現在，我每天似乎只需要300～450毫克，但我仍試著維持每天600毫克，才能停留在完全飽和的狀態。當我把海鹽加到飲用水裡和服用綜合礦物質補充劑ReMyte時，我對鎂的需求也會減低。我的推論是，我服用額外的ReMag可以治療其他的礦物質缺乏症症狀，但當我服用ReMyte而不再缺乏那些礦物質時，就不再需要那麼多鎂了。

Mg⁺ 注意！

　　在ReMag療法的頭幾個月，你的紅血球鎂濃度也許不會改善，甚至比當初的檢驗結果更低，因為你的身體正竭盡所能地攫取所有的鎂，以供體內將近八百種酵素製程去圓滿達成任務。

不適用鎂療法的情形

❶ **腎衰竭**：腎衰竭會讓腎臟無法將鎂排出。

❷ **重症肌無力**：靜脈注射鎂可能造成肌肉過度放鬆，讓呼吸道的肌肉無法發揮作用。

❸ **心跳過慢**：由於鎂會讓心臟放鬆，因此可能會讓心跳更慢。

❹ **腸阻塞**：排出口服鎂劑的唯一方式是透過腸子。

　　即便有這些限制，也是有許多例外情況。第十一章裡「腎臟病：從避免鎂到需要鎂」(P306) 的段落，能幫助你了解腎臟健康需要鎂來達成的真正原因，但它必須是皮米大小的穩定鎂離子——ReMag。至於第二個限制，重症肌無力患者曾告訴我，他們如何用鎂來克服疾病——起因是重金屬中毒和／或酵母菌增生。若有人的心跳速率過慢，這不只是跟腎上腺疲勞或過度疲勞有關，他們可以借助於心臟節律器，然後服用鎂補充劑。如果心臟節律器是正當的醫療需要，我鼓勵人們加裝它，別因為害怕對抗療法而逃避它，它是現在醫學上能帶來最大益處的發明之一。有些腸阻塞患者應該住院治療，不要服用具腹瀉效應的鎂，那只會使他們的腸道脹氣更嚴重。

補充鎂的安全疑慮

　　對大多數人而言，即使服用最高劑量的鎂劑，也不會有任何副作用，頂多拉肚子而已，這是身體排出過多的鎂的機制。過多的鎂也會透過尿液排出，此外，即使是沒有腹瀉副作用的皮米鎂——ReMag，一旦服用了超過身體所需的量，也會造成腹瀉。

✛ 鎂的種類

　　鎂在市場上有多不勝數的促銷活動和手法。許多公司會出其不意地宣

稱，攝取鎂且不產生腹瀉效應的唯一方法，就是使用透過皮膚吸收的鎂油和噴霧。但情況再也不是如此了，因為你可以使用口服的ReMag。你還可以把ReMag裝到噴瓶裡，用來治療局部的痠痛、疼痛和肌肉痙攣；最好的應用方法是在疼痛的地方噴四、五下，每噴一下就停個幾秒鐘，讓鎂變乾。

除了鎂鹽浴，在創造ReMag之前我會使用透過皮膚吸收的鎂油，但是為了吸收足夠的鎂去治療症狀，我曾因此產生皮膚過敏和紅疹，因為鎂油對我的皮膚而言太具刺激性。我會稀釋它，但是能吸收到的量就變少了。由鎂油造成的皮膚敏感並不危險，但是如果你產生敏感反應，就不能在那個部位繼續使用鎂油了，因為會痛。

我們不清楚市面上大多數鎂補充劑的吸收率是多少，但我們確實知道氧化鎂的吸收率只有4%。鎂研究學者告訴我，他們覺得藥丸和粉末形式的鎂其最大吸收率大約是20%。但是，目前並沒有真正關於鎂吸收率的研究，大部分研究都把重點放在吸收鎂的部位，而不是吸收了多少。幸好，現在有了ReMag，你的鎂可以完全被細胞吸收，不需要仰賴腸道的健康來吸收鎂。

不論你是使用哪種鎂補充品，在看標籤說明時，有一件事特別需注意，那就是你**要服用多少顆才能達到建議的劑量**。請檢視份量大小，標籤上也許說你要服用2、3顆才能達到建議劑量。它的字體也許很小，但是要仔細閱讀，才能清楚地了解每顆補充劑的內容。

我也擔心市面上所有新產品的品質，這就是我在ReMag和Natural Calm的組合（我知道它們具有優質的成分和有效的品質控管）之外不為特定的鎂化合物做總推薦的另一個原因。許多公司用的是廉價成分，而且並未依照「優良製造標準」（GMP）的指導方針——需要嚴格的第三方多次檢驗全部的製造流程。還有，請務必閱讀標籤，確定沒有非必要的結合劑、填充料、色素和添加物。

根據神經外科醫生羅素・布雷拉克的建議，我**不推薦天門冬胺酸鎂或麩胺酸鎂**，因為它們可能分解成單一胺基酸天門冬胺酸和麩胺酸，可能成為大腦中危險的興奮毒素。

鎂的化合物有好幾種，因為鎂離子的活性很高，喜歡與另一個離子結合成化合物。那表示，黏著鎂離子的另一個離子會占有重量。

舉例來說，1000毫克的檸檬酸鎂（鎂最常見的形式）提供125毫克的鎂元素，那麼另外的775毫克都是檸檬酸。閱讀標籤時務必要記得，鎂元素的量才是你要的。

氧化鎂看起來有最多的鎂元素，500毫克裡有300毫克的鎂。但是「看起來」有時候是騙人的，因為氧化鎂只有4％會被吸收到血液裡，那表示你只得到12毫克的鎂，其他的都變成強力瀉藥。

一項最近的研究在拿氧化鎂和檸檬酸鎂做比較時，模糊了氧化鎂的不良吸收率——該研究報告顯示，氧化鎂的吸收率比檸檬酸鎂的吸收率更高。如果你讀過整篇研究，你會發現，受試者所接受的氧化鎂是檸檬酸鎂的兩倍，所以鎂的吸收量比較多。

各種營養補充品的含鎂量

鎂鹽	每500毫克鎂鹽的含鎂量
氧化鎂	300毫克
碳酸鎂	150毫克
蘋果酸二鎂	95毫克
白雲石	75毫克
檸檬酸鎂	75毫克
蘋果酸鎂	75毫克
氯化鎂	60毫克
乳酸鎂	60毫克
甘胺酸鎂	50毫克

鎂鹽	每500毫克鎂鹽的含鎂量
硫酸鎂	50毫克
牛磺酸鎂	50毫克
乳清酸鎂	30毫克
葡萄糖酸鎂	25毫克

以下是最常見的鎂鹽，分為無機和有機的形式。

請注意，有機僅僅只是意味著與鎂結合的物質包含碳原子，在理論上比較容易被吸收。

鎂的形式

無機鹽類	有機鹽螯合類
碳酸氫鎂	蘋果酸二鎂
碳酸鎂	己二酸鎂
氯化鎂	天門冬胺酸鎂
氧化鎂	檸檬酸鎂
磷酸鎂	榖胺酸鎂
硫酸鎂	甘胺酸鎂
離胺酸鎂	
乳清酸鎂	
牛磺酸鎂	

所有種類的鎂都能通過血腦屏障

2010年1月28日，《神經元》雜誌發表了一篇文章——〈提高大腦鎂含量來增加學習和記憶〉。

這篇大鼠研究的結論是：「大腦鎂含量的增加，能提高短期的突觸促進和長期的增強作用，並改善學習和記憶功能。」該研究比較了好幾種不同形式的鎂被吸收到腦脊髓液裡的比率，結論是，只有攝取左旋蘇糖酸鎂的大鼠，腦脊髓液裡的鎂才會增加，一天二十四小時的攝取只增加了7%。左旋蘇糖酸鎂補充劑的推銷商根據這個結果，說他們補充劑的形式是唯一能大量增加大腦中鎂含量的產品。

<u>我不認同上述的主張。</u>

他們賦予那些產品超能力，卻模糊了「任何的鎂都能產生部分或全部相同效果」的事實。即使是吸收率差的氧化鎂，它對偏頭痛、癲癇、中風、頭部創傷及其他神經系統問題也有治療效果，這表示所有種類的鎂都能為神經元帶來益處，也就是說，至少有一部分會進入大腦。確鑿的證據請參見第五章裡提到的《中樞神經系統的鎂》的二十四章標題清單 (P173)，或是從網路下載整本書的內容。

我個人在服用左旋蘇糖酸鎂時會產生腹瀉效應，這表示它不能完全被我的細胞吸收。還有，大部分左旋蘇糖酸鎂膠囊所含有的鎂元素連50毫克都不到，我一天要吃十幾顆膠囊才能滿足我對鎂的需求，但是由於腹瀉，我沒有辦法吃超過1、2顆。

所有種類的鎂都有益於心臟

從1970年代早期所發表的一系列研究來看，牛磺酸似乎對心臟健康很重要，而且也許能預防心律不整、保護心臟不受到心臟病發作所造成的損害。所以可能有人認為，牛磺酸鎂是一種特別益於健康的鎂。但是就像許多其他形式的鎂一樣，具療效的劑量是很重要的。

大部分的牛磺酸鎂產品，一劑的量含有125毫克的鎂元素。我知道這點

是因為過去我有心悸和腿抽筋的問題，我一天必須服用10顆膠囊，然而，一顆的量就足以令我腹瀉。

我知道牛磺酸對心臟來說很重要，但是鎂更重要，我服用ReMag才能得到具療效的劑量。除此之外，我也服用ReAline，它的膠囊裡除了含有甲基維他命B，還含有左旋牛磺酸和左旋蛋胺酸。

＋＋何時服用鎂劑？

從前，我會建議一天分兩、三次服用鎂補充劑，以減低腹瀉效應；現在，這個建議仍然有效，但是如果你有服用ReMag或Natural Calm，你可以把一天的劑量放到1公升的水裡，然後啜飲一整天。這樣一來，你每一個小時都能讓你的細胞吸收到賦予生命能量的鎂，一點兒也不浪費，因為多出的量可能會經由尿液或腸道流失。

如果你在一天裡將鎂分成數次服用，要在早晨起床時服用第一劑，睡前服用最後一劑。如果你分成三次，就在傍晚時服用一劑，因為身體在清晨和傍晚時最缺乏鎂。

在鎂療法一開始時，有少數人覺得它提供充分的能量，讓他們晚上睡不著，但那是因為鎂正在喚醒他們體內的數百種酵素系統。大多數的人發現，鎂比安眠藥更有助於一夜好眠，而有些患有腿抽筋、不寧腿症候群、纖維肌痛症或一般肌肉緊張的人，在晚上服用鎂之後發現鎂能消除疼痛和緊張，而且有助於睡眠。鎂對身體有許多種影響，重要的是，你要能決定什麼時候服用對你來說是最好的時機。

此時，是令你回想起簡介裡「鎂何時會讓我變得更糟？」那一段的最佳時刻 (P038)。關鍵在於你必須了解，當你服用像ReMag那種很容易吸收的鎂的時候（尤其是具療效的劑量），在它的影響下，有數百種酵素系統被活化，然後你的細胞會甦醒，而且也開始排毒。

╋╋ 作為瀉藥的鎂

　　口服的硫酸鎂（鎂鹽）、氫氧化鎂（鎂乳）、氧化鎂、檸檬酸鎂都不能完全被吸收到血液或細胞裡，多餘的量會跑到腸道。直腸裡的鎂本身具有吸水力，因此是相當有效的瀉藥，但這和劑量多寡有關。若要達到清腸的效果，服用1000～2000毫克的鎂乳即可奏效；如果你的目的是補充鎂，服用200～600毫克的量即可。比起鼠李和番瀉葉，這些鎂鹽其實較為溫和，不會造成腸壁的強烈肌肉收縮。在《腸躁症入門》一書中，我談到了鎂是治療與腸躁症有關的便祕良方，可以把它當作日常補充劑來預防便祕的發生。

　　一般而言，我們不建議病人服用瀉藥，因為往往會造成依賴性，除此之外，瀉藥也會讓腸道的益菌與電解質排出體外，更好的辦法是服用鎂補充劑來放鬆腸道和讓它正常運作。定期服用ReMag能緩和便祕問題，因為腸道肌肉能放鬆到足以發揮正常的蠕動功能。

　　若病人有噁心、嘔吐、盲腸炎、腸阻塞、不明原因腹痛、腎臟疾病，那就不應使用含鎂的瀉藥。

╋╋ 鎂和其他營養素的互動

　　鎂是非常重要的營養素，要代謝鈣、鉀、磷、鋅、銅、鐵、鈉、鉛、鎘、鹽酸、乙醯膽鹼、氧化硝時，非得有鎂不可；要讓維他命B_1與許多體內的重要機能發揮作用，也非得有鎂不可。因此，鎂是許多身體重要機能不可或缺的營養素。上述任何一種營養素的改變，對鎂都會造成重大影響，反之亦然。

　　由於體內各種營養素的關係相當緊密，因此很難將其中一種營養素獨立出來，並用科學的方式「證明」這種營養素的作用。無論在進行實驗時，或是在真正的人體當中，我們都很難將鎂獨立出來。舉例來說，在你攝取較多

的磷與維他命D時，就應該攝取更多的鎂，因為此時鎂必須將維他命D轉換成能有效運用鈣的形式，以利骨質形成。**維他命B$_6$能增加進入細胞的鎂量，因此大家往往會同時服用這兩種營養素。**某項實驗中，受試者在補充鎂之後，血清中的維他命E值就有了明顯的改善。我們也知道鎂和一些重要的脂肪酸（魚、堅果、種籽、亞麻籽中所含的必需脂肪酸）是相輔相成的，在其中一種的含量足夠時，另一種也較能有效發揮作用。

✦ 順勢療法的鎂

在19世紀初，塞謬爾・哈內曼發明了順勢療法，這種療法多半使用酒精或水稀釋的植物或礦物質之提取物，以促使病人自行痊癒。研究人員發現，如果大量使用這些物質，並達到會產生毒性的程度時，病人出現的症狀就會接近原有的病症，但如果只是微量使用這些物質，就能治癒這些問題。

經過兩個世紀的臨床使用與觀察後，順勢療法的有效程度已經超過現有工具所能衡量的了。雖然懷疑的人往往認為那不過是心理作用（因病人的信念而造成療癒的效果），但目前接受順勢療法而產生效果的還包括嬰兒與動物，很顯然的，這兩個族群不可能是因為心理作用而獲得療效。

話雖如此，順勢療法在美國至今仍不斷遭到邊緣化，以利其他藥物的銷售——即使早在1919年的英國和美國，順勢療法已被證實比常規醫學更能治療流感，情況仍未見改變。在歐洲，順勢療法與草藥則在保健方面備受尊崇。順勢療法的藥效強度多半為6X、12X、30X（10）或C（100），數字愈高，溶液的濃度就愈高，治療效果也愈強，通常每天數次，每次服用3顆藥丸或使用4滴溶液。在出現急性症狀時，可以每十五分鐘就服用一次，但如果在服用五到六次之後症狀仍未改善，這種療法很可能無法發揮效果，應該要改用其他療法。請放心，即便使用不當或無效的療法治療個六次，也不會造成任何有害的副作用。

　　在順勢療法中，往往會用鎂來治療急性的肌肉痙攣或慢性症狀。請你請教順勢療法醫生，以詳細了解自身的問題。

　　磷酸鎂能有效治療痙攣，也是順勢療法中常用的鎂劑，它能治療所有肌肉的痙攣，包括打嗝、腿部抽筋、手指抽筋、腹部疝氣、心臟疼痛、肺部疼痛、經痛與輻射狀疼痛、神經痛及各種肌肉抽動，如眼皮跳動等，它對那些身心疲勞者特別有效。

　　瑪格麗・穆林斯（Margery Mullins）醫生為內科醫生及針灸師，她跟我說了許多她推薦用磷酸鎂來治療病人的成功案例。她表示病人在服用之後，病情立刻有所改善，而且往往在透過飲食與補充品改善缺鎂的情形後，就不需要進一步的治療了。她的其中一位年輕患者是九歲的女孩，那名女孩肌肉痙攣的情形相當嚴重，因此被轉介到小兒神經科。看診時，穆林斯醫生給她6X的磷酸鎂，等到那名女孩去看專科醫生時，問題就消失了。

　　穆林斯醫生也發現那名女孩的母親在懷孕時曾發生毒血症（子癲），需要接受靜脈注射鎂。那表示，女孩可能在出生時就有鎂缺乏症，為她目前的症狀種下了病根。

常見食物的含鎂量

食物	每100公克食物的含鎂量（毫克）
巨藻	760
麥糠	490
小麥胚芽	336
杏仁	270
腰果	267
糖蜜	258
啤酒酵母	231
蕎麥	229
巴西豆	225
紅藻	220
榛果	184
花生	175
小米	162
小麥粒	160
胡桃	142
英式核桃	131
黑麥	115

食物	每100公克食物的含鎂量（毫克）
豆腐	111
乾椰肉	90
糙米	88
煮熟的黃豆	88
乾無花果	71
杏桃	62
棗子	58
甘藍菜	57
蝦	51
甜玉米	48
酪梨	45
切達起司	45
洋香菜	41
黑棗乾（加州梅）	40
葵瓜籽	38
大麥	37
煮熟的豆子	37
蒲公英葉	36
大蒜	36
葡萄乾	35

食物	每100公克食物的含鎂量（毫克）
新鮮綠色豆類	35
帶皮馬鈴薯	34
螃蟹	34
香蕉	33
番薯	31
黑莓	30
甜菜	25
綠花椰菜	24
白花椰菜	24
胡蘿蔔	23
西洋芹	22
牛肉	21
蘆筍	20
雞肉	19
青椒	18
冬南瓜	17
香瓜	16
茄子	16
番茄	14
牛奶	13

常見食物的含鈣量

	食物	含鈣量（毫克）
蔬菜類	½杯熟菠菜	88
	1杯熟豆子（白豆、腰豆、大豆等）	95～110
	½杯熟羽衣甘藍	103
	½杯熟甘藍菜	110
	1杯熟蘿蔔葉	126
	½杯熟蒲公英葉	147
	½杯熟甜菜葉	157
	1棵中型綠花椰菜	158
	1杯高麗菜	252
烘焙食品與成分	1片全麥麵包	50
	1個中型鬆餅	76
	1個中型玉米馬芬	96
	½杯大豆麵粉	132
	1大匙的黑糖蜜	140
海鮮	¾罐225g罐裝蛤蜊	62
	6個干貝	115

	食物	含鈣量（毫克）
海鮮	½罐200g罐裝帶骨鮭魚	284
	20個中型生蠔	300
	7條帶骨沙丁魚	393
堅果與種籽	½杯芝麻	76
	½杯巴西果	128
	½杯杏仁	175
水果	½杯煮熟的大黃	200
乳製品	225g低脂原味優格	415
	42.5g脫脂水乳酪	333
	225g低脂水果優格	350
	42.5g切達起司	307
	225g脫脂牛奶	299
	225g加鈣豆漿	299
	225g低脂牛奶（2%乳脂）	293
	225g白脫牛奶	284
	225g全脂牛奶（3.5%乳脂）	276
	1杯含有1%乳脂的茅屋起司	138
	½杯香草口味冷凍優格，軟化後食用	103

	食物	含鈣量（毫克）
乳製品	½杯香草冰淇淋	84
	2大匙低脂發酵酸奶	31
	1大匙一般奶油起司	14

大骨湯

在需要增加鈣攝取量時，每天喝1杯。

▎材料

1顆洋蔥　　　　　　　2根胡蘿蔔

2根西洋芹　　　　　　2大匙蘋果醋（必要項目）

足以蓋住骨頭的水

900公克（或更多）有機骨頭（牛骨、雞骨、魚骨）

▎選擇性項目

1大匙海鹽、依個人口味的香草或香料，在最後30分鐘時放入2瓣蒜頭和幾
枝荷蘭芹。

▎作法

❶ 煮滾後轉小火慢煮：

　　牛大骨湯／高湯：48小時。

　　雞或禽類大骨湯／高湯：24小時。

　　魚骨湯：8小時。

❷ 從爐子上移開，靜置待涼，然後用細金屬篩濾掉所有的骨頭與蔬菜。放
　　涼後冷藏保存可達五天，或是冷凍起來供日後使用。

脂質維他命C配方

自己在家做脂質維他命C。

I 材料

玫瑰果粉和／或卡姆卡姆果（Camu Camu berry）粉

卵磷脂顆粒（大部分是大豆卵磷脂，但是你可以找到非大豆來源）

蒸餾水

超音波珠寶清潔器（我用的是從亞馬遜網站上買的：iSonic P4810 Commerical Ultrasonic Cleaner, 2.1 Qt/2L）

I 作法

❶ 把3大匙卵磷脂顆粒加到1杯蒸餾水裡。

❷ 把2大匙玫瑰果粉或卡姆卡姆果粉放到½杯的蒸餾水裡（我每一種各用1湯匙）。

❸ 讓材料在容器裡溶解幾個小時，放到工作臺上或蓋上蓋子，放在冰箱裡一個晚上。

❹ 泡好之後，把卵磷脂溶液和玫瑰果或卡姆卡姆果溶液一起倒入攪拌機裡，以低速攪拌1、2分鐘。

❺ 倒入超音波清潔器，運轉30分鐘，期間用木勺不停攪拌。

❻ 倒入有蓋的玻璃容器裡，放入冰箱。每天使用2～4大匙，放在冰箱裡可保存好幾週。

───── 附錄 E

高鉀高湯

I 材料

在將近1公升的水裡加入──

1把甜菜葉   1把蕪菁葉

1把荷蘭芹   1杯切片或剉絲的胡蘿蔔

1顆中型洋蔥   1杯剁碎的芹菜,包括葉子等

2顆大馬鈴薯,剁成約1.5公分的塊狀

調味用的香草:蒜頭、百里香、鼠尾草、迷迭香

I 選擇性項目

1茶匙味噌或濾掉液體的牛肉湯,用來增添額外的風味和鈉。

I 作法

❶ 把所有材料(除了味噌或牛肉湯,如果有用到的話)放到一只不鏽鋼、玻璃或陶鍋裡,蓋上鍋蓋,慢煮半小時左右。

❷ 過濾高湯,加入味噌或牛肉湯(如果有用到的話),然後冷卻。

❸ 食用時冷熱皆宜。要冷藏保存。

[備註]

這是斷食診所偏好使用的高湯種類,它是富含礦物質、具有排毒作用的鹼性高湯。

健康Smile
89

健康Smile

89

健康Smile
89

健康Smile

89